디지털 클로딩 개론

DC Suite를 사용한 실습 포함

디지털 클로딩 개론

DC Suite를 사용한 실습 포함

고형석

교문사

내 아버지와 내 가족에게 이 책을 바침

머리말

이 책은 의상 디자인 및 생산에 디지털 클로딩 기술을 어떻게 사용할 수 있는지를 소개하기 위해 쓰여 졌다. 독자가 전통적 방식의 의상 구성 및 디자인에 약간의 (의상학과 1, 2학년 수준) 지식/경험이 있는 가정 하에, 이 책은 컴퓨터를 사용해 옷을 제작하고 시뮬레이션 하는 방법을 가르쳐 준다. 이 책은 교과서로 사용되도록 쓰여 졌다.

왜 디지털 클로딩을 (하나의 과목으로) "공부"해야 하는지 궁금해 할 수 있다. 디지털 클로딩 소프트웨어는 기존의 의상 디자인과 같은 방법으로 작동해야 하지 않을까? 그러므로, 여러분과 같은 의상 전문가는 가끔 소프트웨어의 사용자 매뉴얼을 찾아보는 것으로 충분해야 하지 않을까? 그러나 불행히도 현실은 그렇지 못하다. 여러분이 이 책을 공부해야 하는 이유 두 가지를 들 수 있다.

- 디지털 클로딩 기술은 여러분이 생각하는 것처럼 그렇게 완벽하지 않다: 최첨단 디지털 클로딩 소프트웨어에서도 원하는 형태의 의복을 얻기 위해서는 물성과 직물 표면 질감 등을 세심하게 설정해줘야 한다. 시뮬레이터에게 적절한 조정/안내를 해주지 않으면 비실용적일 정도로 많은 양의 계산을 하게 될 수도 있다. 기술의 발전에 따라 이런 불편함은 나아지겠지만 완전히 사라지지는 않을 것이다; 이런 불편함은 원천적으로 컴퓨터가 수행할 수 있는 계산의 속도가 유한하기 때문에 발생하는 것이기 때문이다. 여러분이 (컴퓨터 프로그래머가 아닌) 의상 전문가일지라도 이 기술을 제대로 활용하려면 그 한계를 잘 알고 있어야 한다.

- 3D 오브젝트/씬을 다루는 데 익숙해질 필요가 있다: 3D 오브젝트를 생성, 조작 및 시각화 하는 것은 워드 프로세서 또는 2D 이미지 처리 소프트웨어를 사용하는 것보다 훨씬 더 어렵다. 디지털 클로딩 소프트웨어의 3D 윈도우에 익숙해지는 데는 상당한 양의 연습이 필요하다. 그러나 저자는 여러분이 3D 기능에 일단 익숙해지면 좋아할 것이라 확신한다. 왜냐하면 그런 기능들이 바로 창의적이고 생산적으로 옷을 제작할 수 있도록 해주는 마법의 핵심이기 때문이다. 여러분이 원하는 결과를 생성할 수 있으려면 어느 정도 "능숙"해짐이 꼭 필요하다. 단지 이 책을 한 번 읽어보거나 소프트웨어의 평가판을 한 번 테스트해 보는 것으로는 충분하지 않다.

이 책은 디지털 클로딩에 대한 사전 지식/경험이 없는 독자들을 위해 준비되었다. 이 책은 독자가 DC Suite이라는 소프트웨어를 사용하고 있음을 가정한다. 이 책을 계획하는 초기 단계에서는 다른 옵션 - 특정 소프트웨어를 가정하지 않고 중립적으로 책을 쓰는 것 - 도 고려하였다.(이 책의 Part 1은 그런 스타일로 쓰여 졌다.) 그러나 그 경우, 불가피하게 책이 일반적인 톤으로 쓰여 져야 하는데 초보자에게는 너무 막연할 수 있다. 그런 스타일의 가장 큰 단점은 독자들이 실습으로부터 직접 경험할 수 있는 즐거움이 결여되어 있다는 점이다.

그러므로 이 책의 Part 2에서는 특정 소프트웨어인 DC Suite의 사용을 가정하고 기술하는 방식을 택했다. 그러나 그 결정이 이 책이 한 소프트웨어의 매뉴얼일 것임을 의미하지는 않는다. DC Suite의 매뉴얼은 별도로 존재한다(http://manual.physan.net/DCSuite5.0_Kor). 이 책의 Part 2는 15개의 Chapter에 걸쳐 170개의 실습을 포함하는데 이 실습의 순서와 내용은 책이 다루는 주제들을 이해하기 쉽도록 구성되어 있다. 이 책에서는 약 200여 개의 용어를 정의하고, 디지털 클로딩과 관련된 다양한 개념들에 대해 이론적인 설명을 한다. 이 책의 가장 큰 매력은 이론과 실습이 348개의 그림을 동원해 적절한 문맥에 따라 설명되어 있는 것이다. 이 책을 읽으면서 여러분은 매뉴얼이 있음에도 왜 이 책을 공부할 필요가 있는지를 알게 될 것이다.(저자는 먼저 매뉴얼 없이 이 책을 공부할 것을 권장한다. 필요하다면 그 다음에 매뉴얼을 봐도 된다.)

결국 디지털 클로딩은 의상 디자인/생산을 보다 쉽고 창의적으로 만들 수 있는 기술이다. 저자는 이 책이 위의 (디지털 클로딩을 자신의 업무에 활용하려는) 혁신적인 아이디어를 의상 전문가에게 소개하는 데 하나의 작은 스텝이 되기를 바란다.

엔지니어가 의상 분야를 대상으로 한 이 책을 쓰는 데는 당연히 의상 전문가들의 도움이 많이 필요했다. 지난 10년간 통찰력 있는 토론자가 되어준 고영아 박사, 우세희 박사, 김안나 씨, 강연경 박사, 김지용 씨에게 깊이 감사한다. 이들은 이 책에 포함된 실습과 그림을 준비하는 데도 많은 도움을 주었다.

이 책의 흥미로운 점 중 하나는 소프트웨어가 완성된 후에 책이 쓰여진 것이 아니라, 책 준비와 DC Suite 개발이 함께 진행됐다는 점이다. 간혹 책의 저술이 프로그램 개발에 도움을 주는 경우도 있었으며 반대로 개발이 책을 저술을 바로잡아 주는 경우도 있었다. 그런 이유로, 이 책은 전인용 박사, 최봉욱 박사, 김목성, 김재관, 이원섭, 정일회, 정문환, 최원영, 이상빈, 한동훈, 김임영, 김한조, 차익훈, 김광훈, 이원준, 서효원 씨를 비롯한 DC Suite 5.0 엔지니어들 없이는 불가능했을 것이다.

비록 DC Suite 5.0의 개발에 직접 참여하지는 않았지만, 저자의 의복 시뮬레이션 연구의 오랜 동반자인 최광진 박사에게도 감사함을 전한다.

이 책의 원저는 2015년 1월에 발간된 Hyeong-Seok Ko, Introduction to Digital Clothing이며, 영어로 쓰였다. 한글로의 번역에는 몇 가지 옵션이 있었다. 예를 들어, 이 책에 등장하는 "primitive"란 용어는 선, 점, 패널 등을 망라하는 개념인데, 기존 의상용어에는 없으며 굳이 번역하자면 "기본요소"로 번역할 수 있다. 세계화 시대에 맞추어, 우리나라에서 길러낸 인재들이 세계 도처에서 활약하는 데 도움이 되도록 "기본요소"보다는 "primitive" 또는 "프리미티브"로 번역하기로 결정하였다. 이 책을 처음 읽을 때에는 번역을 하다 만 듯한 느낌을 받을 수 있으나, 익숙해지면 디지털클로딩에 대한 용어는 국제 표준 용어를 사용하게 되는 것이다. DC Suite 사용 시 Menu와 Guiding Instruction의 언어를 각각 선택할 수 있다. 이 책이 채택한 국영문 혼합 사용 방식을 고려할 때, Menu에는 영어, Guiding Instruction에는 한글을 선택할 것을 추천한다. 그 조합에서 이 책이 가장 쉽게 읽힐 수 있을 것이다.

이 책의 국문본과 중문본의 발간을 위해 원본을 국문과 중문으로 번역하는데 헌신적인 도움을 준 강연경 박사와 장희경 씨에게 깊이 감사한다. 책의 표지 디자인을 해 준 김현우 PD에게도 감사를 표한다. InDesign 소프트웨어로 책의 초기 포맷을 기획해 준 류한나 씨에게도 감사한다. 줄리의 지원에도 감사함을 전하고 싶다.

이 책을 보고 가장 기뻐하실 분은 지금은 작고하신 저자의 아버지이다. 항상 나의 멘토이자, 내가 학자의 길을 가는 것을 무척 기뻐해주셨던 아버지께 깊이 감사드리며 이 책을 바친다.

마지막으로, 저자는 이번 저술 작업 내내 따뜻한 마음으로 격려해준 나의 아내와 두 아들 영준, 승균에게 감사한다.

고 형 석

CONTENTS

범례

이 책은 강의 모드와 LAB 모드로 구성되어 있다. 파란색 폰트는 LAB 모드를 위해 사용된다. 강의 모드에서 파란색 폰트가 사용되는 경우가 가끔 있는데 이는 DC Suite로 직접 실습해보라는 메시지를 암시적으로 전하고 있는 것이다.

이 책은 여러분이 전체의 내용을 처음부터 끝까지 차례대로 읽을 것임을 가정한다. LAB을 읽지 않고 지나가면 안 된다. 중요한 내용이 종종 LAB 안에 들어 있기 때문이다.

이 책에서는 두 개의 문장을 간결하게 표현하기 위해 각진 괄호 [ ]를 사용한다. A [B] … C [D]는 두 문장을 나타내는데, A와 C가 첫 번째 문장을 이루고 B와 D가 나머지 문장을 이룬다. 예를 들어, "2D[3D] window는 pattern-making[의복 구성]을 위한 것이다."는 "2D window는 pantten-making을 위한 것이고, 3D window는 의복 구성을 위한 것이다."를 의미한다. Window의 하위 영역을 표현하기 위해 코너(corner)라는 용어를 사용한다. 예를 들면, attribute editor(속성 편집기)에서 위쪽에 panel 정보 코너와 아래쪽에 shader 코너가 있다. 코너의 앞에 + 또는 − icon이 있다. +를 클릭하면 상세 정보를 보여주기 위해 그 코너는 확장된다. 반대로, −를 클릭하면 상세 정보를 감추며 축소된다.

모든 수치는 program setting에서 입력된 현 단위(cm 또는 inch)를 따른다. 예를 들어, DC Suite의 현 단위가 cm[inch]일 때, 10만큼 값이 증가한다는 것은 10cm[inch]만큼 증가하는 것을 의미한다.

일부 기능은 현재 버전에 포함되어 있지 않지만 향후 업데이트에 포함될 예정이다. 이 책은 끝에 ^을 넣어 이런 계획을 표시한다.(예: Editing Dart Closure^)

*는 와일드 카드를 표현하기 위해 사용된다.(예: panel, avatar, floor상에 생긴 shadow는 Show 〉 Shadow 〉 *로 각각 제어할 수 있다.)

약어
LMB = Left Mouse Button
RMB = Right Mouse Button
MMB = Middle Mouse Button = Mouse Wheel

PART 1
디지털 클로딩, 꿈의 기술

CHAPTER 1

디지털 클로딩, A CREATIVE WAY TO FASHION

디지털 클로딩이란?

디지털 클로딩이란 무엇인가? 디지털 클로딩이란 컴퓨터를 사용한 의상 디자인 및 생산을 의미한다. 디지털 클로딩을 사용한 디자인의 예를 〈그림 1-1〉에서 보여주고 있는데, 이는 Digital Fashion Award 2013에서 상을 받은 학생들의 작품에서 발췌한 스냅샷이다.

그림 1-1 Digital Fashion Award 2013에서 수상한 학생 작품들

디지털 클로딩 기술은 영화나 애니메이션에 등장하는 캐릭터들의 옷을 입히는 데 사용할 수 있다. 그러나 이 기술은 의류 생산에서 더 큰 의미를 갖는다. 여러분이 3D 드레이핑을 볼 수 있을 때에는 패턴 데이터, 봉제 정보, 직물 정보(물성, 질감, 직조 구조, 문양 등)를 포함하여 의복의 생산에 필요한 대부분의 데이터가 이미 컴퓨터에 들어 있어 구매자, 공급업체, 제조업체, 고객들이 이 데이터를 온라인에서 공유할 수 있다. 이러한 새로운 프로세스는 의류 생산에 소요되는 시간과 비용을 획기적으로 줄일 수 있다.

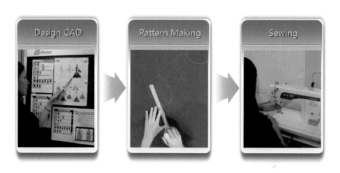

그림 1-2 기존의 의복 구성

이제 디지털 클로딩에 대해 좀 더 자세한 정의를 내려보자. 디지털 클로딩은 기존의 의복생산 과정과 비교하면 이해가 더 쉬울 수 있다. 〈그림 1-2〉에서 보여주는 것처럼 과거에는 의복을 생산하기 위해 먼저 의상의 디자인을 스케치하고, 그 의복에 들어갈 패널을 제도하고 자른 후, 최종적으로 패널들을 봉제해 의복을 완성하였다.

인간의 삶에서 거의 모든 측면이 컴퓨터화되고 있으며, 의류 분야에도 이러한 추세는 예외가 아니다. 의복 디자인을 스케치하고 미리 볼 수 있는 소프트웨어가 여러 개 있다. Adobe사의 Illustrator는 의상디자인을 스케치하는 데 사용할 수 있으며, Youngwoo C&I의 Texpro는 텍스타일을 컴퓨터상에서 디자인하고 디자인된 직물을 미리보는 데 사용할 수 있다. 패턴을 제도할 수 있는 소프트웨어도 Gerber와 Lectra 를 포함해 많이 나와 있다. 컴퓨터에서 제도한 패턴은 자동 재단 장치로 보낼 수 있다.

〈그림 1-2〉의 의복 생산 프로세스의 각 과정은 〈그림 1-3〉에서 보여주는 것처럼 모두 컴퓨터화되어 있지만, 이 책에서는 이를 디지털 클로딩이라기보다는 **세미 디지털 클로딩(semi-디지털 클로딩)**이라 부른다. 그 이유는 실제 직물로 그 옷을 제작하고 착장하기 전까지는 그 의복에 존재하는 문제점을 파악할 수 없다는 점에서 과거의 의복 생산과 별로 다르지 않기 때문이다.

실제 직물로 옷을 생산하기 전에 〈그림 1-4〉에서 보여주는 것처럼 컴퓨터로 그 옷의 드레이핑을 미리 볼 수 있다면 다른 이야기가 된다. 의복의 3D 모습을 미리 봄으로써 의복에 존재하는 문제점을 파악할 수 있기 때문이다. 이는 의복이 제작되기 전에 필요하다면 패널과 텍스타일을 얼마든지 수정할 수 있도록 해 준다. 디지털 클로딩은 의류 분야의 새로운 패러다임이다. 디지털 클로딩이 의류 분야에 놀라운 혁신을 가져오리라는 것을 쉽게 상상해볼 수 있다.

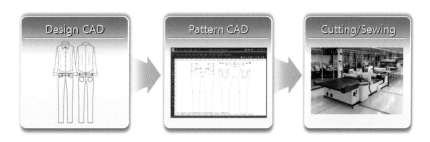

그림 1-3 세미 디지털 클로딩 생산

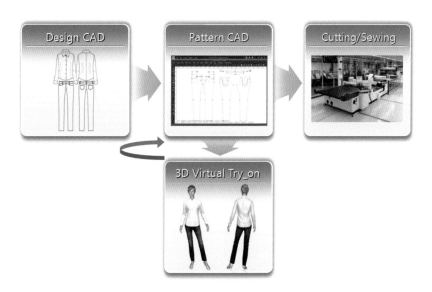

그림 1-4 디지털 클로딩 생산

왜 디지털 클로딩을 공부하는 것이 필요한가?

이 책은 여러분 주변에서 디지털 클로딩 기술을 될 수 있으면 많이 적용해보는 것이 얼마나 좋은 생각인지를 알려주기 위해 쓰여졌다. 그렇다면 왜 이 기술이 필요한가? 그 이유는 다음과 같다.

의복의 수정은 디지털 클로딩에서 더 쉽다.

- 패션 디자이너의 두 가지 유형을 상상해보자. A는 그의 첫 디자인에 항상 만족하여 더 이상의 수정은 필요없다고 생각하는 유형이다. B는 must-buy 아이템이 될 때까지 여러 단계의 수정을 기꺼이 하는 유형이다. 즉, 두말할 것 없이 B가 이 분야에서 성공할 타입이다.

- 일반적으로 object를 컴퓨터에 생성하면, 생성 자체는 수고스럽지만 거기에 수정을 가하는 것은 훨씬 적은 시간과 노력으로 할 수 있다. 이 명제는 디지털 클로딩에도 적용된다. 디지털 의복이 컴퓨터에 생성되면 실제 의복에 수행할 경우보다 훨씬 더 쉽게 많은 수정을 해볼 수 있다.

창작도 디지털 클로딩으로 하면 더 쉬울 수 있다.

- 수정에서 디지털 클로딩의 편리성은 창작으로도 확장될 수 있다. 새로운 디자인도 기존 디자인을 가져와 수정해서 만들어 낼 수 있지 않은가?

- 이는 디지털 클로딩이 완전히 새로운 디자인의 창작에는 편리하지 않다는 것을 의미하지는 않는다. 사실 여러분이 이 기술에 익숙해지면, 디지털 클로딩 기술로 쉽게 새로운 디자인을 창작할 수 있다는 것을 알게 될 것이다.

데이터에의 접근도 디지털 클로딩으로 하면 더 쉽다.

- 종이 패턴을 사용하는 회사는 패턴을 저장해둘 공간이 마땅치 않다. 공간이 있더라도 회사가 보유한 종이 패턴이 많을 경우, 뭉치로부터 원하는 패턴을 찾아내는 것이 번거로울 수 있다. 약간의 수정으로 인기 있는 디자인이 될 수 있는 과거의 디자인을 찾지 못하고 지나가는 경우가 생길 수 있다.

- 패턴이 디지털 파일의 형태로 저장되어 있는 경우, 종이 패턴으로 가지고 있는 것보다 훨씬 더 쉽게 원하는 패턴을 찾을 수 있다.

디지털 클로딩을 사용하면 의사소통이 더 쉬울 수 있다.

- 디지털 클로딩은 구매자와 공급업체 간 의사소통에 혁신을 가져올 수 있다. 디지털 클로딩은 의복 생산 프로세스의 많은 부분을 디지털화하기 때문에, 구매자와 공급업체가 디지털 파일을 주고받으며 원격으로 의사소통을 진행할 수 있다. 이는 결국 의사소통에 드는 시간과 비용을 줄이는 결과를 가져온다.

디지털 클로딩, 아직 먼 미래의 기술이 아닐까?

여러분 중에서는 디지털 클로딩 기술이 의류 산업에 적용되려면 아직 멀었다고 생각하는 사람이 있을 수도 있다. 먼저 다음 네 가지 측면을 살펴보자. 여기에서 디지털 클로딩 기술의 완성도를 평가할 수 있다. 첫째, 드레이핑 시뮬레이션의 정확성 및 속도, 둘째, 의복 구성의 범위 및 용이성, 셋째, 직물 표면 렌더링의 질과 속도, 넷째, 아바타 생성의 정확도 및 용이성이다.

드레이핑 시뮬레이션

- 〈그림 1-5〉는 한 동영상에서 발췌한 스냅샷을 보여준다. 이 동영상은 www.dcbooks.org/IntroductionToDigitalClothing/Movies/cmg.mp4에서 볼 수 있다. 이 동영상에서 옷의 움직임은 꽤 사실적이다. 30초 길이의 이 동영상을 계산하는 데는 30분이 걸렸다.
- 현재 대부분 디지털 클로딩 시스템은 변수 조정을 통해 직물의 물리적 느낌을 재현해 낸다. 그러나 이는 곧 수년 내에 직물의 물리적 측정값을 직접 입력하는 방식으로 발전할 것이다.

의복 구성

- 〈그림 1-6〉은 다소 복잡한 의복이 디지털 클로딩 소프트웨어로 구성될 수 있다는 것을 보여준다. 주어진 패널로부터 컴퓨터에 디지털 의복을 구성하는 데 걸리는 시간은 옷의 디자인과 사용자의 숙련도에 따라 다를 수 있다.(한 벌당 약 3분에서 1시간까지 걸릴 수 있다.)

렌더링

- 〈그림 1-7〉은 실시간 렌더링 결과를 보여주고, 〈그림 1-8〉은 오프라인(off-line) 렌더링 결과를 보여준다.
- Octane, V-Ray, Maxwell과 같은 오프라인 렌더러는 직물 질감을 더 사실적으로 보여줄 수 있지만 다음 두 가지 문제를 갖고 있다. 첫째, 의복 전문가가 사용하기에 어렵다. 사실 이런 소프트웨어는 컴퓨터그래픽 전문가조차도 사용이 쉽지 않다. 둘째, 렌더링 시간이 너무 오래 걸린다. 1000×1000 해상도의 이미지 한 장을 만드는 데 1시간 이상 걸릴 수 있다.
- 현재 실시간 렌더링 기술은 오프라인 렌더링에 비해 사실성이 떨어지지만, 실시간에 작동하며 시각적 품질도 계속 좋아지고 있다. 저자는 실시간 렌더링의 품질이 의류 분야의 요구를 수용할 수 있는 수준으로 곧 향상될 수 있다고 믿는다.

아바타 생성

- 원하는 비율의 바디를(얼굴을 포함하여) 생성할 수 있다.
- 특정 사람의 얼굴을 사진 수준으로 생성하는 것은 아직 잘 되지 않는다. 결과가 실제 사람처럼 보이지 않고 컴퓨터그래픽(CG) 캐릭터처럼 보이는 경향이 있다.

즉, 이러한 네 가지 측면에 대한 분석은 디지털 클로딩 기술이 아직 완성되지 않았음을 암시한다. 그러나 기술의 활용이 기술이 완성된 후에 시작된 경우는 드물다. 많은 사람들은 현재의 기술도 의류 산업의 다양한 분야에서 사용될 수 있다고 생각한다. 디지털 클로딩은 여러분의 일생에 분명히 사용할 기술이다. 지난 몇 년간 이 기술이 발전된 속도를 볼 때, 디지털 클로딩은 곧 수년 내에 의류 분야의 표준기술이 될 것이라 확신한다.

그림 1-5 물리 기반 드레이핑 시뮬레이션에서 발췌한 스냅샷

그림 1-6 패딩의 구성

그림 1-8 오프라인 렌더링

그림 1-7 실시간 렌더링

SECTION 4
새로운 시대의 시작

그동안 글을 쓰는 데는 펜과 종이가 수단이었지만, 더 이상은 아니다. 이제 사람들은 글을 쓸 때 컴퓨터를 사용한다. 여기에는 많은 이유가 있는데, 이와 비슷한 이유로 새로운 패러다임이 의류 생산에서 시작하고 있다.

디지털 클로딩 기술이 발전함에 따라, 디지털 클로딩(DC)이 명백하게 의류 생산에서 시간과 비용을 줄여주는 순간이 올 것이다. 그렇게 되면 의류산업은 획기적인 변화를 맞게 될 것이다. DC가 갑자기 전 세계적으로 반드시 채택해야 할 기술로 떠오를 것이기 때문이다.

그런 상황이 도래했을 때, 각 회사에서 누가 기존 시스템을 DC 기반 생산시스템으로 전환할 것인가? 이는 디지털 클로딩 전문가들에 대한 수요를 쉽게 예측할 수 있다. 디지털 클로딩 기술에 대한 체계적인 지식과 경험을 가진 사람이 미래의 중요한 역할을 하게 될 것이다.

의류 디자인과 생산의 많은 과정이 컴퓨터로 수행되고, 컴퓨터에서 보이는 옷이 실제로 원하는 디자인이 될 때까지 실제 직물의 사용이 미뤄지는 새로운 시대가 이미 시작되었다. 결국 디지털 클로딩은 의상의 디자인과 생산을 더 쉽게 해주는 기술이다. 디지털 클로딩으로 성가신 일은 컴퓨터에 맡기고, 여러분은 창조적인 일에 보다 더 집중할 수 있다.

CHAPTER 2

매직미러, A FUN WAY TO SHOP CLOTHES

SECTION 1
매직미러란?

매직미러(magic mirror)란 컴퓨터 그래픽과 증강현실 기술을 사용해 의복의 드레이핑을 보여주는 휴먼 스케일 디스플레이 시스템(human scale display system)이다. 〈그림 2-1〉[1]에서 보여주는 것처럼 사용자가 매직미러 앞에 서면 (숨겨진) 카메라가 사용자의 변하는 포즈를 캡처해 그 포즈에서 의상의 물리적 드레이핑이 (계산을 통해) 실시간에 이루어질 수 있도록 해 준다.

먼저 "매직"이라 부를 수 있기 위해서는 다음 두 가지 조건이 충족되어야 한다. 첫째, 고품질 드레이핑 시뮬레이션과 직물 표면 렌더링이 실시간으로 이루어져야 하고, 둘째, 시뮬레이션 된 의상과 아바타가 시간적인 면과 조명 조건에서 동기화되어야 한다[2].

또한 순간적인 착장은 매직미러 시스템의 가장 큰 장점으로서, 소비자로 하여금 많은 옷을 짧은 시간 안에 확인할 수 있도록 해 준다. 이 기술은 의류 소매산업(예: 백화점, 쇼핑몰, 아울렛), 테마파크(예: 아이들이 동화 속 의상을 입어볼 수 있음), 고급 호텔(예: 투숙인이 자신의 객실에서 패션을 코디할 수 있도록 도와줄 수 있음) 등 다양한 분야에서 사용될 수 있다.

그림 2-1 매직미러 시스템(아이디어)

---

1 이 이미지는 CISCO에 의해 제작된 (그러나 일부는 새로 만들어진) 동영상에서 발췌한 스냅샷이다.
2 시뮬레이션된 의상은 조명 조건이 제대로 설정되지 않으면 실제 의상과 꽤 다르게 보일 수 있다.

사용된 기술

다음 두 가지 종류의 카메라가 소비자의 신체 및 움직임을 캡처하는 데 사용된다.

- **RGB 카메라**: 보통 접하는 비디오 카메라로서 소비자의 RGB 이미지의 비디오 스트림(stream)을 포착한다. 카메라에 따라 포착 프레임율은 초당 30에서 100까지 다양하다.
- **Depth 카메라**: 이 카메라는 카메라에서 물체 표면까지 거리(depth)의 비디오 스트림을 포착하는데, 이는 소비자 바디의 (계속 변하는) 기하학적 형태를 감지해낼 수 있다.

매직미러의 작동 원리는 〈그림 2-2〉에서 살펴볼 수 있다. 소비자가 매직미러 앞에 서면, 처음 몇 초 동안 depth 카메라는 바디의 형태를 감지해 소비자의 3D 아바타를 생성한다. 생성된 3D 아바타의 정확도는 매직미러 제품에 따라 다를 수 있다. 더 정확한 바디를 원할 경우에는 소비자의 실제 바디를 측정해 그 사이즈를 입력할 수도 있다. 소비자가 판매 중인 의상 중 하나를 선택하면, 물리 기반의 의상 시뮬레이터가 3D 아바타 위에 의상의 드레이핑을 계산한다.

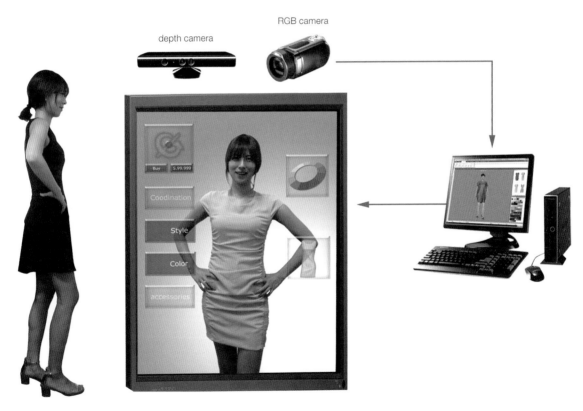

그림 2-2 매직미러의 작동 원리

이처럼 시뮬레이션된 결과가 바디와 함께 보여지는데, 아바타를 어떻게 시각화하느냐에 따라 다음의 두 가지 범주로 분류할 수 있다.

- **Photo-Avatar MM**: 시뮬레이션 결과에서 의상 부분만 따로 분리해 (RGB 카메라로) 촬영한 소비자 이미지 앞에 보여진다.
- **3D-Avatar MM**: Photo-Avatar MM과 대조적으로 아바타의 3D 그래픽 이미지가 사진 대신 사용된다. 즉, 의상과 아바타 모두 시뮬레이션에서 가져온다.

이러한 매직미러의 두 가지 방식에는 각각 장단점이 있다. 3D-Avatar MM에서 보여지는 아바타는 CG캐릭터처럼 보여, 일반적으로 Photo-MM에 비해 현실감이 떨어진다. Photo-Avatar MM에서 두 가지 이미지 소스(의상과 아바타)는 2D로 합성되는데, 이는 다음 두 가지 인위적인 결과를 가져올 수 있다. 첫째, 두 소스의 동기(sync)가 맞지 않을 경우 결과는 3D try-on(착장)처럼 보이지 않고 2D 이미지를 덧댄 것처럼 보일 수 있다. 둘째, 긴 스커트를 입고 있는 소비자가 짧은 스커트 제품을 선택할 경우, 입고 있는 긴 스커트의 아래 부분이 보일 수 있다. 그러한 상황을 불완전덮음(miss-cover anomaly)이라 부르기로 한다.

SECTION 3
매직미러는 어디에 사용할 수 있는가?

매직미러가 사용될 수 있는 다양한 용도는 다음 〈표 2-1〉과 같다.

패션 산업	백화점, 쇼핑몰, 브랜드 소매점 • 가상 착장 • 의상, 메이크업, 헤어, 액세서리를 포함한 토털 코디네이션 • 스마트 카탈로그 • SNS 쇼핑
엔터테인먼트 산업	컨벤션이나 테마파크에서 구경거리 제공 • 테마파크에서 가상 착장 • 페스티벌, 컨벤션, 이벤트에서의 가상 착장 • 퍼포먼스/쇼
건축 산업	고급 호텔과 아파트에 설치되는 스마트 미러(smart mirror) • 가상 착장 외에 지역 뉴스, 날씨, 교통, 명소 등의 맞춤형 정보를 제공 • 프리젠테이션 리허설, 전화회의 등의 기능을 제공

표 2-1 매직미러가 사용될 수 있는 경우

SECTION 4
가상 착장: 더 일반적인 개념

소비자는 자신의 바디 정보가 저장되어 있는 카드를 소지하고 있다. 소비자가 가게를 방문했을 때 점원이 이 카드를 스캔하면 컴퓨터 화면에 고정된 포즈의 소비자 아바타가 나타난다. 소비자가 의류제품을 선택하면 해당 아이템이 아바타에 입혀진다. 소비자가 가게를 떠나면 아바타 정보는 컴퓨터에 더 이상 남지 않는다.

이 이야기는 매직미러와는 다른 타입의 **가상 착장(virtual fitting)** 시스템이다. 이 책에서 가상 착장은 매직미러보다 더 넓은 개념을 갖는다. 사실 매직미러는 (human-scale, novel dynamic) 타입의 가상착장 시스템이다. 매직미러와는 대조적으로 이러한 (desktop-scale, pre-recorded static) 타입의 가상 착장 시스템은 더 작은 모니터를 사용하고, 의상은 움직이는 바디가 아닌 고정된 포즈 위에 입혀지므로 더 적은 양의 연산력을 요구한다.

SECTION 5
매직미러는 어떻게 우리의 생활을 바꿀 것인가?

매직미러는 향후 우리의 의류 쇼핑 방식을 바꿀 것이다. 매직미러의 가장 놀라운 점은 옷을 탈의하지 않고도 제품을 입어볼 수 있다는 것인데, 이는 아웃렛 등의 쇼핑에서 대단히 효과적일 수 있다.

매직미러의 또 다른 혁신은 점원의 도움 없이 옷을 살 수 있다는 것이다. 소비자는 점원이 옆에 있는 것에 대한 부담 없이 원하는 제품을 입어볼 수 있다. 매직미러는 제품의 자세한 정보를 제공하고 다른 제품과의 비교 정보도 제공해주며, 심지어 점원을 통하지 않고 직접 돈을 지불 할 수 있게도 해 준다. 또한 매직미러는 디지털 이미지 소스를 생성하기 때문에 그 데이터를 SNS 네트워크로 공유해 지인들의 의견을 물을 수 있다. 예를 들어, 홈쇼핑은 이미 오랫동안 우리와 함께 해 왔지만 가상 착장 기술이 성숙됨에 따라 홈쇼핑은 옷을 사는 데 더 중요한 수단이 될 것이다. "왜 귀찮게 아웃렛이나 백화점에 가지? 집에서 사면 되는데." 이러한 기술은 인터넷을 통해 사용되지 않을 이유가 없다. 사람들은 C-bay 웹사이트(e-bay를 패러디 한 가상의 이름)에 접속해 컴퓨터상에서 자신의 아바타에 다양한 패션 제품을 입혀본 후, 제품이 집에 배달되도록 주문할 것이다. 또한 매직미러의 출현으로 새로운 직업인 "아바타 스튜디오"(기존의 사진 스튜디오의 CG 버전)가 부상할 수도 있다. 이를 자세히 살펴보면 다음과 같다.

- 아바타 스튜디오는 사진 스튜디오와 유사하지만 사진 대신 고객의 3D 아바타를 생성한다.
- 3D 아바타의 품질은 중요하다. 가상 착장이 사진과 같은 품질의 아바타로 운영되지 않는다면 화면을 통해 보여지는 가상 착장이 갖는 의미는 반감될 것이다.
- 세계적으로 지난 수십 년 동안 연구를 수행해 왔지만, 여전히 3D 애니메이터의 수작업 없이 사진과 같은 품질의 3D 아바타를 생성하기는 어렵다. 현재 (아마도 미래에도) 아바타 생성이 3D 애니메이터로부터 수작업을 요함을 감안하면, 아바타 스튜디오가 새로운 직업이 될 수 있음을 상상할 수 있을 것이다.
- 이전의 산업 트렌드가 "대량생산(mass production)"이었다면, 새로운 산업 트렌드는 "맞춤식 소량생산(mass customization)"이다. 이 새로운 트렌드에서 제품은 (의류뿐만 아니라 자동차, 집, 가구를 포함해) 개인을 타깃으로 만들어지는 추세이다.

- 3D 아바타가 활발히 사용되기 전에 고려해야 할 몇 가지 주의사항이 있다. 개인 데이터 보안 유지가 무엇보다 중요하다. 아바타 데이터는 가상 착장 시스템 내에서는 자유롭게 활용하되, 다른 사람에게 유출되어서는 안 된다. 비슷한 이유로, 판매 품목의 의복 구성 데이터는 가상 착장 시스템 안에서는 자유롭게 사용되어야 하겠지만, 타 의복 생산 업체에 유출되어서는 안 된다.

SECTION 6
매직미러를 위해 의류 전문가가 할 일

가상 착장을 상용 서비스로 운용하기 위해 먼저 선행되어야 할 일은 바로 의류 제품을 시스템에 입력하는 것이다. 입력에는 반드시 패션 전문가의 손을 필요로 하며, 이는 다음과 같다.

- 패턴을 비롯한 의복의 구성 정보를 입력해야 한다.
- 각 디자인을 사이즈별로 준비해야 한다.
- 사진 품질로 의복을 보여주기 위해 텍스타일 전문가가 직물 표면 질감을 디지털화해 주어야 한다.

의류 산업에서는 이러한 작업을 해줄 의상 전문가가 필요할 것이다. 이 작업 내용들은 의복을 기존의 프로세스로 제작하고 있을 때의 이야기이다. 디지털 클로딩 기술을 의류 생산에 적용할 경우, 가상 착장은 최소한의 추가 작업으로도 운영될 수 있다.

SECTION 7
향후 기술 개발

매직이라 불리기 위해서는 옷의 고품질 드레이핑과 렌더링을 실시간에 수행해야 한다. 또한 Photo-Avatar MM의 경우, 합성 부분이 촬영된 부분과 잘 조화를 이루어야 한다. 현재 많은 매직미러 시스템이 시장에 나와 있다. 그러나 안타깝게도 위의 조건을 제대로 만족하는 시스템은 아직 나와 있지 않다. 그럼에도 현재 개발되는 매직미러 시스템의 수는 시장에서의 니즈를 반영하며 꾸준히 증가하고 있다.

CHAPTER 3

TRANSFORMING DRESS, 패션쇼의 새로운 장르

SECTION 1
개괄

디지털 기술이 발전함에 따라 현대 미술의 장르들은 그 경계가 모호해지고 있다. 여기서 디지털 클로딩은 패션 디자이너가 전통적인 방식의 한계를 초월하는 창의력을 보여줄 수 있는 기술이다.

본 챕터에서는 시간에 따라 드레스가 변하는 패션쇼의 새로운 장르인 **Transforming dress**를 소개한다. 변형성(transformability)은 실제 패션쇼에서는 구현하기 어려우나, 디지털 클로딩에서는 쉽게 구현할 수 있다. 이는 잘 사용하면 패션 창작의 새로운 장을 열 수 있다. 변형성의 아이디어를 설명하기 위해 본 챕터에서는 한 예시로 "Transforming Dress-Artificial Intelligence(인공지능)"라는 동영상을 사용한다. 이 동영상은 http://dc-books.org/IntroductionToDigitalClothing/Movies/AI.avi에서 볼 수 있다. 앞으로 이 동영상을 "AI Movie"라 부를 것이다. 이 AI Movie는 로봇이 사랑에 빠진 후 감정의 변화를 일으켜 상징적인 눈물을 흘리고, 결국에는 사랑스러운 여인으로 태어난다는 내용이다. 다음 〈그림 3-1〉은 동영상에서 발췌한 네 개의 스냅샷을 보여준다. 〈그림 3-1〉의 (a)~(d)는 각각 (1) 로봇, (2) 로봇에서 인간으로, (3) 사랑을 경험하는 인간, (4) 사랑스러운 여성을 표현한다.

Dress 1에서 Dress 4까지 드레스의 변형은 위의 변태(metamorphoses)와 일치한다. 여기서 변형은 드레스의 실루엣, 패턴, 색, 텍스타일에서 일어날 수 있는데, 이는 다음의 과정을 거쳐 만든다. 첫째, 드레스 간 변환을 위한 드레스 계획하기, 둘째, 한 드레스에서 다른 드레스로 부지불식간에 전환(transition)할 수 있도록 동일한 아바타 모션에 대해 두 개의 드레스를 시뮬레이션하기, 셋째, 색, 텍스타일, 텍스처를 포함한 직물 표면 질감 설정하기, 넷째, 전환을 극적으로 보여주기 위해 특수 효과 추가하기(예: 투명도를 조절하여 슬리브를 사라지게 할 수 있음)이다.

(a)   (b)   (c)   (d)

그림 3-1 AI Movie 에서 발췌한 네 개의 스냅샷

SECTION 2
전환 계획하기

Transforming dress 쇼를 제작할 경우, 변형이 자연스럽고 극적으로 진행될 수 있도록 실루엣, 패턴, 색, 텍스타일, 텍스처, 재료 등에 관한 계획을 사전에 철저하게 세워야 한다. 여기서 가장 중요한 규칙은 변형은 제한적으로 이루어지되, 뚜렷해야 한다는 것이다. 즉, 변형이 한 가지(최대 두 가지 이내) 요소에서만 이루어져야 하며, 그 바뀌는 요소에서의 변화는 명확하게 느껴져야 한다는 것이다.

AI Movie의 변형 계획하기(그림 3-2 참조)
- **변형 1**: 패턴은 변하지 않고 텍스타일만 달라진다.
- **변형 2**: 패턴과 텍스타일이 달라진다.(그러나 상의의 패턴은 동일하게 유지된다.)
- **변형 3**: 슬리브는 사라지고 텍스타일이 약간 달라진다.

분석
- 이러한 세 변형을 비교해보면, 변형 1이 "제한적이지만 뚜렷함"의 원칙에 가장 충실한데, 실제 결과에서도(AI Movie에서 볼 때도) 그것의 효과가 가장 드라마틱하다.

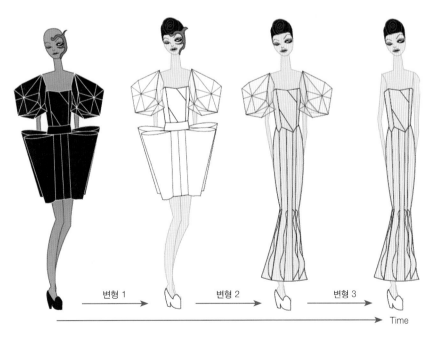

그림 3-2 전환 계획하기

SECTION 3
전환 시뮬레이션하기

전환을 위해 (전환 전과 후의) 두 드레스는 같은 아바타 모션으로 시뮬레이션해야 한다. 먼저 두 개의 드레스(그림 3-3(b)와 (c))를 두 개의 다른 3D 레이어로 가져오고(3D 레이어의 자세한 내용은 2부에서 다룸), 〈그림 3-3(a)〉에서 보여주는 것처럼 두 레이어 간에 simulation dependency를 켜지 않은 상태에서 (즉, 상호충돌 처리 없이) 시뮬레이션한다.

이처럼 시간의 흐름에 따라 두 드레스의 투명도를 제어함에 의해 하나의 드레스를 다른 드레스로 자연스럽게 전환할 수 있다. 다음 페이지의 〈표 3-1〉은 네 개의 드레스 전환이 AI Show에서 어떻게 이루어졌는지를 보여준다.

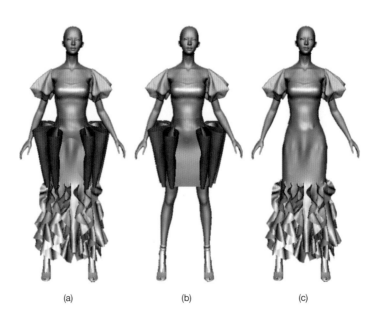

(a)   (b)   (c)

그림 3-3 Dress2에서 Dress 3으로 전환하기 위해 수행한 noninterventional 시뮬레이션

Dress 1

Dress 1 to Dress 2 transition

Dress 2

Dress 2 to Dress 3 transition

Dress 3

Dress 3 to Dress 4 transition

Dress 4

표 3-1 AI Movie에서 드레스 간 전환 연출

SECTION 4
직물 표면 질감 설정하기

직물의 재질과 색, 텍스타일을 다양하게 바꿀 수 있다. 다음은 AI Movie에서 직물의 재질과 색에 아바타의 상태와 감정을 어떻게 반영하였는지 보여준다.

- **Dress 1**: 로봇의 느낌을 나타내기 위해 이 쇼에서는 〈표 3-2〉에서 보여주는 것처럼 검정색 가죽과 금속을 사용해 미래적인 느낌을 부여하였다.
- **Dress 2**: 감정이 없는 사람을 표현하기 위해 흰색 에나멜 가죽과 투명한 시폰을 사용하였다. 가죽의 뻣뻣함과 시폰의 부드러움을 표현하기 위해 물성을 조정하여 시뮬레이션하였다.
- **Dress 3**: 사랑을 막 시작한 느낌을 표현하기 위해 분홍색에서 노란색으로 색이 그라데이션된 러플 달린 실크 드레스와 약간의 투명도를 가진 시폰 슬리브를 사용하였다.
- **Dress 4**: 깊은 사랑에 빠진 여인을 표현하기 위해 망사와 실크가 이중으로 겹쳐진 뷔스티에(bustier)와 러플 망사가 달린 로맨틱한 시폰 스커트를 제작하였다. 드레스에 스티치와 단처리 같은 세부적인 요소까지 표현함으로써 사실적인 결과를 만들어내었다.

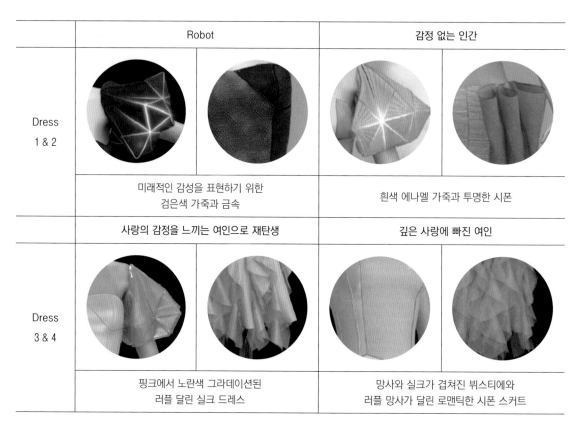

	Robot		감정 없는 인간	
Dress 1 & 2	미래적인 감성을 표현하기 위한 검은색 가죽과 금속		흰색 에나멜 가죽과 투명한 시폰	
	사랑의 감정을 느끼는 여인으로 재탄생		깊은 사랑에 빠진 여인	
Dress 3 & 4	핑크에서 노란색 그라데이션된 러플 달린 실크 드레스		망사와 실크가 겹쳐진 뷔스티에와 러플 망사가 달린 로맨틱한 시폰 스커트	

표 3-2 각 드레스에 사용된 재료들

SECTION 5
특수효과 사용하기

AI Movie에서 사용한 유일한 특수효과는 fade-in-fade-out으로, 드레스가 전환할 때 투명도를 조절해 만들었다. 여기서 쇼를 극적으로 표현하기 위해 사용할 수 있는 특수효과에는 제한이 없다. 예를 들어, 〈그림 3-4〉에서는 쇼가 진행되는 동안 패널의 구성을 보여주기 위해 봉제가 해체된 상태를 보여준다.

그림 3-4 특수 효과의 사용: 의복의 봉제를 해체해서 보여줌

CHAPTER 4

시대 복식의 디지털 제작:
의상 박물관을 혁신적으로 보여줄 수 있는 방법

SECTION 1
개괄

디지털 클로딩 기술은 복식 박물관을 위해서도 사용될 수 있다. 천연섬유로 만들어진 복식은 공기에 취약하기 때문에 박물관의 다른 유물에 비해 빠르게 훼손될 수 있다. 이런 이유로 복식들을 불투명한 상자에 저장하곤 하는데, 참으로 안타까운 일이다. 최근 몇몇 박물관에서는 보다 잘 감상할 수 있도록 복식을 3D 형태로 디스플레이하는 것을 고려하고 있다.

한 예로, 본 챕터에서는 역사에서 가장 화려하다고 평가되는 18세기 로코코 시대의 복식 두 벌(남성과 여성 각 한 벌씩)을 재현한 결과를 보여준다. 동영상은 http://DC-books.org/IntroductionToDigitalClothing/Movies/Rococo.avi 에서 볼 수 있는데, 이 동영상을 앞으로 "Rococo Movie"라 칭하겠다. 이 동영상에 나오는 남성과 여성의 복식을 본 챕터에서는 각각 실험 1과 실험 2로 칭하겠다.

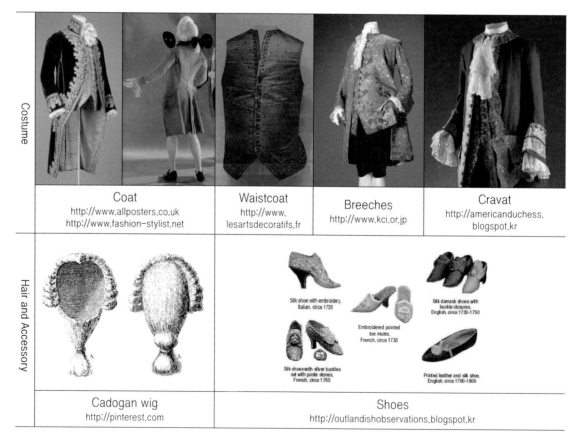

표 4-1 실험 1을 위한 디자인 선택

SECTION 2
디자인 선정

다음 실험을 위해 로코코 시대의 상류층이 일반적으로 착용한 두 가지 복식 스타일을 선택했다.

먼저 실험 1(남자)의 경우, 중요 디자인 포인트는 슬림한 허리, 타이트한 엉덩이와 허벅지로 바디라인을 드러내는 것이며 코트, 웨이스트코트(waistcoat), 브리치스(breeches), 크라바트(cravat), 카도간(Cadogan) 가발, 신발을 포함했다. Rococo Movie 제작팀은 〈표 4-1〉에 리스트한 홈페이지로부터 훌륭한 원형(archetype)을 발견했으며, 실험 1의 복식 재현에 참조했다.

또한 파니에(pannier)를 포함한 로브 아 라 프랑세즈(robe à la française)를 재현한 실험 2(여자)의 경우, 중요 디자인 포인트는 'X'자형 실루엣, 깊게 파인 목선, 풍만한 가슴, 가는 허리, 풍성한 스커트이다. 이 실험에서는 앙가장트(engageantes) 슬리브, 퐁탕주(fontange) 헤어 스타일, 보석으로 장식한 신발을 포함했다. Rococo Movie 제작팀은 〈표 4-2〉에 리스트한 홈페이지로부터 훌륭한 원형을 발견했으며, 실험 2의 복식 재현에서 참조했다.

표 4-2 실험 2를 위한 디자인 선택

SECTION 3
재현 프로세스

Rococo Movie에서 복식의 디지털화는 다음의 과정으로 수행했다.

먼저 〈표 4-3〉에서 보여주는 것처럼 남성과 여성의 바디는 18세기 사람들의 모습을 따라 재현하였다. 여성의 로브를 X자형 실루엣으로 만들기 위해 여성 아바타는 가는 허리, 풍만한 가슴과 엉덩이를 가진 형태로 제작되었다. 어려운 부분은 파니에였다. 이것을 위해 이 실험에서는 파니에의 모양을 본 딴 종 모양의 object를 만들고 스커트가 그 위를 덮도록 하였다. Pannier object는 바디와 같이 움직이도록 여성 아바타의 허리에 고정시켰다. 바디는 3D 모델링 및 애니메이션 소프트웨어인 Maya를 사용해 제작했다. Maya로 만든 바디를 패턴 메이킹, 의복 구성, 드레이핑 시뮬레이션, 직물 표면 렌더링, 생산을 위한 통합 소프트웨어인 DC Suite로 가져왔다.(DC Suite의 자세한 내용은 2부에서 다룬다.)

영화 품질의 이미지를 얻기 위해 DC Suite에서 의복을 구성하고 시뮬레이션한 후, 그 데이터를 Maya로 내보냈다. 최종 렌더링은 제3의 렌더러인 V-ray로 수행했다.

다음 〈그림 4-1〉에서 보여주는 것처럼, 각 복식의 패턴은 (셔츠, 조끼, 팬츠, 남자의 코트, 여자의 X-실루엣 로브를 포함하여) DC Suite를 사용해 생성하였다. 패턴을 바디 주변에 착용 순서대로 레이어로 배치하고 봉제를 수행하였다. 의복 구성에서 하나의 어려운 부분은 전통적인 플리츠 스커트를 재현하는 것이었다. 실제 의상은 자잘한 턱(tuck)으로 구성되어 있지만, 소프트웨어의 기술적 제한으로 이번 실험에서는 개더로 대신했는데 이는 원하는 룩을 재현하는 데 어느 정도 성공하였다.

또한 드레이핑 시뮬레이션은 물성(예: 자카드의 뻣뻣함)을 적절히 설정해 수행하였다. 드레이핑 시뮬레이션이 완료된 후 그 결과를 Maya로 내보냈다.

18세기에 유행했던 직물의 텍스타일과 텍스처는(자카드, 레이스, 브로케이드, 실크를 포함한) 컴퓨터 그래픽의 최첨단 기술(예: bump 맵핑)을 적용해 재현하였다. 정교한 꽃문양, 엠보싱 있는 자카드와 실크 레이스를 성공적으로 재현하는 데 텍스타일/텍스처 맵핑과 쉐이딩에서의 전문 기술이 요구되었다.

V-Ray 소프트웨어로 렌더링하는 것은 프레임당 한 시간이 걸렸다. 그러므로 10초짜리 영상(300프레임 길이)은 렌더링하는 데 300시간이 걸렸다. 하지만 대다수의 사람들은 Rococo Movie 와 같은 영화 품질의 영상을 제작하는 데 그렇게 많은 시간과 노력이 든다는 사실을 알지 못한다.(2부에서는 전적으로 실시간 렌더링에 기초하고 있다.)

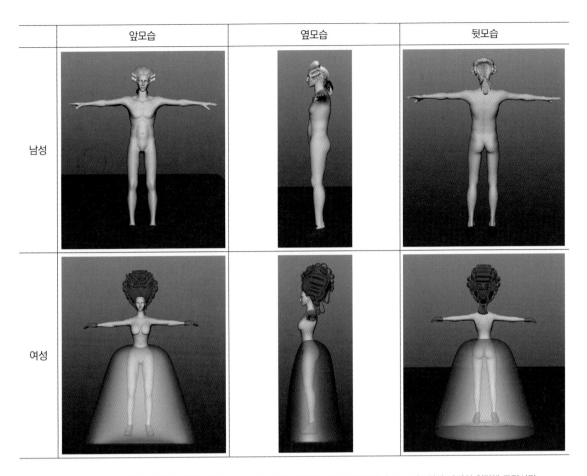

	앞모습	옆모습	뒷모습
남성			
여성			

표 4-3 18세기 사람들의 체형을 참조해 마야에서 가상 바디를 재현함. 페티코트 형태의 object는 여성 바디의 허리에 고정시킴

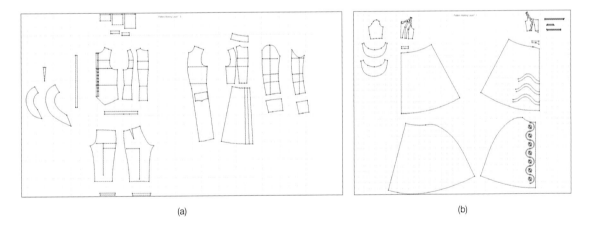

(a)   (b)

그림 4-1 패널 생성하기; (a) 남자의 수트, (b) 여자의 로브

실험의 최종 결과는 〈그림 4-2〉와 〈그림 4-3〉에서 보여준다.[1] 이 결과는 디지털 클로딩 기술이 박물관의 복식을 박스 안에 저장하는 대신, 모델이 그 옷을 입은 상태에서 걷고 춤을 추는 등 실제 살아 있는 형태로 재현하는 데 사용될 수 있다는 것을 보여준다. 오프라인 디스플레이와는 달리, 디지털화된 복식들은 속옷에서 겉옷까지 착의 방법을 볼 수 있게 해줄 수도 있다

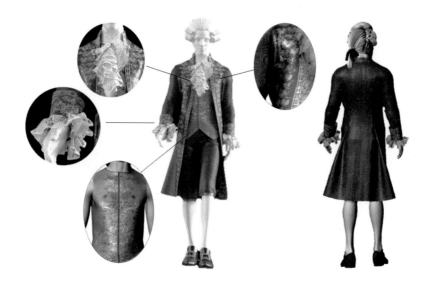

그림 4-2 남자 복식의 디지털 재현

그림 4-3 여성 복식의 디지털 재현

---

1 Rococo Movie 제작팀은 여자의 로브를 역사적으로 정확하게 재현하기 위해서는 와토 플리츠(watteau pleats)가 만들어져야 함을 알았지만, 기술적인 한계로 와토 플리츠를 만들 수 없었다.

CHAPTER 5

DC 기반 패션 워크플로: 패션 산업의 새로운 작업 흐름도

DC 기반 패션 워크플로

디지털 클로딩(DC) 기술이 성숙되면 상품 기획, 디자인, 제조, 판매를 포함한 전반적인 패션 비즈니스는 새로운 형태로 통합될 것이다. 하나의 가능한 통합 작업 흐름도를 〈그림 5-1〉에서 보여주고 있다. 이 흐름도를 앞으로 **DC 기반 패션 워크플로(workflow)**라 칭하기로 한다.

DC 기반 패션 워크플로는 제조 파트(왼쪽: production)와 판매 파트(오른쪽: sales)로 나눌 수 있다. DC 기반 패션 워크플로는 온라인 파트(위쪽)와 오프라인 파트(아래쪽)로 나눌 수도 있다. 따라서, 워크플로의 위-왼쪽, 아래-왼쪽, 위-오른쪽, 아래-오른쪽 코너는 각각 디지털 생산, 제조, 온라인 판매, 오프라인 판매를 나타낸다.

일부 구성 요소들은 이 구분의 경계에 속할 수 있다. 예를 들어, 마케팅 및 판매를 온라인과 오프라인 파트로 나누는 것은 현실적으로 좋은 생각이 아니다. 왜냐하면 갈수록 그 경계가 모호해지고 있기 때문이다. 배달이 판매와 제조 중 어느 쪽에 속해야 할지도 분명하지 않다. 이것의 결정은 B2B 계약에 달려 있다.

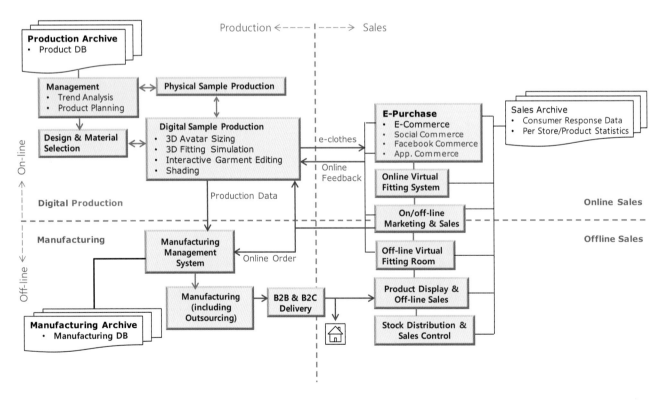

그림 5-1 DC 기반 패션 워크플로

SECTION 2
디지털 생산

생산관리(PM: production management)팀은 생산 아카이브(production archive: 이전에 생산된 제품을 저장하고 있는 DB)를 참조하며 트렌드 분석과 상품 기획을 수행한다. 분석과 기획 결과에 따라 PM은 다가올 시즌에 생산할 상품의 기본 컨셉(디자인과 소재 등)을 결정한다.

이 결정은 디지털 샘플 생산(DSP: **digital sample production**)팀에 보내는데, 그 팀은 DC 기술을 사용해 제안된 디자인과 소재로 옷을 구성한다. DSP에서 만든 디지털 샘플은 피드백을 위해 PM과 공유된다. 이 두 팀은 피드백을 여러 번 반복할 수 있다. 여기서 피드백은 디지털 파일을 교환해 수행된다.

PM은 디지털 샘플을 컨펌한 후, 그 디지털 샘플을 온/오프라인 판매 파트에게 보내서 피드백을 받는다. DSP는 판매 파트의 피드백을 디지털 샘플에 반영한다. 판매 파트가 디지털 샘플을 최종 컨펌하면, 실제 샘플을 제작하기로 결정할 수 있다. 이런 경우 PM은 실제 샘플 생산(PSP: **physical sample production**)팀에게 실제 샘플 생산을 요청한다. 물론 DSP는 실제 생산에 활용하도록 PSP와 디지털 샘플 데이터를 공유한다. 실제 샘플 생산에도 (PM, PSP와 판매파트 간에) 몇 회의 피드백 과정이 있을 수 있다.

PM이 실제 샘플을 컨펌하면, PSP는 이 샘플의 생산 데이터를 DSP와 공유하여 DSP가 실제 샘플에서 이루어진 변경을 디지털 샘플에 반영하도록 한다. 그리고 PM이 최종 디지털 샘플을 컨펌하면 (디지털 샘플이 실제 샘플을 정확하게 표현하는지 확인하는 것이 이 컨펌의 중요한 기준임), 그 디지털 샘플은 그 순간부터 **e-clothes**라 불리며 판매 파트로 보내진다.

SECTION 3
온/오프라인 판매

판매 방식에는 두 가지 방식이 있는데, 이는 온라인과 오프라인 판매이다.

먼저 온라인 판매는 매장을 방문하지 않고 인터넷을 통해 이루어진다. 소비자는 제품을 입어보기 위해 온라인 가상 피팅 시스템(웹사이트)을 방문한다. 피팅 결과를 보고 소비자들은 제품을 온라인상에서 구매할 수 있다. 반면, 오프라인 판매는 실제 제품이 디스플레이 되는 지역 소매점에서 이루어진다. 소매점은 오프라인 가상 피팅룸을 갖추고 있을 수도 있다.[1]

디지털 생산으로부터 E-clothes를 받으면, 판매 파트는 해당 아이템을 검토한 다음, 판매를 위한 최종 E-clothes 리스트를 컨펌한다. E-clothes는 이제 온라인 가상 피팅 시스템 또는 오프라인 가상 피팅룸에 나올 수 있다. 온라인 시스템의 기능과 모든 고객의 활동은 **온/오프라인 마케팅 및 판매**(MS: **marketing and sales**)팀에 의해 모니터링되고 관리된다. 소비자 반응 데이터, 매장당 통계는 수집되어 판매 아카이브에 저장된다. B2B 계약에 따라 이 데이터의 일부는 생산팀과 공유될 수 있다.

여기서 MS는 제조업체에 구매가 이루어진 아이템들을 온라인으로 주문한다.

---

1 챕터 2에서 설명한 가상 착장 시스템 중 매직미러 시스템은 오프라인 가상 피팅 시스템에 적합하다.

SECTION 4
생산

MS는 온라인 주문을 디지털 생산 파트와 제조 파트에 동시에 보내서, 제조 파트가 생산에 관련된 데이터를 디지털 생산 파트로부터 받을 수 있도록 한다. 여기서 생산 데이터는 패턴 데이터, 봉제 데이터, 직물 데이터, 디지털 텍스타일 프린팅 데이터, supplementary components 데이터(버튼, 지퍼 등)를 포함한다.

온라인 주문과 생산 데이터는 더 구체적으로는 **생산관리**(MM: **manufacturing management**)팀에 보내진다. 제조 아카이브를 참조해 MM은 생산을 시작한다. 여기서 주문의 일부를 아웃소싱할 수도 있다. 이렇게 생산된 제품은 여러 목적지로 제품을 배달할 수 있도록 B2B와 B2C 배송팀에게 전달된다.

SECTION 5
DC 기반 패션 워크플로를 활용한 혁신

DC 기반 패션 워크플로는 다음과 같은 혁신을 가져올 수 있다.

소량 맞춤 생산
- 의류 분야에서 소량 맞춤 생산은 기성복과 맞먹는 비용으로 맞춤복 수준의 품질을 제공할 수 있는 꿈의 기술로 여겨지고 있다.
- 기존의 그레이딩은 대량 생산에 사용된다. 만약 온라인 가상 피팅 시스템이 사람의 개입 없이 임의의 바디 사이즈로의 그레이딩을 수행하는 능력을 가진다면, 제안된 DC 기반 패션 워크플로를 보완해 소량 맞춤 생산을 실현할 수 있다.

재고 없는 시스템
- 패션 산업이 소량 맞춤 생산 모드로 운영되면, 회사들은 원칙적으로 이미 판매된 아이템들만 생산하게 되는데, 이는 의류산업의 또 하나의 꿈인 재고 없는 시스템을 실현하게 되는 것이다.

PART 2
디지털 클로딩 프로세스

CHAPTER 1

디지털 클로딩 프로세스 개괄

SECTION 1
가장 쉽게 디지털 클로딩의 전 과정 이해하기

뉴욕을 처음 방문했을 때, 도시 전체를 둘러보는 좋은 방법 중 하나는 가이드가 있는 버스 투어를 활용하는 것이다. DC Suite의 사용법을 익히기 시작하는 이 챕터와 이 책의 전반에서도 이와 비슷한 접근 방식을 택했다. 즉, 처음부터 긴 설명을 늘어 놓는 대신 일단 각 단계를 따라해보는 방식을 택했다. 또한 이 챕터는 DC Suite가 컴퓨터에 이미 설치되었다고 가정하고 간단한 드레스를 구성하고, 시뮬레이션하는 과정을 단계별로 따라 하도록 구성했다.

또한 이 책은 DC Suite를 사용해 여러 사례들(LAB)을 연습해 볼 수 있도록 하였다. 지금부터 DC Suite는 이하 DCS로 칭하기로 하며, 사용된 버전은 DC Suite 5.0이다.

앞으로 DCS가 설치된 컴퓨터의 바탕화면에 다음에 설명하는 방법에 따라 DC-EDU와 DC-EX 두 폴더가 만들어져 있다고 가정한다.

1. www.dc-books.org/IntroductionToDigitalClothing에 접속해 DC-EDU.zip 파일을 다운로드 받는다.
2. 바탕화면에 DC-EDU 폴더를 생성한 후, 그 폴더 안에 DC-EDU.zip의 압축을 푼다.
3. 바탕화면에 다른 하나의 빈 폴더 DC-EX를 만든다.

DCS 따라하기

1 DCS 화면 구성

다음 페이지부터 시작되는 실습에는 DCS의 윈도와 브라우저의 명칭이 등장한다. 우선 다음 〈그림 1-1〉을 통해 간단히 명칭 정도만 익히고, 자세한 내용은 SECTION 4(DCS 화면 구성)에서 살펴보기로 한다.

① Main Menu   ⑤ 2D Icon Bar   ⑨ 3D Icon Bar   ⑬ Sprite Browser

② Screen Layout Ctrl   ⑥ 2D Tool Box   ⑩ 3D Tool Box   ⑭ Layer Browser

③ 2D Window   ⑦ 3D Window   ⑪ Time Axis   ⑮ Status Bar

④ 2D Menu   ⑧ 3D Menu   ⑫ Property Editor

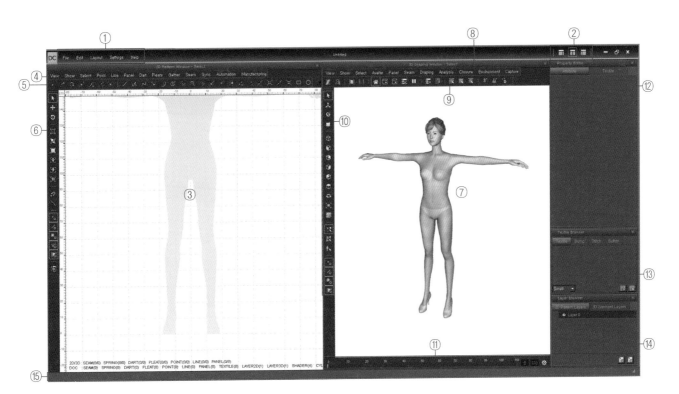

그림 1-1 DCS 화면 구성

LAB 1 프로젝트 열기

1 DCS를 실행한다.

2 Initial dialog(그림 1-2)에서 "Open Project"를 클릭한다.

3 DC-EDU/chapter01/myFirstDC/myFirstDC.dcp를 연다.
   • 바탕화면에 DC-EDU 폴더가 없으면 SECTION 1에서 소개된 방법에 따라 폴더를 만든 후 본 단계를 실행한다.

4 〈그림 1-3〉과 같이 myFirstDC 프로젝트가 열리는지 확인한다.
   • DCS 화면의 제일 위를 보면 프로젝트 이름이 보인다.

그림 1-2 Initial dialog

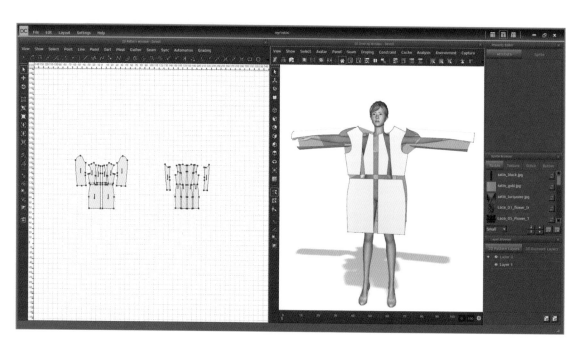

그림 1-3 myFirstDC 프로젝트가 열린 상태

⌐┐ LAB 2 다른 이름으로 프로젝트 저장하기

1 윈도의 왼쪽 위에 있는 File 메뉴(그림 1-4) 중 Save As를 선택한다.
   - 이 책에서는 메뉴의 선택을 다음과 같이 표기한다. 예를 들어 위의 메뉴 선택의 경우 File 〉 Save As; 로 표기한다.
   - 문맥상 명확할 때는 Save As; 로 더 간단히 표기한다.

2 바탕화면의 DC-EX 폴더를 선택한 후, 원하는 프로젝트 이름을 적고 Save를 클릭한다.
   - 바탕화면에 DC-EX 폴더가 없다면 새로 만든다.
   - DC-EX 폴더에 현 프로젝트가 복사되고, DC-EDU의 원본 파일은 그대로 유지된다.

3 DCS 를 종료(File 〉 Exit)한 후, 다시 DCS를 시작한다.

4 DC-EX에 저장한 프로젝트를 다시 연다(File 〉 Open).
   - Initial dialog의 최근 프로젝트 목록에서 최상위 프로젝트를 선택해도 동일한 결과를 얻을 수 있다.

그림 1-4 File 메뉴

⌐ LAB 3 의복 완성하기

1 3D 툴 박스에서 뷰 메뉴를 실행한다.
  · ▣▣▣▣▣▣ 를 클릭해 본다.
  · Back 뷰 아이콘을 클릭하면, 아바타의 뒤를 볼 수 있다.

2 완성되지 않은 솔기를 찾는다.
  · 솔기면(seam plane, 두 개의 솔기선 사이를 반투명하게 채워서 만든 면)이 있으면 이미 봉제되었음을 의미한다.
  · 이 프로젝트에서는 상의 뒤중심의 윗부분(그림 1-5)만 봉제되지 않았다.

3 3D 아이콘 바에서 Create Merging Seam 아이콘 ▣을 클릭(또는 Seam 〉 Create Merging Seam)한 후 봉제할 두 선을 선택하고 Enter를 누른다.
  · 방금 생성된 솔기를 지우려면 되돌리기 기능(Ctrl + Z 또는 Edit 〉 Undo)을 사용한다.
  · 일반적으로 솔기의 삭제는 솔기면을 선택한 후 Delete키를 누른다.

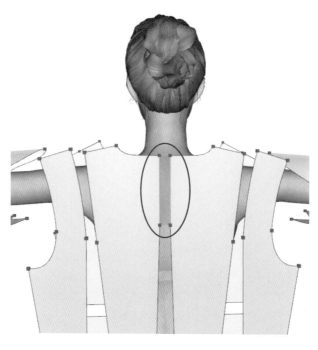

그림 1-5 상의 뒤중심의 윗부분에 봉제가 누락됨

LAB 4 드레이핑 시뮬레이션 실행하기

1 3D 아이콘 바에서 Enable Cache 아이콘 ▦(또는 Draping 〉 Enable Cache)을 클릭한다.

2 3D 아이콘 바에서 Dynamic Play 아이콘 ▣(또는 Draping 〉 Dynamic Play)을 클릭한다.

3 잠시 후 100프레임 길이의 동적 시뮬레이션(dynamic simulation)이 완성된다.

4 3D 아이콘 바에서 Reset 아이콘 ⌂(또는 Draping 〉 Reset)을 클릭하면 처음 프레임으로 돌아간다.

5 3D 아이콘 바에서 Cache Play 아이콘 ▦(또는 Draping 〉 Cache Play)을 클릭한다.
   • 이 경우, 물리 시뮬레이션 없이 폴더에 저장되어 있는 내용을 재생하므로 Dynamic Play에 비해 더 빠르게 재생된다.

6 Reset, Cache Play로 시뮬레이션 결과를 재생할 수 있다.

그림 1-6 드레이핑 시뮬레이션의 결과

LAB 5 텍스타일 적용하기

1 3D 툴 박스에서 Select 아이콘 █을 클릭하여 선택모드로 전환한다.

2 3D 윈도에서 마우스를 드래그하여 모든 패널들을 선택한다.
   • 3D window 〉〉 Select 〉 Select All Panels로도 같은 결과를 얻을 수 있다.

3 Sprite Browser의 textile 탭에서 원하는 텍스타일을 클릭한다.

4 Cache play하여 Step 3에서 적용한 텍스타일로 드레이핑해 본다.

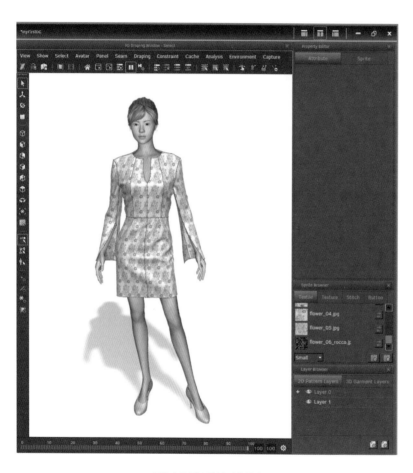

그림 1-7 텍스타일 적용하기

LAB 6 동영상 저장하기

1 Video capture setting dialog(그림 1-8)에서 Cache 〉Export Cache to Video를 선택한다.

2 동영상의 처음과 끝 프레임을 지정한다.

3 Capture를 클릭한다.

4 동영상을 저장할 폴더(예: DC-EX)와 파일명을 정한다.

5 동영상 저장이 완료될 때까지 기다린다.

6 Step 4에서 지정한 폴더에 동영상이 성공적으로 저장되었는지 확인한다.

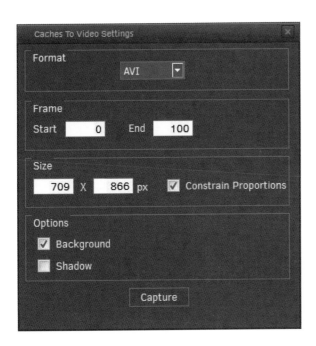

그림 1-8 Video capture setting dialog

SECTION 3
디지털 클로딩 프로세스의 개괄

통상적으로 DC 기술의 사용은 다음의 과정으로 이루어진다. 첫째, 먼저 컴퓨터상에서 의복을 구성하고, 둘째, 시뮬레이션을 통해 그 의복의 드레이핑과 직물표면 질감의 미리보기를 수행한 후, 셋째, 필요한 수정을 가하고, 넷째, 최종적으로 그 결과를 생산한다. 생산(Manufacturing) 기능은 Chapter 14에서 다루고, 이 책의 나머지 챕터에서는 이 네 가지 프로세스 중 의복구성과 미리보기를 중점적으로 다룬다. 의복의 구성과 미리보기는 다음의 단계로 이루어지는데, 앞으로 이 단계들을 디지털 클로딩 프로세스라 부르기로 한다.

1. 바디 준비
2. 패턴 메이킹
3. 의복 구성
4. 드레이핑 시뮬레이션
5. 직물표면 질감 설정 및 렌더링
6. Supplementary Component 추가

- **바디 준비**: 의복의 생산은 특정 바디를 겨냥해 이루어진다. 그러므로 〈그림 1-9(a)〉에서처럼 바디의 준비가 디지털 클로딩의 첫 번째 과정이며, 자세한 내용은 Chapter 2에서 다룬다.
- **패턴 메이킹**: 바디가 준비되면 이 바디에 맞는 의복을 구성할 수 있는데, 의복구성의 가장 기초적인 과정은 패턴 메이킹이다. 패턴 메이킹을 위해서는 다양한 형태의 점과 선들이 그려져야 하는데, 이것의 제도 방법은 Chapter 3에서 다룬다. 제도된 점/선들 중 일부를 선택해 패널(그림 1-9(b))을 만들 수 있는데, 패널의 생성은 Chapter 4에서 다룬다. 그 외 다트, 플리츠, 개더의 생성은 Chapter 10과 Chapter 11에서 설명한다.
- **의복 구성**: 패널들 간에 〈그림 1-9(c)〉와 같이 솔기를 정해줌으로써 의복을 구성할 수 있으며, 자세한 내용은 Chapter 6에서 설명한다.
- **드레이핑 시뮬레이션**: 의복의 구성이 완료되면 〈그림 1-9(d)〉에서처럼 원하는 아바타의 동작에 드레이핑 시뮬레이션을 해 볼 수 있다. 물성 변수값(physical parameter, 예: 인장 강성)의 설정을 포함한 드레이핑 시뮬레이션에 관한 자세한 내용은 Chapter 7에서 다루며, 여러 개의 옷을 겹쳐 입는 경우의 시뮬레이션은 Chapter 12에서 설명한다.
- **직물표면 질감 설정 및 렌더링**: 〈그림 1-9(e)〉에서 보는 것처럼 직물의 표면 질감(예: 텍스타일, 텍스처, 쉐이더) 효과를 만들어내기 위해서는 렌더링을 수행해야 하는데, 이것은 Chapter 9에서 다룬다.
- **Supplementary Component 추가**: 의복 구성 시 버튼, 지퍼, 포켓, 벨트와 같은 Supplementary Component(그림 1-9(f))가 추가되어야 하는데, 이는 Chapter 13에서 다룬다.

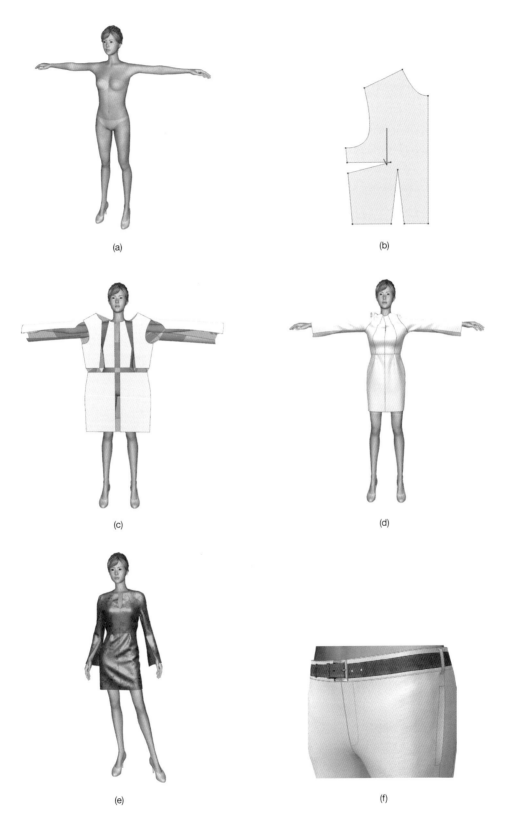

(a)

(b)

(c)

(d)

(e)

(f)

그림 1-9 디지털 클로딩 프로세스

SECTION 4
DCS 화면 둘러보기

1 DCS 화면 구성

① Main Menu   ⑤ 2D Icon Bar   ⑨ 3D Icon Bar   ⑬ Sprite Browser

② Screen Layout Ctrl   ⑥ 2D Tool Box   ⑩ 3D Tool Box   ⑭ Layer Browser

③ 2D Window   ⑦ 3D Window   ⑪ Time Axis   ⑮ Status Bar

④ 2D Menu   ⑧ 3D Menu   ⑫ Property Editor

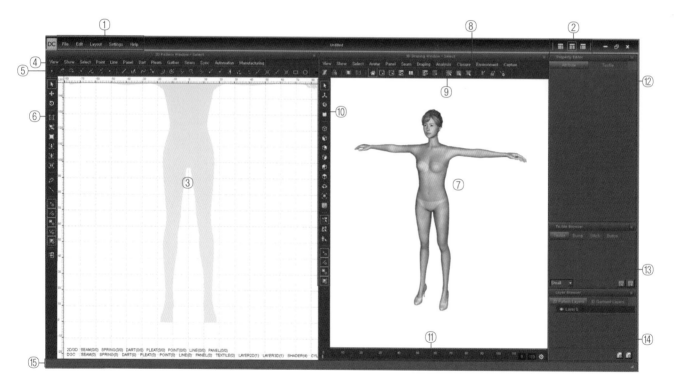

그림 1-10 DCS 화면 구성

2 명명규칙

③번 윈도의 정식 명칭(그림 1-10)은 2D 패턴 윈도(2D Pattern Window)이지만, 2D 윈도(2D window) 또는 패턴 윈도(Pattern window)로도 부르며 두 가지 모두를 사용한다. 마찬가지로, ⑦번 윈도의 정식 명칭(그림 1-10)은 3D 드레이핑 윈도(3D Draping Window)이지만, 3D 윈도(3D window) 또는 드레이핑 윈도(Draping window)로도 부르며 두 가지 모두를 사용한다.

위의 규칙은 다른 경우에도 동일하게 적용된다. 패턴 메뉴는 2D 메뉴, 드레이핑 메뉴는 3D 메뉴, 패턴 아이콘 바는 2D 아이콘 바, 드레이핑 아이콘 바는 3D 아이콘 바라고 부른다.

3 메인 메뉴

메인 메뉴(main menu)는 File, Edit, Layout, Settings, Help로 구성되어 있으며, 이것들을 누르면 해당 드롭-다운 (drop-down) 메뉴가 보인다.

그림 1-11 메인 메뉴

4 2D 윈도

DCS 스크린에서 2D 윈도 메뉴는 3가지로 구성된다(그림 1-10의 ④, ⑤, ⑥).

- **2D 메뉴**: 2D 메뉴는 팝업 방식으로 구성된다.
- **2D 아이콘 바**: 사용빈도가 높은 2D 메뉴는 아이콘으로 보여준다.
- **2D 툴 박스**: 가장 기본이 되는 2D 메뉴는 툴 박스 형태로 모아두어 작업을 용이하게 해주며, 툴 박스 메뉴는 단축키 (SECTION 6)로도 선택이 가능하다.

5 3D 윈도

DCS 화면에서 3D 윈도 메뉴는 3가지로 구성된다(그림 1-10의 ⑧, ⑨, ⑩).

- **3D 메뉴**: 3D 메뉴는 팝업 방식으로 구성된다.
- **3D 아이콘 바**: 사용빈도가 높은 3D 메뉴는 아이콘으로 보여준다.
- **3D 툴 박스**: 가장 기본이 되는 3D 메뉴는 툴 박스 형태로 모아두어 작업을 용이하게 해주며, 툴 박스 메뉴는 단축키 (Section 6)로도 선택이 가능하다.

6 속성 편집창과 스프라이트/레이어 브라우저

- **속성 편집창(Property Editor)**: 선택한 Primitive(예: 점, 선, 패널)와 스프라이트(Sprite, 예: 텍스타일, 텍스처, 버튼, 스티치)의 속성을 보여주고 수정할 수 있으며, 기본 속성 편집창(Attribute Editor)과 스프라이트 편집창(Sprite Editor)으로 구성된다(그림 1-12).
- **스프라이트 브라우저(Sprite Browser)**: 선택한 Primitive에 적용할 수 있는 스프라이트의 항목들을 보여주는 브라우저로서 텍스타일, 텍스처, 버튼, 스티치 브라우저로 구성된다(그림 1-13). Primitive(예: 패널)를 선택한 후 스프라이트(예: 텍스타일 브라우저의 텍스타일)를 클릭하면 선택한 스프라이트가 Primitive에 적용된다.

· **레이어 브라우저(Layer Browser)**: 2D 패턴 레이어와 3D 의복 레이어의 활성화 및 디스플레이를 관리한다(그림 1-14).

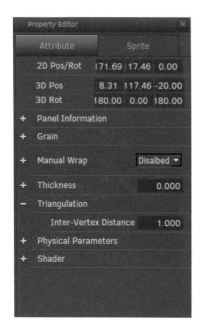

그림 1-12 기본 속성 편집창

그림 1-13 스프라이트 브라우저

그림 1-14 레이어 브라우저

7 DCS 화면 구성 관리

DCS 화면의 윈도 배치를 컨트롤 할 수 있다. 화면 오른쪽 상단에 3개의 화면 구성 관리 아이콘(그림 1-15)이 있는데, 이는 선택에 따라 2D 윈도, 3D 윈도, 또는 두 윈도 모두를 볼 수 있다. DCS의 화면구성은 main menu 〉 Layout 의 메뉴를 사용해 관리할 수도 있다.

　Dockable Window 2D 윈도 상단의 여백("2D Pattern Window - "라고 적힌 곳)에 마우스 커서를 놓고 다른 위치로 윈도를 클릭하여 드래그 할 수 있는데, 이러한 기능을 dockable window라고 부른다. 즉, 윈도를 원래의 위치에서 원하는 위치로 이동할 수 있으며, 더블 클릭하면 다시 원래의 위치로 되돌아간다. 이 기능은 여러 개의 모니터를 사용할 때 유용하다.

그림 1-15 화면 구성 관리 아이콘

8 DCS 윈도의 분류

DCS 창들은 Screen, Window, Editor, Browser, Dialog, Contextual Input, Contextual Menu로 분류할 수 있다.

- **Screen**: DCS가 시작될 때 보이는 모든 윈도, 편집창, 브라우저 전체
- **Window**: DCS 화면의 최상위 레벨로 2D/3D window, Plotting/Cutting window, Photo Scan window가 포함되며, 이것들 중 하나에 포커스가 있다.
- **Editor**: 대상의 속성을 수치로 보여주고 수정할 수 있으며, Property Editor, Grading Editor가 포함된다.
- **Browser**: 선택 가능한 옵션을 보여주며, 그 중에서 한가지를 선택할 수 있고 옵션들을 추가/삭제할 수 있다(예: Sprite Browser, Layer Browser).
- **Dialog**: 많은 옵션들 중에서 하나를 선택하도록 해주는 창이다(예: Initial Workspace Setting Dialog, Initial Project Setting Dialog, Project Setting Dialog, Program Setting Dialog).
- **Contextual Input**: 작업하는 동안 오른쪽 마우스를 클릭하면 입력할 수 있는 팝업 창이 뜬다.
- **Contextual Menu**: 메뉴 수행 중이 아닐 때, 임의의 Primitive들을 선택하고 오른쪽 마우스를 클릭하면 사용 가능한 메뉴들이 나타나는데, 이를 Contextual Menu라 부른다.

⌐ LAB 7   2D 윈도에서 점/선 그리기

1   Point 〉 Create Point: 왼쪽 마우스 버튼을 사용하여 임의의 점들을 찍는다.
- Ctrl+Z를 눌러 되돌리기를 실행해 본다.
- Ctrl+Y를 눌러 다시하기를 실행해 본다.

2   Line 〉 Create Straight Line: 왼쪽 마우스 버튼을 사용하여 임의의 선들을 긋는다.

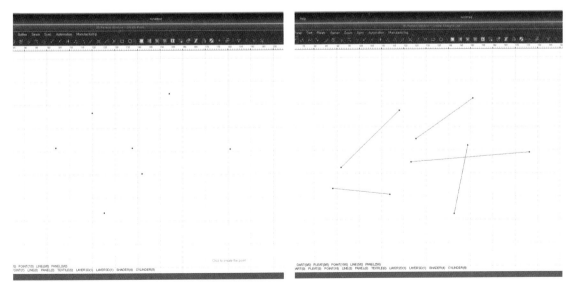

그림 1-16 2D 윈도에서 점과 직선 그리기

LAB 8   2D 윈도에서 Primitive 선택하기

이는 LAB7에서 계속 이어진다.

1   Select > Enable Point Selection(혹은 2D 툴 박스에서 🖱️클릭하기)
   • 2D 툴 박스에서 아이콘을 클릭하는 것을 권장한다.
   • Enable Point Selection은 토글할 수 있다. 2D 툴 박스에서 아이콘 🖱️(🖱️)은 점 선택이 가능하다(불가능하다.)는 것을 의미한다.
   • Point selection을 활성화시켜 놓고 임의의 점을 선택해 본다.
   • Point selection을 비활성화시켜 놓고 임의의 점을 선택해 본다.
   • 마우스 커서를 🖱️나 🖱️아이콘 위에 올려 놓는다.
      – 이 때 DCS는 그 아이콘이 Enable Point Selection 아이콘임을 보여주는데, 이 메시지를 tool tip이라 부른다.

2   Point selection이 활성화된 상태에서 Step 2의 모든 하위단계를 실행한다.
   • Ctrl을 누른 상태에서 임의의 점을 클릭해 본다.
      – Step 1과는 달리 점이 추가 선택되는데, 이 선택 모드를 incremental selection이라 부른다.
   • Alt를 누른 상태에서 이미 선택된 임의의 점을 클릭해 본다.
      – Ctrl과는 반대로 매 클릭마다 점의 선택이 해제되는데, 이 선택 모드를 decremental selection이라 부른다.
   • Shift를 누른 상태에서 선택/비선택된 임의의 점을 클릭해 본다.
      – 선택된(해제된) 점들은 선택이 해제된다.(선택된다.) 이 선택모드를 complementary selection이라 부른다.

3   Primitive를 copy, paste, translate, rotate해 본다.
   • Copying: 임의의 점을 드래그하여 선택한 후 Ctrl+C를 누른다.(이때 점은 복사된다.)
   • Pasting: Ctrl + V(복사된 대상이 붙여 넣어진다.)
   • Translating: W 키를 누르고 translation manipulator의 사각형 중심이나 각 축을 드래그하여 이동한다.
   • Rotating: E 키를 누르고 rotation manipulator를 드래그하여 회전한다.

4   Enable Line Selection 🖊️을 사용하여 Steps 1~3을 실습한다.

Enable Panel/Dart/Seam Selection 🖱️🖱️🖱️도 유사한 방법으로 실습한다.

9 3D 좌표계

DCS는 〈그림 1-17〉에서 보여주는 오른손 좌표계를 사용한다. 즉, X축은 오른쪽(아바타의 왼쪽), Y축은 위쪽, XY평면을 기준으로 Z축은 앞쪽을 향한다. 이 축의 배치를 기억해 놓으면 3D에서 object를 다룰 때 많은 도움이 된다. 예를 들어, 두 발의 중심이 원점일 때 발바닥의 Y값은 0이며, 머리 제일 위의 Y값은 아바타의 키와 같다.

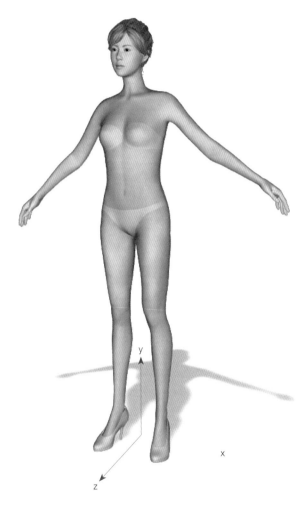

그림 1-17 3D 좌표계

SECTION 5
2D 툴 박스와 3D 툴 박스의 사용

LAB 9 2D 툴 박스 메뉴 실행하기

1 〈표 1-1〉에 있는 2D 툴 박스 메뉴들을 실행해 본다.

아이콘	이름	단축키	설명
	Select	S	Primitive(점, 선, 패널) 선택
	Translate	W	선택된 primitive 이동
	Rotate	E	선택된 primitive 회전
	Restore View		초기의 뷰 상태로 되돌아감
	Fit to All Objects		모든 primitive가 보이도록 뷰 조절
	Fit to Selected Object		선택된 primitive만 보이도록 뷰 조절
	Fit to Avatar Front Silhouette		아바타의 front 실루엣만 보이도록 뷰 조절
	Fit to Avatar Back Silhouette		아바타의 back 실루엣만 보이도록 뷰 조절
	Fit to Avatar Front+Back Silhouette		아바타의 front/back 실루엣이 모두 보이도록 뷰 조절
	Snap	N	스냅 기능의 활성화/비활성화(토글)
	Split	L	스플릿 기능의 활성화/비활성화(토글)
	Enable Point Selection		점 선택 기능의 활성화/비활성화(토글)
	Enable Line Selection		선 선택 기능의 활성화/비활성화(토글)
	Enable Panel Selection		패널 선택 기능의 활성화/비활성화(토글)
	Enable Dart Selection		다트 선택 기능의 활성화/비활성화(토글)
	Enable Seam Selection		솔기 선택 기능의 활성화/비활성화(토글)
	Sync Panels	T	선택된 패널을 3D 윈도에 동기화

표 1-1 2D 툴 박스 메뉴

LAB 10   3D 툴 박스 메뉴 연습하기

1 〈표 1-2〉에 있는 3D 툴 박스 메뉴들을 실행해 본다.

아이콘	이름	단축키	설명
↖	Select	S	Primitive 선택
✥	Translate	C	선택된 primitive 이동
↺	Rotate	E	선택된 primitive 회전
▣	Wrap	R	3D 의복 레이어(실린더)를 보여줌
▣	Restore View		초기의 뷰로 되돌아감
▣	Front		아바타의 front가 보이도록 뷰 조절
▣	Back		아바타의 back이 보이도록 뷰 조절
▣	Left		아바타의 left가 보이도록 뷰 조절
▣	Right		아바타의 right가 보이도록 뷰 조절
▣	Top		아바타의 top이 보이도록 뷰 조절
↻	Turn Table		턴테이블을 실행
▣	Center Selected Panel		선택된 패널이 창 중앙에 보이도록 뷰 조절
▣	Zoom to Selected Panel		선택된 패널을 확대하여 윈도에 꽉 차 보이도록 뷰 조절
▣	Primitive Selection Mode		Primitive를 선택할 수 있는 상태
▣	Vertex Selection Mode	V	꼭지점을 선택할 수 있는 상태
▣	OBJ Selection Mode		OBJ를 선택할 수 있는 상태
▣	Enable Point Selection		점 선택 기능의 활성화/비활성화(토글)
▣	Enable Line Selection		선 선택 기능의 활성화/비활성화(토글)
▣	Enable Panel Selection		패널 선택 기능의 활성화/비활성화(토글)
▣	Enable Seam Selection		솔기 선택 기능의 활성화/비활성화(토글)

표 1-2 3D 툴 박스 메뉴

SECTION 6
단축키와 기능키의 사용

단축키와 기능키의 사용은 작업의 능률을 높일 수 있다. 일반적으로 알파벳 혹은 Ctrl+알파벳으로 정의된 단축키는 메뉴를 시작할 수 있게 한다. Esc, Delete 등과 같은 특수키로 정의된 기능키는 어떠한 메뉴의 실행 중 특정 기능을 수행할 때 사용된다. DCS의 단축키/기능키를 충분히 익힐 것을 강력히 권장한다.

LAB 11 단축키 실행하기

단축키를 누르면 메뉴를 실행하는 것과 동일한 효과를 갖는다. 예를 들어, 2D 윈도에서 단축키 S를 누르면 2D 툴 박스의 Select 아이콘을 클릭하는 것과 같은 효과를 갖는다. 3D 윈도에서 단축키 N을 누르면, Show 〉 Vertex Normal과 같은 효과를 갖는다. 다음 〈표 1-3〉은 DCS의 2D 윈도와 3D 윈도에서 사용할 수 있는 단축키를 요약해 보여 준다.

1 DCS의 모든 단축키를 실행해 본다.
   • 예를 들어, B키를 누르면 DCS 아바타가 unload/load된다.
   • K키를 누르면 패널의 삼각메시를 볼 수 있다. 다시 K키를 눌러 본다.

2D Window		3D Window	
S	Select	S	Select
W	Translate	W	Translate
E	Rotate	E	Rotate
F	Press return	R	Cylinder Wrap
G	Open Grading Editor	Z	Create Merging Seam
N	Snap	A	Create Attaching Seam
L	Split	N	Vertex Normal
T	Sync Panels		
K	Show Panel Mesh	K	Show Panel Mesh
C	Show Control Point		
M	toggle draw line length	H	Shadow
		V	Enable Vertex Selection
P	Create Panel	B	Load/Unload Avatar
Z	Create Merging Seam	X	Primitive Selection Mode
A	Create Attaching Seam	C	OBJ Selection Mode
Ctrl + G	Show Grading	Q	Image Capture

(계속)

2D Window		3D Window	
Ctrl + Z	Undo Key	Ctrl + Z	Undo Key
Ctrl + Y	Redo Key	Ctrl + Y	Redo Key
Ctrl + C	Copy	Ctrl + C	Copy
Ctrl + V	Paste	Ctrl + V	Paste
Ctrl + N	New	Ctrl + N	New
Ctrl + O	Open	Ctrl + O	Open
Ctrl + S	Save	Ctrl + S	Save
Ctrl + F4	Close	Ctrl + F4	Close
Ctrl + A	Select All	Ctrl + A	Select All

표 1-3 단축키 배정

⌐ᵈ LAB 12 기능키 실행하기

■ 기능키는 어떤 메뉴의 실행 중 특정 기능을 수행할 수 있도록 정한 것이다. 예를 들어, Spacebar를 누르면 작업 중 다음 대상물을 선택해 준다. 〈표 1-4〉는 DCS에서 사용되는 기능키를 모두 보여주고 있다.

■ 기능키는 정해진 맥락(표에 요약)에서만 효과를 발휘한다. 예를 들어, Primitive가 선택되어 있지 않다면 Delete키는 어떠한 기능도 수행하지 않는다. 맥락이 겹치지 않는다면 두 개의 서로 다른 작업이 동일한 기능키에 배정될 수 있다. 그런 예는 Spacebar와 Shift 키에서 볼 수 있다.

1 DCS의 모든 기능키를 실행해 본다.

기능키			
Backspace	기능 실행 중 한 단계 취소	Spacebar(2D)	토글
Delete	삭제(점, 선, 패널, 솔기, 텍스타일)	Spacebar(3D)	다음 프레임 시뮬레이션
Esc	기능 실행 중 취소	Shift	회전할 때 회전의 중심을 이동
Enter	확정	Shift	현재 수행하고 있는 작업과 관련된 옵션 활성화
Tab	맥락입력 창에서 다음 입력창으로 이동		

표 1-4 기능키 배정

SECTION 7
프로젝트 개념 이해하기

여기서 프로젝트의 개념을 정확하게 이해할 필요가 있다. 이는 대단히 쉬운 개념이지만, DC를 처음 배우는 사람들이 이 개념을 바르게 이해하지 못할 경우 잘못된 사용으로 인해 엉뚱한 상황을 만날 수 있기 때문이다.

DCS에서 수행하는 작업은 작업 내용 전체가 하나의 프로젝트로 저장된다. 더 자세히 말하면, 프로젝트로 저장된다는 것은 DCS에서 사용자가 명명한 프로젝트 이름의 폴더(예: 원피스)가 생성되고, 그 폴더 안에 2개의 하위폴더(cache, sprite)와 사용자가 지정한 이름의 DCP 파일(예: onepiece.dcp)이 만들어지는 것이다. 저장된 프로젝트를 열면 기존에 DCS에서 저장했던 상태가 복원돼 그 작업을 다시 계속할 수 있다.

초보자들은 가끔 프로젝트 A 폴더 안에 프로젝트 B를 저장하는 실수를 저지른다. 이 경우, 프로젝트 A는 더 이상 정상적인 프로젝트 구조를 갖지 않게 되어 읽을 수 없게 된다. 이 때 프로젝트 A의 폴더에서 프로젝트 B의 내용을 삭제해주면 다시 프로젝트 A를 열 수 있다. 여기서 프로젝트를 처음 생성하면 DCP 파일 이름과 프로젝트 폴더 이름이 동일하지만, 추후 이 둘을 서로 다른 이름으로 지정할 수 있다.

- **프로젝트 열기**: File 〉 Open을 선택하고 원하는 프로젝트의 DCP 파일을 선택하면 프로젝트가 열린다.(cache 폴더와 sprite 폴더 안에 들어 있는 다른 부수적인 내용들은 자동으로 읽혀진다.)
- **프로젝트 저장하기**: File 〉 Save를 선택하면 지금까지 작업한 모든 내용이 현재 프로젝트에 저장된다. 작업 도중 가끔 저장함에 의해 혹시 프로그램이 불안정해지는 경우가 발생하더라도, 저장했던 시점까지의 작업 내용은 복원할 수 있다.
- **새로운 프로젝트에 저장하기**: File 〉 Save As를 선택하면 현재의 작업 내용이 새로운 프로젝트로 저장된다. 즉, 복사본이 만들어지는 셈이다.

DCS가 Microsoft Windows OS에 설치되어 사용되는 경우, 폴더를 미리보기 모드에서 보면 〈그림 1-18〉처럼 프로젝트를 열어보지 않고도 내용을 파악할 수 있도록 프로젝트의 내용을 살짝 보여준다.

그림 1-18 DC-EX 폴더의 미리보기 모드

SECTION 8
프로그램과 프로젝트 설정

1 프로젝트 설정

Settings 〉 Project Setting을 실행하면 〈그림 1-19〉와 같은 dialog가 화면에 나타나며, 이를 project setting dialog라고 부른다.

   이 dialog는 프로젝트 전반에 걸쳐 적용되는 옵션을 설정할 수 있으며, General, Avatar, Grading 탭이 포함된다.

General
① Name과 Location은 각각 현재 프로젝트의 이름과 폴더의 위치를 보여 준다.
② Panel은 패널의 기본값을 설정한다.
- Default Inter-Vertex Distance는 인접한 메시점들 간의 평균 거리이다.
- Default Thickness는 패널의 기본 두께를 설정한다. 이를 사용하면 패널은 0이 아닌 두께를 가질 수 있다. 그러나 충돌 처리는 0인 두께에서 보다 안정적으로 작동되므로, 시뮬레이션은 두께를 0으로 설정한 상태에서 실행할 것을 권장한다. 시뮬레이션 결과를 렌더링할 때 0이 아닌 두께를 주면 된다.

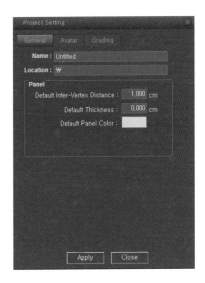

그림 1-19 Project setting dialog

- Default Panel Color는 텍스타일을 적용하지 않은 상태에서 패널을 그리는 데 사용되는 색이며, 이는 사용자가 설정할 수 있다.

Avatar
현재 프로젝트에서 사용하고자 하는 아바타를 선택할 수 있다. Import는 OBJ 형식으로 된 외부의 아바타를 불러들일 수 있도록 한다.

Grading
그레이딩을 활성화하고, 그레이딩과 관련된 size scheme을 설정할 수 있다. Grading 메뉴(2D window 〉〉 Grading 〉 *)는 이 탭 안에 있는 Grading 체크박스를 선택해야만 활성화된다.

2 프로그램 설정

Settings 〉 Program Setting을 실행하면 〈그림 1-20〉과 같은 dialog가 화면에 나타나는데, 이를 program setting dialog라 부른다. 이 dialog에서는 프로젝트 단위가 아닌, DCS 프로그램 사용 전체에 적용되는 옵션들을 설정한다. 즉, dialog를 통해 정해진 옵션들은 프로젝트가 달라져도 그대로 유지된다. dialog는 다음의 5가지 부분으로 구성되어 있다.

① Workspace: 프로젝트를 찾을 때 DCS가 우선 찾아보는 폴더를 설정할 수 있다.

② Language: menu와 guiding instruction에 사용되는 언어를 각각 따로 선택할 수 있다.

③ Unit: 길이단위(centimeter, inch)를 선택할 수 있다.

④ 2D Window: 2D 윈도 안에서 가시화되는 point, vertice, manipulator의 크기를 설정할 수 있다.

⑤ 3D Window: 3D 윈도 안에서 가시화되는 point, vertice, manipulator의 크기를 설정할 수 있다.

그림 1-20 Program setting dialog

SECTION 9
교육 자료 DC-EDU의 활용

이 책에 수록된 실습을 따라 해보기 위해서는 교육 보조자료 DC-EDU가 필요하며, 이 자료를 다운로드 받는 방법은 다음과 같다.

① www.dc-books.org/IntroductionToDigitalClothing에서 DC-EDU.zip을 다운로드한다.
② 바탕화면에 DC-EDU 폴더를 생성한 후, 그 폴더 안에 DC-EDU.zip의 압축을 푼다.
   • DC-EDU는 "DC education"을 의미한다.
③ 바탕화면에 DC-EX 폴더를 만든다.
   • DC-EX 는 "DC exercise"를 의미한다.

DC-EDU 폴더의 내 파일은 DC Suite의 교육을 위해 만든 파일이기 때문에 독자가 완성하도록 일부는 미완의 상태로 남겨 두었다. DC-EDU 폴더는 원본 상태로 저장해두고, 독자가 수정한 내용들은 DC-EX 폴더에 저장하는 것을 권장한다.

LAB 13   빈 프로젝트 생성하기

1   DCS를 실행한다.

2   Initial dialog에서 New Project를 선택한다.

3   OK를 클릭한다.

4   File 〉 Save As를 클릭하여 DC-EX 폴더에 새로운 이름의 프로젝트를 저장한다.

5   위의 Step 4에서 만든 내용을 폴더를 열어 직접 확인해 본다.

SECTION 10
DCS의 업데이트

컴퓨터가 인터넷에 연결되어 있는 경우, 업데이트가 있을 때마다 DCS는 자동적으로 안내 메시지를 보여준다. 업데이트를 원할 경우 승인을 하면 자동적으로 소프트웨어는 업데이트가 된다. 업데이트를 수행하면 어떤 경우에는 캐시(cache)가 더 이상 유효하지 않을 수 있다. 예를 들어, DCS의 아바타 부분이 수정되었을 경우 프로그램을 업데이트하게 되면 시뮬레이션 캐시는 더 이상 유효하지 않게 된다. 그러므로 프로그램의 수정된 내용이 무엇이냐에 따라 업데이트를 다음으로 미루어야 할 경우가 발생할 수 있다.(작업한 내용을 곧 발표해야 할 경우, 업데이트를 발표 후로 미루는 것이 좋을 수 있음.)

업데이트를 할 수 있는 상황이 되면, Help > Check For Update에서 업데이트된 내용을 확인하고 업데이트를 시작할 수 있다(그림 1-21). 이 dialog에 가장 최신 버전의 프로그램 수정 세부사항도 같이 보여준다.

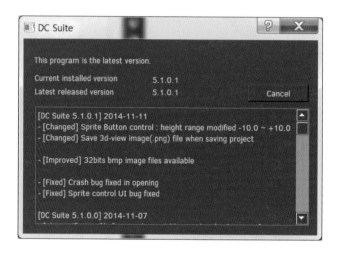

그림 1-21 DCS update dialog

CHAPTER 2

바디의 생성 및 측정

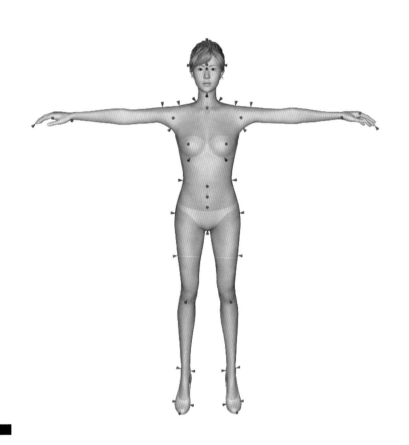

SECTION 1
왜 디지털 클로딩에서 바디를 공부할까?

모든 옷의 생산 과정은 특정 바디를 겨냥해서 제작된다. 그러므로 목적에 맞는 바디를 만들고 그 바디의 치수를 파악하는 능력은 디지털 클로딩 공부의 시작 단계에서 마스터할 필요가 있다. 본 챕터에서는 인체의 생성과 치수 측정에 대해 살펴본다.[1]

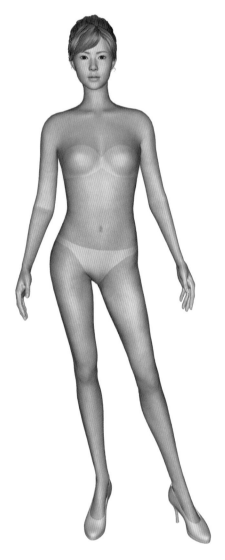

그림 2-1 DCS 여성 아바타 Jane

---

1   3D 스캔은 정확한 바디 데이터를 얻게 해 준다. DCS는 3D 스캔된 바디를, 그 바디가 OBJ 형식으로 저장되어 있다면, DCS 안으로 불러올 수 있다. DCS 아바타와 달리, OBJ로 불러들인 아바타의 경우에는 고정된 포즈로 모든 구성 및 시뮬레이션을 실행해야 한다.

SECTION 2
아바타 가져오기

LAB 1   3D 윈도에서 아바타 보기

1   DCS를 시작하고 initial dialog에서 New Project를 선택한다. 왼쪽 상단에 있는 선택사항 중 Avatar Setting을 선택하고 Avatar 체크란[2]을 체크한다. 오른쪽에 보여지는 아바타 중 작업에서 사용할 하나를 선택하고(Man과 Child도 선택 가능. Import를 선택하면 OBJ 형식으로 된 파일을 외부에서 가져옴.) OK를 클릭하면, 3D 윈도에서 선택한 아바타를 볼 수 있다.
   - Use this as default를 체크하면, 아바타는 현재 프로젝트뿐만 아니라 다른 프로젝트에서도 기본으로 default가 선택되며, Avatar Setting에서 기본 아바타를 바꿀 수 있다.
   - 〈그림 2-1〉에서 보여준 Jane(model id: DCFM_05)은 가장 최근에 개발된 아바타로, 이 책의 전반에 걸쳐 사용된다.

2   다양한 뷰 메뉴를 실행해 본다.
   - 뷰 메뉴는 3D 툴 박스에 나열되어 있으며, 3D window 》 View에서도 확인할 수 있다.
     - 3D 툴 박스에 있는 Front, Back, Left, Right, Top 뷰를 볼 수 있는 아이콘들을 클릭해 본다.
     - Turn 표(토글)를 실행해 본다.
     - 맨 처음 뷰로 되돌리는 Restore View 메뉴를 실행해 본다.
   - 위의 정해진 뷰 대신 임의의 뷰를 볼 수 있다.
     - RMB(오른쪽 마우스 버튼): 임의의 뷰
     - MMB(중간 마우스휠 누르기): 왼쪽/오른쪽 혹은 위/아래로 패닝
     - MMB(중간 마우스휠 돌리기): 확대/축소

3   Show 〉 Shadow 〉 Enable Shadow에서 전체 그림자를 켜고 끌 수 있다.
   - 이 기능(토글)은 그림자를 원하지 않을 때 유용하다.
   - 패널, 아바타, 바닥에 드리워진 그림자는 Show 〉 Shadow의 메뉴 Shadow On Panel, Shadow On Avatar, Shadow on Floor를 사용해 독립적으로 켜고 끌 수 있다.

---

2   체크하지 않은 경우, DCS는 아바타 없이 열린다.

SECTION 3
아바타 설정

LAB 2   아바타 설정하기

1   3D window 》 Avatar 〉 Avatar Editor 〉 Motion

2   제공된 모션 중 WP_08을 선택한다. Dynamic Play 아이콘(Draping 〉 Dynamic Play)을 클릭하면 모션을 미리볼 수 있다. Reset 아이콘을 클릭하면 다시 처음 상태의 포즈로 돌아간다.
   - 여기서 WP는 woman pose를 의미한다.
   - 다른 포즈도 실행해 본다(WP_*).
   - WW_* 포즈도 실행해 본다.(여기서 WW는 woman walking을 의미한다.)

3   초기 포즈(home pose) 상태에서 Starting Arm Pose를 실행해 본다.
   - 아바타 설정은 반드시 초기 포즈에서 수행해야 한다.
   - Left Arm은 T-pose로, Right Arm은 V-pose로 설정해 본다.

4   Avatar Editor Face: 얼굴을 교체해 본다.

5   Avatar Editor Hair: 헤어스타일을 교체해 본다.
   - 헤어 색상도 바꾸어 본다.

6   Avatar Editor 〉 Accessory: 액세서리를 바꾸어 본다.

7   File 〉 Save As에서 현재의 내용을 프로젝트로 저장한다.

8   방금 전 저장한 프로젝트를 열어 본다.
   - 모션, 얼굴, 헤어, 액세서리가 모두 복원된 것을 확인한다.

1 DCS의 헤어스타일

헤어는 의복 구성과는 별개의 것이다. 그러나 사람이 어떤 의상을 입었을 때의 미적인 평가는 그 사람의 헤어에 영향을 많이 받게 되므로, 아바타를 구성할 때 헤어를 빼놓을 수 없다. DCS는 다음의 두 가지 헤어 생성 방법을 제공한다.

Polyhedral Hair
- 이 방법은 〈그림 2-2(a)〉에서처럼 polyhedral surface(다각형으로 이루어진 곡면)에 여러 개의 이미지를 맵핑하여 헤어를 모델링한다. DCS는 헤어스타일을 교체할 수 있도록 복수의 polyhedral 헤어스타일을 제공한다.
- 각 헤어스타일에 대해 색상을 조절할 수 있다.

Strands Hair^
- 이 방법은 첨단 GPU 테크놀로지를 활용, 헤어를 수천 개의 가닥들로 모델링한다(그림 2-2(b))[3].
- 색상, 길이, 웨이브의 정도 등을 조절할 수 있다.

사용자는 현재의 니즈에 따라 〈그림 2-2〉의 두 헤어 생성 방법 중에서 하나를 선택해 사용하면 된다.

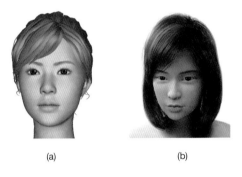

(a)   (b)

그림 2-2 (a) Polyhedral Hair, (b) Strands Hair

⌐ LAB 3 바디 편집하기

1 Avatar Editor Body
- 둘레(Circumference) 항목을 조절해 본다(예: Waist Circum).
- 길이(Length) 항목을 조절해 본다(예: Bust Point, Bust Point).
- 높이(Height) 항목을 조절해 본다(예: Stature).
- 너비(Breadth) 항목을 조절해 본다(예: Bishoulder Breadth).

2 File 〉 Save를 사용하여 현재의 작업 내용을 프로젝트로 저장한다.

3 방금 저장한 프로젝트를 열어 본다.
- Step 1에서 편집한 바디가 제대로 복원되었는지 확인한다.

---

3 Strands hair는 움직임 없이 정지 상태로 사용된다. 가닥들이 신체의 모션과 바람에 따라 움직인다면 더 흥미로울 것이다. 그러나 움직이는 strands hair는 기술 개발도 어렵지만 사용도 대단히 어렵기 때문에 DCS에서는 그 기능을 제공하지 않는다. 전문적인 CG/애니메이션 제작 스튜디오에서도 모발의 움직임을 자연스럽게 재현하는 일은 최첨단 기술을 요하며, 많은 작업 시간이 든다.

SECTION 4
외부 바디 가져오기

LAB 4　외부 바디 가져오기

DCS에서 OBJ 형식으로 된 외부의 바디를 불러올 수 있다.

1　DCS를 시작한다.

2　Initial dialog에서 New Project를 클릭하고 Avatar Setting을 선택한다.
　　• Project Setting Avatar에서도 이 작업을 수행할 수 있다.

3　Avatar 를 체크한 다음 Import를 클릭하고, 바디 OBJ의 폴더명과 파일명을 지정한다.
　　• DC-EDU/chapter02/externalBody/body01.obj 안에 있는 OBJ를 사용한다.

4　Apply를 클릭한다.

5　Select 〉 OBJ Selection Mode; OBJ를 클릭해 선택한다. Translate 메뉴와 Rotate 메뉴를 사용해 아바타의 위치를 이동할 수 있다.
　　• Primitive 선택 모드로 되돌아가기 위해 Select 〉 Primitive Selection Mode를 다시 선택한다.

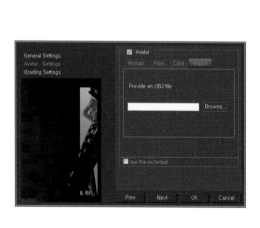
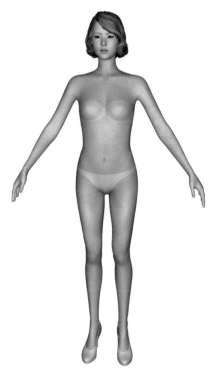

그림 2-3　외부 바디 가져오기

SECTION 5
인체 측정학

1 알아두면 좋은 인체 측정학

의복을 주어진 바디에 잘 피팅하는 것은 그 의복의 구매를 결정하는 데 있어 필요 조건이다. 좋은 피팅 결과를 얻기 위한 선제 조건은 주어진 바디의 정확한 치수를 알아내는 것이다. 신체의 치수항목(예: 허리둘레, 키 등)은 신체 표면에 정의된 기준점에 준한다. 인체의 치수 측정을 설명하려면, 불가피하게 인체 해부학과 인체 사이즈 학문에 관한 내용들이 수반된다. 이번 챕터의 나머지 부분에서는 다음의 내용을 다룰 것이다.

- 해부학적 평면과 방향들
- 기준점
- 기준선
- 인체의 치수항목 측정

  만약 인체 측정학이 불필요한 독자가 있다면, 이 챕터는 건너뛰어도 좋다.

2 해부학적 방향과 평면들

본 챕터에서는 기준점, 기준선, 치수항목을 다루는데 그 이름들이 해부학적 용어로 이루어져 있으므로, 먼저 인체에 관련된 방향과 평면을 지칭하는 몇 개의 기본 해부학 용어들을 소개하고자 한다.

방향과 관련된 용어
다음 〈그림 2-4〉를 참조하여 몇 개의 방향과 관련된 용어들을 정의한다.
- Superior/Inferior: 머리에서 가까운/먼 쪽
- Anterior/Posterior: 인체의 앞/뒤쪽
- Medial/Lateral: 인체의 수직 중심축에서부터 가까운/먼 쪽
- Proximal/Distal: 골반을 몸의 중심으로 볼 때 몸의 중심에 가까운/먼 쪽

해부학적 평면들
다음 〈그림 2-4〉를 참조하여 3개의 평면을 정의한다.
- Sagittal plane: 인체를 왼쪽과 오른쪽으로 나누는 수직 평면
- Coronal plane: 인체를 앞쪽과 뒤쪽으로 나누는 수직 평면(coronal plane을 다른 곳에서는 frontal plane이라고도 부름)
- Transverse plane: 인체를 위과 아래로 나누는 수평 평면

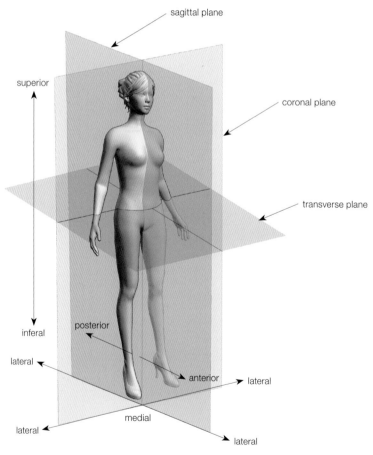

그림 2-4 해부학적 방향과 평면들

SECTION 6
기준점

기준점(Body Landmark, BL)은 인체 표면의 중요 지점이 되는 위치에 표시된 점으로, 바디를 생성하고 치수항목을 정하는 데 기준이 된다. 치수항목들은 결국 기준점에 의해 정해진다.

DCS 바디에는 70개의 기준점이 표시되어 있는데, 다음 〈표 2-1〉과 〈그림 2-5〉~〈그림 2-8〉에서 확인할 수 있다. DCS에서는 〈표 2-1〉에서 보는 것처럼 각 기준점에 1~41의 일련번호를 부여하였다. 왼쪽과 오른쪽 쌍으로 된 기준점이 있기 때문에 번호는 70 대신 41에서 끝난다.

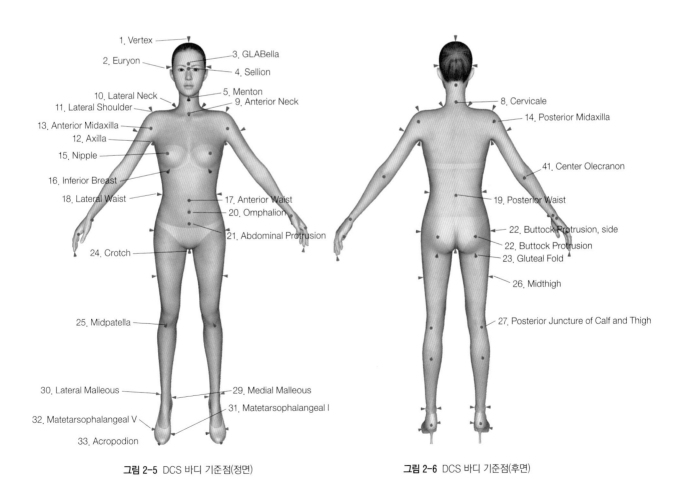

그림 2-5 DCS 바디 기준점(정면)   그림 2-6 DCS 바디 기준점(후면)

No.		기준점의 위치와 명칭
1	Head (8)	Vertex(머리마루점)
2		Euryon R/L(머리옆점)
3		GLABella(눈살점)
4		Sellion(코뿌리점)
5		Menton(턱끝점)
6		Occiput(뒤통수돌출점)
7		Inion(뒤통수점)
8	Neck (4)	Cervicale(목뒤점)
9		Anterior Neck(목앞점)
10		Lateral Neck R/L(목옆점)
11	Body (24)	Lateral Shoulder R/L(어깨가쪽점)
12		Axilla R/L(겨드랑점)
13		Anterior Midaxilla R/L(겨드랑앞벽점)
14		Posterior Midaxilla R/L(겨드랑뒤벽점)
15		Nipple R/L(젖꼭지점)
16		Inferior Breast R/L(젖가슴아래점)
17		Anterior Waist(허리앞점)
18		Lateral Waist R/L(허리옆점)
19		Posterior Waist(허리뒤점)
20		Omphalion(배꼽점)
21		Abdominal Protrusion(배돌출점)
22		Buttock Protrusion R/L, Side(엉덩이돌출점)
23		Gluteal Fold R/L(볼기고랑점)
24		Crotch(샅점)
25	Leg (12)	Midpatella R/L(무릎뼈가운데점)
26		Midthigh R/L(넙다리가운데점)
27		Posterior Juncture of Calf and Thigh R/L(오금점)
28		Calf Protrusion R/L(장딴지돌출점)
29		Medial Malleous R/L(안쪽복사점)
30		Lateral Malleous R/L(가쪽복사점)
31	Foot (8)	Metatarsophalangeal I R/L(발안쪽점)
32		Metatarsophalangeal V R/L(발가쪽점)
33		Acropodion R/L(발끝점)
34		Pternion R/L(발꿈치점)
35	Arm (8)	Biceps R/L(위팔두갈래근점)
36		Center Olecranon R/L(팔꿈치가운데점)
37		Ulnar Styloid R/L(손목안쪽점)
38		Radial Styloid R/L(손목가쪽점)
39	Hand (6)	Metacarpale V R/L(손안쪽점)
40		Metacarpale II R/L(손가쪽점)
41		Dactylio III R/L(손끝점)

표 2-1 DCS 바디 기준점

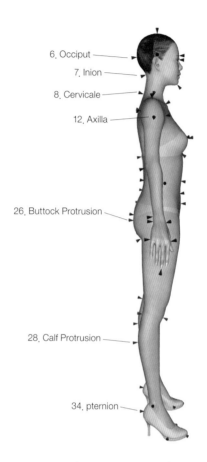

그림 2-7 DCS 바디 기준점(측면)

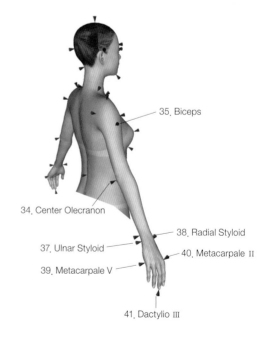

그림 2-8 DCS 바디 기준점(팔)

LAB 5   기준점 확인하기

DCS는 각 기준점 항목 앞에 체크란이 있어 보기를 원하는 기준점만 선택하여 볼 수 있다.

1   3D window 》 Avatar 〉 Avatar Editor

2   Avatar Editor Landmark

3   Visualize를 체크한다.
   • 3D 윈도에 〈그림 2-9〉처럼 기준점이 보인다.
   • 3D window 》 Show 〉 Avatar Landmark로도 기준점의 가시화를 켜고 끌 수 있다.

4   Avatar editor에서 BL 항목을 클릭해 선택하면 3D 윈도에서 선택한 항목을 녹색 원뿔로 보여준다.

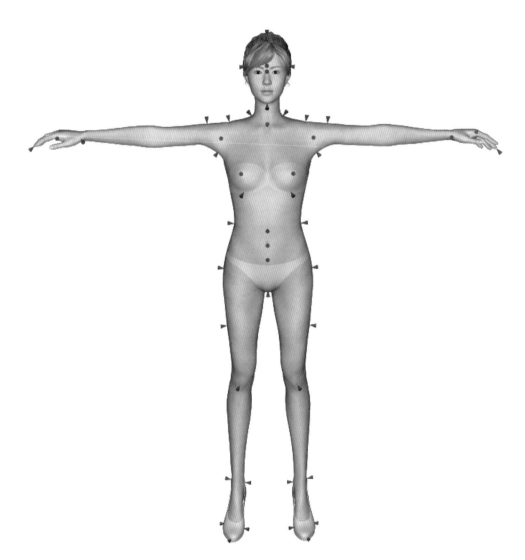

그림 2-9 기준점의 시각화

SECTION 7
기준선

기준선(Landmark Line, LL)은 〈그림 2-10〉에서 보는 것처럼 인체의 표면에 정의된 가상의 선이며, 기준점에 기초하여 정의되었다. 그러므로 기준점의 위치가 변경되면, 그 기준점과 관련된 기준선의 위치도 변경된다. 기준선은 Avatar 〉 Avatar Editor Measurement에서 치수항목(예: waist circumference)의 가시화를 통해 볼 수 있다.

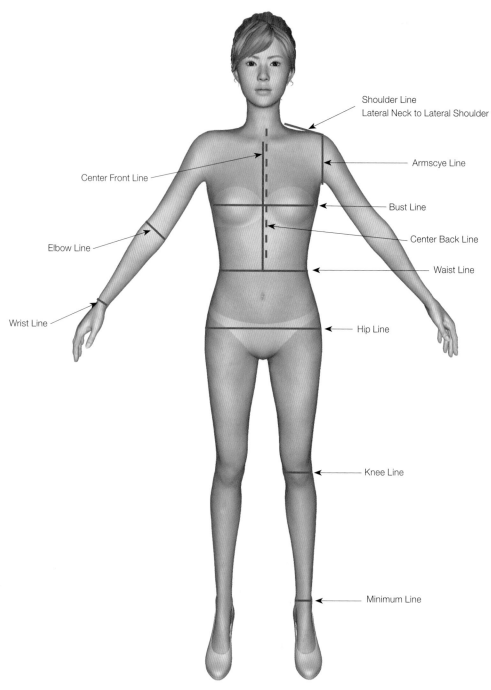

그림 2-10 DCS 바디 기준선

치수항목

DCS 바디에는 58개의 신체 치수항목이 정의되어 있는데, 각 항목이 어떻게 정의되는지를 〈그림 2-11〉~〈그림 2-18〉과
〈표 2-2〉~〈표 2-6〉에 설명하였다.

- 머리 항목: Hd1~Hd5
- 높이 항목: H1~H9
- 길이 항목: L1~L17
- 너비 항목: B1~B5
- 두께 항목: D1~D6
- 둘레 항목: C1~C16

1 DCS 머리 치수항목

항목	치수항목의 라벨과 명칭	
Head(5)	Hd1	Head Height(머리수직길이)
	Hd2	Face Length(얼굴수직길이)
	Hd3	Head Length(머리두께)
	Hd4	Head Breadth(머리너비)
	Hd5	Head Circum(머리둘레)

표 2-2 머리 치수항목

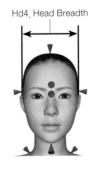
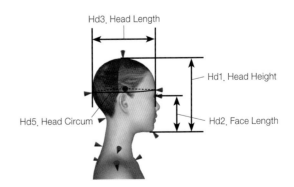

그림 2-11 머리 지수 측정법

2 DCS 높이 치수항목

항목	치수항목의 라벨과 명칭	
Height(9)	H1	Stature (키)
	H2	Cervical Height (목뒤높이)
	H3	Shoulder Height (어깨가쪽높이)
	H4	Axilla Height (겨드랑높이)
	H5	Hip Height (엉덩이높이)
	H6	Waist Height (허리높이)
	H7	Waist Height (omphalion, 배꼽수준허리높이)
	H8	Crotch Height (샅높이)
	H9	Knee Height (무릎높이)

표 2-3 높이 치수항목

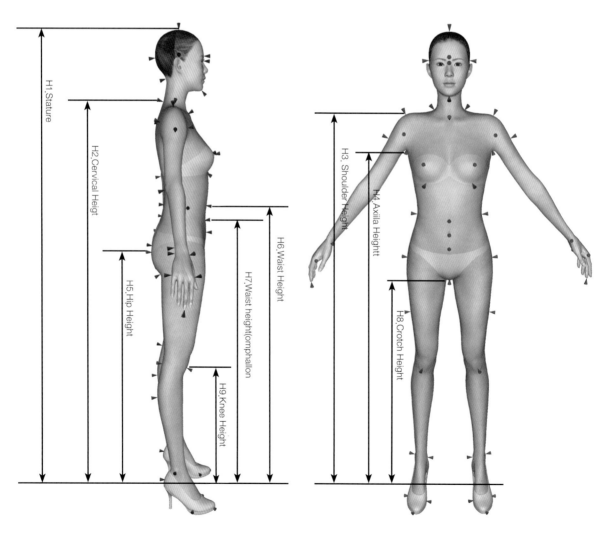

그림 2-12 높이 지수 측정법

3 DCS 길이 치수항목

항목	치수항목의 라벨과 명칭	
Length (17)	L1	앞중심길이
	L2	겨드랑앞벽사이길이
	L3	젖꼭지사이수평길이
	L4	어깨길이
	L5	등길이
	L6	어깨가쪽사이길이
	L7	겨드랑뒤벽사이길이
	L8	목옆젖꼭지길이
	L9	목옆허리둘레선길이
	L10	엉덩이옆길이
	L11	엉덩이수직길이
	L12	다리가쪽길이
	L13	샅앞뒤길이
	L14	위팔길이
	L15	팔길이
	L16	손직선길이
	L17	발직선길이

표 2-4 길이 치수항목

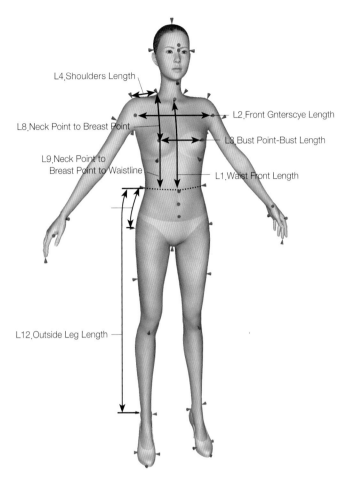

그림 2-13 길이 지수 측정법(정면)

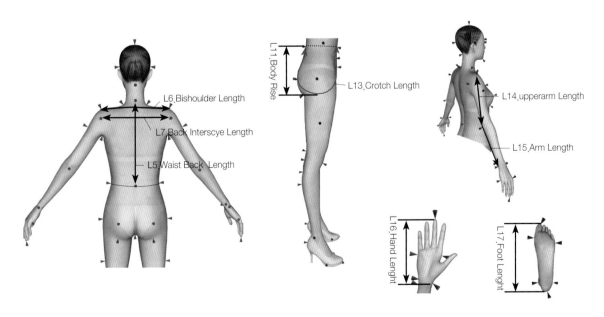

그림 2-14 길이 치수 측정법(기타)

4 DCS 너비와 깊이 치수항목

항목	치수항목의 라벨과 명칭	
Breadth(5)	B1	Chest Breadth(가슴너비)
	B2	Bust Breadth(젖가슴너비)
	B3	Waist Breadth(허리너비)
	B4	Abdominal Breadth(배꼽수준허리너비)
	B5	Hip Breadth(엉덩이너비)
Depth(6)	D1	Armscye Depth(겨드랑두께)
	D2	Chest Depth(가슴두께)
	D3	Bust Depth(젖가슴두께)
	D4	Waist Depth(허리두께)
	D5	Abdominal Depth(배꼽수준허리두께)
	D6	Hip Depth(엉덩이두께)

표 2-5 너비와 두께 치수항목

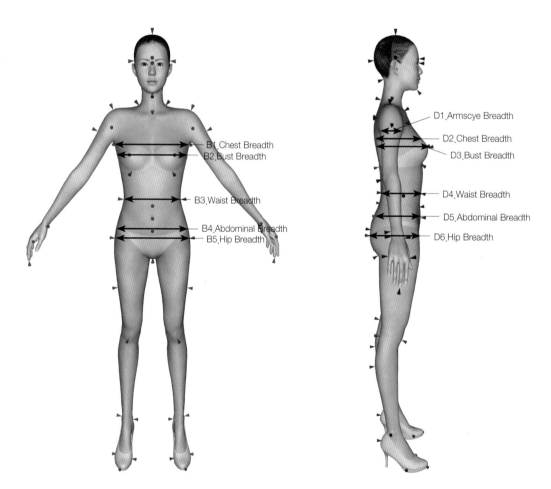

그림 2-15 너비와 두께 치수 측정법

5 DCS 둘레 치수항목

항목		치수항목의 라벨과 명칭
	C1	Neck Base Circum(목밑둘레)
	C2	Chest Circum(가슴둘레)
	C3	Bust Circum(젖가슴둘레)
	C4	Underbust Circum(젖가슴아래둘레)
	C5	Waist Circum(허리둘레)
	C6	Abdominal Circum(배둘레)
	C7	Hip Circum(엉덩이둘레)
Circum-ference (16)	C8	Thigh Circum(넙다리둘레)
	C9	Midthigh Circum(넙다리중간둘레)
	C10	Knee Circum(무릎둘레)
	C11	Calf Circum(장딴지둘레)
	C12	Ankle Circum(발목최대둘레)
	C13	Armscye Circum(겨드랑둘레)
	C14	Upperarm Circum(위팔둘레)
	C15	Elbow Circum(팔꿈치둘레)
	C16	Wrist Circum(손목둘레)

표 2-6 둘레 치수항목

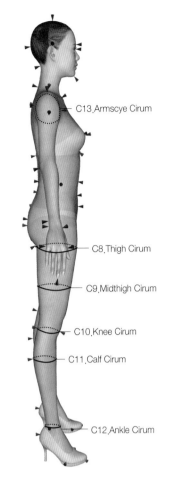

그림 2-16 둘레 치수 측정법(측면)

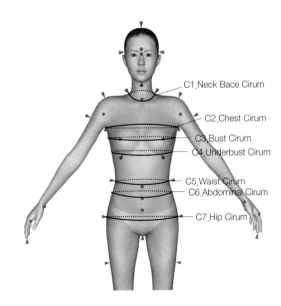

그림 2-17 둘레 치수 측정법(정면)

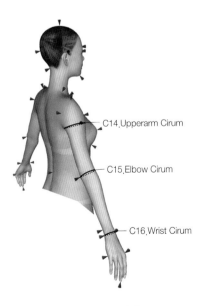

그림 2-18 둘레 치수 측정법(팔)

6 DCS 치수항목의 측정방법

항목		치수항목	사용 기준점
Head (5)	Hd1	Head Height(머리수직길이)	Vertex-Menton(머리마루점-턱끝점)
	Hd2	Face Length(얼굴수직길이)	Sellion-Menton(코뿌리점-턱끝점)
	Hd3	Head Length(머리두께)	GLABella-Occiput(눈살점-뒤통수돌출점)
	Hd4	Head Breadth(머리너비)	Euryon R/L(양쪽머리옆점)
	Hd5	Head Circumference(머리둘레)	GLABella-Occiput(눈살점-뒤통수돌출점)
Height (9)	H1	Stature(키)	Vertex-Floor(머리마루점-바닥면)
	H2	Cervical Height(목뒤높이)	Cervicale-Floor(목뒤점-바닥면)
	H3	Shoulder Height(어깨가쪽높이)	Lateral Shoulder-Floor(어깨가쪽점-바닥면)
	H4	Axilla Height(겨드랑높이)	Axilla-Floor(겨드랑점-바닥면)
	H5	Hip Height(엉덩이높이)	Buttock Protrusion-Floor(엉덩이돌출점-바닥면)
	H6	Waist Height(허리높이)	Anterior Waist(natural indentation)-Floor(허리앞점-바닥면)
	H7	Waist Height, omphalion (배꼽수준허리높이)	Anterior Waist(omphalion)-Floor(배꼽점-바닥면)
	H8	Crotch Height(샅높이)	Crotch-Floor (샅점-바닥면)
	H9	Knee Height(무릎높이)	Midpatella-Floor(무릎뼈가운데점-바닥면)
Length (5)	L1	Waist Front Length(앞중심길이)	Anterior Neck-Anterior Waist, natural indentation (목앞점-허리앞점)
	L2	Front Gnterscye Length (겨드랑앞벽사이길이)	Anterior Midaxilla R/L(겨드랑앞벽점)
	L3	Bust Point-Bust-Point (젖꼭지사이수평길이)	Nipple R/L(젖꼭지점)
	L4	Shoulder Length(어깨길이)	Lateral Neck-Lateral Shoulder(목옆점-어깨가쪽점)
	L5	Waist Back Length(등길이)	Cervicale-Back Waist Line(목뒤점-뒤허리둘레선)
	L6	Bishoulder Length(어깨가쪽사이길이)	Lateral Shoulder R/L(어깨가쪽점)
	L7	Back Interscye Length (겨드랑뒤벽사이길이)	Posterior Midaxilla R/L(겨드랑뒤벽점)
	L8	Neck Point to Breast Point (목옆젖꼭지길이)	Lateral Neck-Nipple (목옆점-젖꼭지점)
	L9	Neck Point to Breast Point to Waistline (목옆젖꼭지허리둘레선길이)	Lateral Neck-Nipple-Waist Line(목옆점-젖꼭지점-허리둘레선)
	L10	Waist to Hip Length(엉덩이옆길이)	Lateral Waist(natural indentation)-Buttock Protrusion, Side (허리옆점-엉덩이둘레선)
	L11	Body Rise(엉덩이수직길이)	Posterior Waist-Crotch(허리뒤점-샅점)
	L12	Outside Leg Length(다리가쪽길이)	Lateral Waist(natural indentation)-Buttock Protrusion-Floor (허리옆점-바닥면)
	L13	Crotch Length(샅앞뒤길이)	Posterior Waist-Anterior Waist, natural indentation (허리뒤점-허리앞점)
	L14	Upperarm Length(위팔길이)	Lateral Shoulder-Center Olecranon (어깨가쪽점-팔꿈치가운데점)

(계속)

항목		치수항목	사용 기준점
	L15	Arm Length(팔길이)	Lateral Shoulder-Center Olecranon-Ulnar Styloid (어깨가쪽점-팔꿈치가운데점-손목안쪽점)
	L16	Hand Length(손직선길이)	Radial Styloid-Dactylio III(손목가쪽점-손끝점)
	L17	Foot Length(발직선길이)	Acropodion-Pternion(발끝점-발꿈치점)
Breadth (5)	B1	Chest Breadth(가슴너비)	Axilla R/L(겨드랑점)
	B2	Bust Breadth(젖가슴너비)	Nipple(젖꼭지점)
	B3	Waist Breadth(허리너비)	Lateral Waist(R/L)-natural indentation(허리옆점)
	B4	Abdominal Breadth(배너비)	Abdominal Protrusion(배돌출점)
	B5	Hip Breadth(엉덩이너비)	Buttock Protrusion(엉덩이돌출점)

표 2-7 DCS의 치수항목별 측정법(Part 1)

항목		치수항목	사용 기준점
Depth (6)	D1	Armscye Depth(겨드랑두께)	Anterior Axillary Fold-Posterior Axillary Fold (겨드랑앞접힘점-겨드랑뒤접힘점)
	D2	Chest Depth(가슴두께)	Axilla(겨드랑점)
	D3	Bust Depth(젖가슴두께)	Nipple(젖꼭지점)
	D4	Waist Depth(허리두께)	Anterior Waist(natural indentation)-Posterior Waist (허리앞점-허리뒤점)
	D5	Abdominal Depth(배두께)	Abdominal Protrusion(배돌출점)
	D6	Hip Depth(엉덩이두께)	Buttock Protrusion(엉덩이돌출점)
Circumference (16)	C1	Neck Base Circum(목밑둘레)	Cervicale-Lateral Neck R/L-Anterior Neck (목뒤점-목옆점(R/L)-목앞점)
	C2	Chest Circum(가슴둘레)	Axilla(겨드랑점)
	C3	Bust Circum(젖가슴둘레)	Nipple(젖꼭지점)
	C4	Underbust Circum(젖가슴아래둘래)	Inferior Breast(젖가슴아래점)
	C5	Waist Circum(허리둘레)	Anterior Waist(natural indentation)- Lateral Waist(natural indentation)-Posterior Waist (허리앞점-허리옆점-허리뒤점)
	C6	Abdominal Circum(배둘레)	Anterior Waist, omphalion(배돌출점)
	C7	Hip Circum(엉덩이둘레)	Buttock Protrusion(엉덩이돌출점)
	C8	Thigh Circum(넙다리둘레)	Gluteal Fold(볼기고랑점)
	C9	Midthigh Circum(넙다리중간둘레)	Midthigh(넙다리가운데점)
	C10	Knee Circum(무릎둘레)	Midpatella(무릎뼈가운데점)
	C11	Calf Circum(장딴지둘레)	Calf Protrusion(장딴지돌출점)
	C12	Ankle Circum(발목최대둘레)	Medial Malleous-Lateral Malleous (안쪽복사점-가쪽복사점)
	C13	Armscye Circum(겨드랑둘레)	Lateral Shoulder-Axilla(어깨가쪽점-겨드랑점)
	C14	Upperarm Circum(위팔둘레)	Biceps(위팔두갈래근점)
	C15	Elbow Circum(팔꿈치둘레)	Center Olecranon(팔꿈치가운데점)
	C16	Wrist Circum(손목둘레)	Radial Styloid(손목가쪽점)

표 2-8 DCS의 치수항목별 측정법(Part 2)

LAB 6 DCS 바디의 치수항목 확인하기

현재 작업하는 바디의 치수항목을 볼 수 있다.

1 3D window 》 Avatar 〉 Avatar Editor] Measurement를 선택한다.

2 Step 1에서 열린 창에 치수항목들의 값을 보여준다.

CHAPTER 3

점과 선 그리기

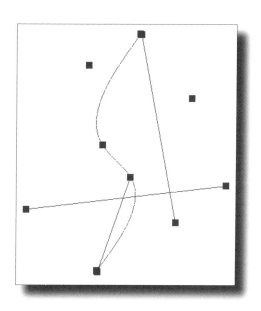

SECTION 1
왜 DC에서 점이나 선 그리기를 배워야 하는가?

패널을 만드는 데는 점과 선을 그리는 것이 가장 기초적인 작업이다. 여러분이 패턴 메이킹을 전문적으로 하게 되지 않더라도 DC에서 작업을 하다 보면 점과 선[1]을 그리거나 수정해야 하는 경우가 많이 발생한다. 그러므로 다양한 형태의 점이나 선을 그리는 능력은 DC 학습의 초기 단계에서 철저하게 마스터해 두어야 한다.

이번 챕터의 내용은 약간 지루하게 느껴질 수도 있다. 그럼에도 저자는 이 챕터의 내용을 숙지해둘 것을 강력하게 권장한다. 과거 교육 경험을 통해 볼 때, 유능한 학생들이 이 기본 기능을 확실히 익히지 못해 DC 사용에 좌절을 겪는 것을 자주 보았기 때문이다.

SECTION 2
2D 윈도에서의 일반적인 범례

2D 윈도에서 작업할 때는 커서(마우스 포인트)에 사용자가 지금 무엇을 해야 하는지에 대한 단계별 지시(guiding instruction)가 제공된다. 선택을 확정할 때는 키보드의 Enter 키를 누른다.

메뉴 수행이 완료되면, 다른 메뉴가 선택되기 전까지 DCS는 현재의 메뉴 수행을 계속한다. 작업 중이던 메뉴에서 빠져 나오고 싶을 때(작업이 완료된 후나 수행 중인 경우)에는 다음 메뉴를 선택하거나 2D 툴 박스에서 Select 아이콘을 클릭한다. Esc 키를 누르면, 현재 메뉴로부터 빠져 나오는 것이 아니라 현재 메뉴의 처음 상태로 돌아간다.

복수의 primitive 선택은 왼쪽 마우스 버튼을 드래그하거나, Shift 키를 누른 채 primitive를 클릭하여 선택함에 의해 이루어진다. 토글은 Spacebar를 누름에 의해 이루어진다.

또한 왼쪽 마우스 버튼을 클릭하여 새로운 위치, 거리 등을 지정할 수 있다. 왼쪽 마우스를 클릭하는 대신 오른쪽 마우스 버튼을 클릭하면 원하는 수치를 입력할 수 있다. 첫 번째 방법(왼쪽 마우스를 클릭하여 입력하는 것)을 mouse input이라 부른다. 반면, 두 번째 방법(오른쪽 마우스를 클릭하여 필요한 내용을 키보드로 입력하는 것)을 contextual input이라 부르고, 이것을 위한 윈도를 contextual input popup이라 한다. contextual input popup은 DCS가 그 순간에 기대하고 있는 입력 항목들을 모두 보여준다. contextual input은 메뉴 수행 중 언제든지 시작할 수 있다.

contextual input에 수치를 입력할 때, 계산기를 사용하는 것처럼 연산식(예: 3.7+(4-2)*2.5)을 입력할 수 있는데, 이 기능을 계산기 기능(calculator function)이라 한다. 반면 메뉴 수행 중이 아닐 때, primitive들을 선택한 상태에서 오른쪽 마우스를 클릭하면 DCS는 선택된 primitive에 적용할 수 있는 모든 메뉴를 보여주는데, 이것을 contextual menu라 한다.

여기서 DCS는 스냅(snap) 모드를 제공한다(토글). 스냅은 2D 툴 박스에서 Snap 아이콘을 클릭하거나 Select 〉 Snap을 선택함으로써 활성화 혹은 비활성화가 된다. 스냅 모드에서는 점이나 선 근처에 커서를 이동하면 자동으로 그 점이나 선을 선택해 준다. 비스냅 모드에서 작업하면 종종 이어져야 할 두 선이 실제로는 서로 떨어져 있는 등의 문제를

---

[1] 이 책에서 선은 직선과 곡선을 포괄하는 개념이다.

발생시킬 수 있다. 그러므로 특별한 이유가 없는 한 스냅 모드에서 작업할 것을 권장한다. 만약 Primitive를 잘못 선택했을 경우(즉, 선택하지 말아야 할 primitive를 선택했을 경우), 다시 클릭하면 선택이 해제된다.

대부분의 메뉴는 먼저 그 메뉴를 시작한 후 그 메뉴의 대상물(예: primitive)을 선택하도록 되어 있다. 이러한 메뉴를 post-select 메뉴라 한다. 그러나 드물지만 대상물을 메뉴 시작 전에 선택해주어야 하는 경우가 있다. 이러한 메뉴를 pre-select 메뉴라 한다. 예를 들어, 점이나 선을 정렬할 경우, 메뉴(Align Points, Align Lines)를 실행하기 전에 정렬할 점이나 선들을 먼저 선택해야 한다. 이러한 DCS의 사용자 매뉴얼은 manual.physan.net/DCSuite5.0_Kor에서 볼 수 있다.

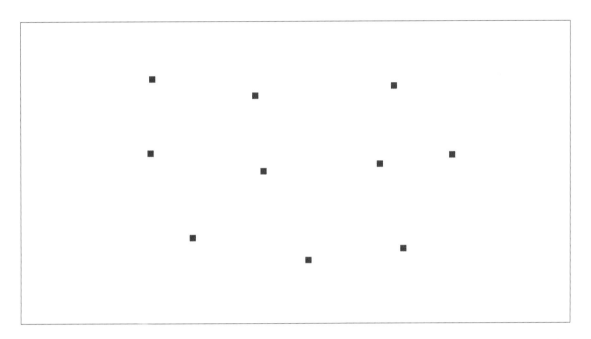

그림 3-1 점 생성하기

SECTION 3
점 그리기 메뉴 실습

이번에 다룰 내용은 모두 2D 윈도에서 이루어진다. 다음의 안내에 따라 점 생성 기능들을 실행해 본다.

LAB 1 점 생성하기

1 Point 〉 Create Point

- 이 메뉴를 수행할 때 2D 아이콘 바에 노란색 선으로 둘러진 아이콘을 볼 수 있는데, 그것이 바로 이 메뉴의 아이콘이다. 아이콘을 클릭하거나 풀 다운(pull-down) 메뉴에서 메뉴를 선택하여 이를 실행할 수 있는데, 아이콘 클릭이 더 간편하므로 아이콘의 사용을 권장한다. 현재 수행 중인 메뉴에 대한 또 하나의 피드백으로, 2D 윈도의 상단에 "2D Pattern Window - Create Point"가 쓰여진다.
- 2D 윈도에서 작업할 때는 커서와 상태표시줄(status bar)에 현재 수행 중인 작업에 대한 단계별 안내를 제공한다. 이것을 활용하면 책이나 매뉴얼을 보지 않고 작업을 수행할 수 있다.
  - 2D 메뉴와 2D 아이콘 바 전체를 둘러싼 노란색 선은 현재 2D 윈도가 활성화되었음을 의미한다. 3D 윈도 안의 한 점을 클릭하면 3D 윈도가 활성화된다. 2D 윈도가 비활성화되었을 때, 단계별 안내는 커서에는 보이지만 상태 표시줄에는 보이지 않는다.
- 왼쪽 마우스를 클릭하거나, 오른쪽 마우스 클릭하고 좌표를 키보드로 입력하는 방법으로 점을 생성할 수 있다.
  - 첫 번째 방법(왼쪽 마우스 클릭하여 위치를 정함)은 Mouse input이라 칭하며, 두 번째 방법(오른쪽 마우스를 클릭한 후 키보드로 수치를 입력하여 위치를 정함)은 Contextual input이라 부른다.
  - Mouse input의 경우, LMB를(누를 때가 아니고) 놓을 때의 위치가 사용된다.
- 새로운 메뉴를 선택하기 전까지 DCS는 현재 메뉴를 계속 수행한다.

LAB 2 　떨어진 점 생성하기

1 　Point 〉 Create Offset Point
- 점 A에서 x축으로 30cm, y축으로 −50cm 떨어진 곳에 새로운 점 B를 생성해 본다.
- Mouse input과 Contextual input 모두 실습해 본다.

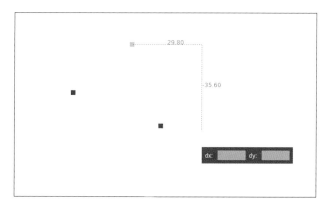

그림 3-2 떨어진 점 생성하기

LAB 3 　점 반전복사하기

1 　Point 〉 Mirror Point
- 이 메뉴는 선택된 점들을 주어진 선에 대칭인 곳에 복사해 준다.
- 기준이 되는 선을 생성한 후(Line 〉 Create Straight Line), 이 기능을 실행해 본다.
- 왼쪽 마우스를 드래그하거나(LMB 드래그) Shift를 누른 상태에서 왼쪽 마우스를 클릭하여(Shift+LMB클릭) 복수의 점을 선택할 수 있다.

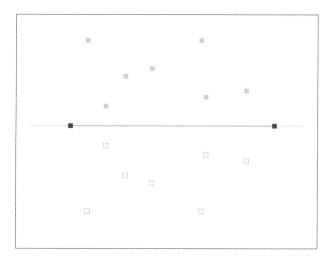

그림 3-3 점 반전복사하기

LAB 4   이등분점 생성하기

1   Point 〉 Create Average Point
  • 이 메뉴는 주어진 점 A와 점 B 사이를 이등분하는 점 C를 생성한다.

그림 3-4 이등분점 생성하기

LAB 5   n-등분점 생성하기

1   Point 〉 Create N Division Point
  • 이 메뉴는 주어진 점 A와 점 B 사이를 동등한 길이로 n등분하는 점들을 생성한다.
  • 왼쪽 마우스를 클릭할 때마다 등분의 수가 늘어난다.
  • 오른쪽 마우스를 클릭하여 contextual input에서 원하는 등분의 수를 입력할 수 있다.

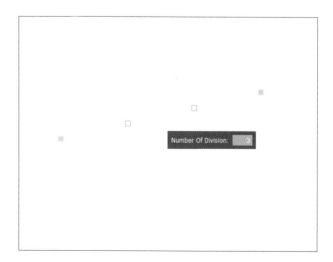

그림 3-5 n-등분점 생성하기

LAB 6   X-분점 생성하기

1 Point 〉Create X Division Point
   - 점 A에서 점 B 방향으로 5cm 이동한 점 C를 생성해 본다.
   - 반대로 점 B에서 점 A 방향으로 5cm 이동한 점 D를 생성하려면 토글 키(Spacebar)를 누른다.
   - Contextual input을 사용하면 복수의 X-분된 점을 생성할 수 있다(점 A에서 점 B의 방향으로 5cm 이동한 점 E, 점 E에서 다시 점 B 방향으로 5cm 이동한 점 F).

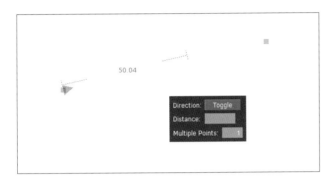

그림 3-6 X-분점 생성하기

LAB 7   교차점 생성하기

1 Point 〉Create Intersection Point
   - 두 선이 교차하고 있을 때, 교차점 C를 생성한다.
   - 이 메뉴의 실험을 위해, 두 직선은 Line 〉Create Straight Line으로 만들 수 있다.
   - 생성된 교차점은 어떠한 선에도 속하지 않는다.

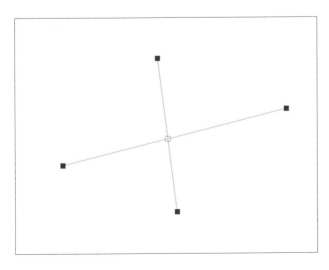

그림 3-7 교차점 생성하기

LAB 8   수직으로 정렬하기

1   Point 〉 Align Points 〉 Vertical *
- 이 기능을 사용하기 위해서는 먼저 정렬할 점들을 선택한다.
- 3가지 수직 정렬 방법이 있는데, Vertical Left, Vertical Center, Vertical Right이다. 이들은 각각 y 좌표는 그대로 유지한 채, 선택된 점 중 가장 왼쪽, 평균점, 가장 오른쪽 점을 기준으로 정렬한다.

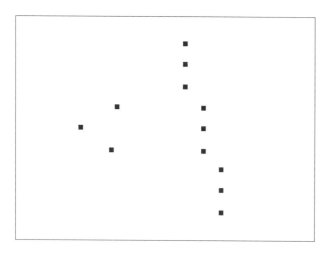

그림 3-8 점의 수직정렬

LAB 9   수평으로 정렬하기

1   Point 〉 Align Points 〉 Horizontal *
- 이 기능을 사용하기 위해서는 먼저 정렬할 점들을 선택한다.
- 3가지 수평 정렬 방법이 있는데, Horizontal Top, Horizontal Middle, Horizontal Bottom이다. 이들은 각각 점들의 x 좌표는 그대로 유지한 채, 가장 위쪽, 평균점, 가장 아래쪽 점을 기준으로 정렬한다.

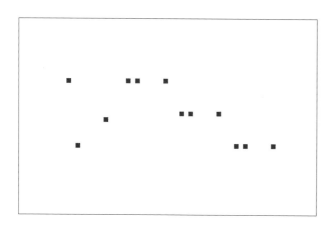

그림 3-9 점의 수평정렬

SECTION 4
선 그리기 메뉴 실습

이번에 다루는 내용도 모두 2D 윈도에서 이루어진다. 다음 안내에 따라 선 생성 메뉴들을 실행해 본다.

LAB 10   직선 생성하기

1   Line 〉 Create Straight Line
  • 직선을 생성한다.
  • Mouse input과 Contextual input 모두 실습해 본다.
    – Mouse input에서 Shift 키를 누른 상태에서 커서를 움직이면 0도, 45도, 90도의 제한된 방향으로만 커서가 이동한다.
    – Mouse input에서 스냅 기능(토글)을 실험해 본다. 이것은 2D 툴 박스에서 Snap 아이콘을 클릭하거나 Select 〉 Snap으로 활성화 혹은 비활성화 시킬 수 있다. 스냅 모드에서는 이미 존재하는 점이나 선의 주변에 커서를 이동시키면, 그 점이나 선 위에 정확하게 놓여 있지 않더라도 자동으로 그 점이나 선을 선택해 준다.(마우스를 누르고 있는 상태에서는 스냅된 점이나 선이 빨간색으로 표시된다.) 비스냅 모드에서 작업했을 경우, 연결되었어야 할 선이 떨어져 있는 경우가 생길 수 있다. 그러므로 특별한 이유가 없는 한, 스냅 모드에서 작업할 것을 권한다.
    – Contextual input에서는 두 번째 점을 첫째, 좌표를 부여하거나, 둘째, 첫 번째 점에서의 방향과 길이를 부여해 정해줄 수 있다.

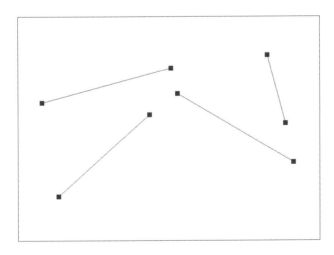

그림 3-10 직선 생성하기

LAB 11 이어진 직선 생성하기

1 Line 〉Create Straight Lines
- 〈그림 3-11〉에서처럼 이 메뉴는 일련의 이어진 직선들을 생성한다.
- 생성을 끝내기 위해서는 Enter 키를 누른다.

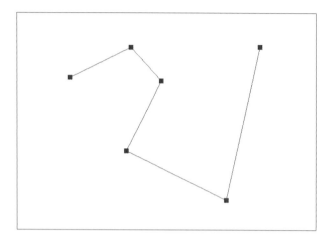

그림 3-11 이어진 직선 생성하기

LAB 12 곡선 생성하기

1 Line 〉Create Curved Line
- 이 메뉴는 곡선점(control point)을 입력하면 그 점을 지나는 곡선을 생성한다.
- C 키를 누르면, 곡선점(토글)을 보여준다.
  - C키는 Show 〉Control Point의 단축키이다.

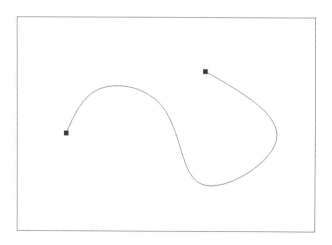

그림 3-12 곡선 생성하기

LAB 13   곡선점 추가하기

1 Line 〉 Add Control Point
- 이 메뉴는 선택된 곡선에 곡선점을 추가해 준다.
- 이 메뉴는 (C를 눌러) 곡선점의 가시화를 켠 상태에서 실행한다.
- 이 메뉴는 x-add 모드와 n-add 모드로 작동한다. 처음에는 x-add 모드로 되어 있다. 현재의 모드는 Contextual input으로 전환하면 볼 수 있다.
- x-add 모드에서 실행하는 법은 다음과 같다.
  - Mouse input을 사용할 때: 곡선점을 추가하려는 선을 선택하고, 이 선을 따라 원하는 위치를 클릭한다.
  - Contextual input을 사용할 때: 곡선의 한쪽 끝에서부터 시작하여, 입력한 거리마다 주어진 개수의 곡선점을 추가한다.
- n-add 모드에서 실행하는 법은 다음과 같다.
  - 이 모드에서 곡선을 선택하면 왼쪽 마우스 클릭 횟수에 따라 2-, 3-, 4- 의 등분점에 곡선점이 생성된다.
- 곡선점의 위치를 수정하려면 일단 현재 메뉴에서 빠져 나온 후 2D 툴 박스에서 Translate 툴(단축키 W)을 사용한다.

LAB 14   떨어진 선 생성하기

1 Line 〉 Create Offset Line
- 이 메뉴는 선택된 선에서 입력한 거리만큼 떨어진 곳에 같은 길이의 평행한 선을 생성한다.

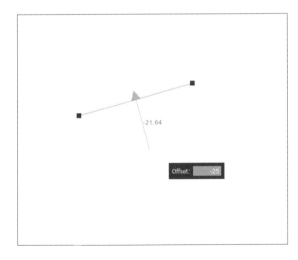

그림 3-13 기준선

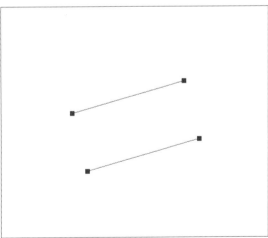

그림 3-14 떨어진 선 생성하기

┌─ᵒ LAB 15   선 반전복사하기

1 Line 〉 Mirror Line
- 이 메뉴는 주어진 기준선에 대해 선택한 선을 반전시켜 복사한다.

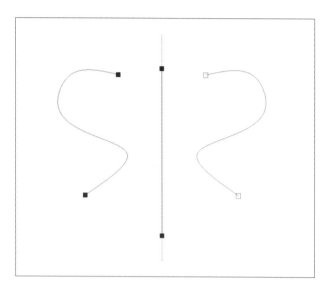

그림 3-15 곡선 반전복사하기

┌─ᵒ LAB 16   평행선 생성하기

1 Line 〉 Create Parallel Line
- 이 메뉴는 주어진 기준선에 평행한 선을 생성한다.

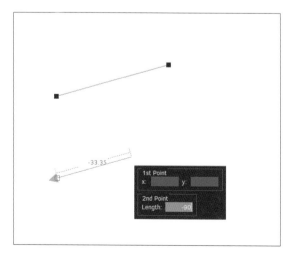

그림 3-16 기준선

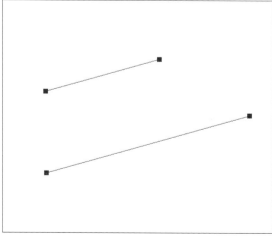

그림 3-17 평행선 생성하기

┌─ LAB 17   수직선 생성하기

1 Line 〉Create Perpendicular Line
- 이 메뉴는 선택된 선에 수직한 선을 생성한다.
- 실습: 선 A의 아래쪽에서부터 20cm 길이 떨어진 곳에 25cm 길이의 수직선을 생성해 본다.

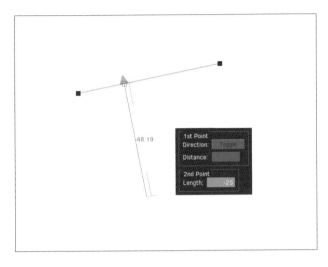

그림 3-18 수직선 생성하기

┌─ LAB 18   선 연장하기

1 Line 〉Extend Line
- 선택한 선을 연장한다.
- 곡선을 연장할 때는 접선 방향을 따라 연장된다.

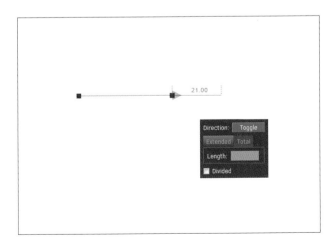

그림 3-19 선 연장하기

⌐ LAB 19 선 병합하기

1 Line 〉 Merge Lines
  • 이 메뉴는 연결된 선을 하나의(원래 선이 동일선상에 없을 때는 곡선이 될 수 있음) 선으로 병합시켜 준다.
    – 서로 연결되어 있지 않은 선들은 병합시킬 수 없다.

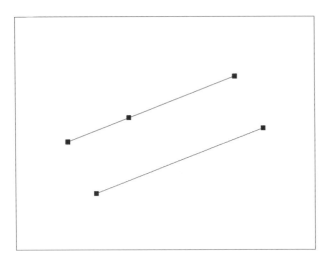

그림 3-20 선 병합하기

⌐ LAB 20 선 n-등분하기

1 Line 〉 N Divide Line
  • 이 메뉴는 선택한 선을 n등분해 준다.(왼쪽 마우스를 클릭하면 등분 수가 늘어난다.)
  • Contextual input을 사용하면 직접 원하는 등분 수를 입력할 수 있다.

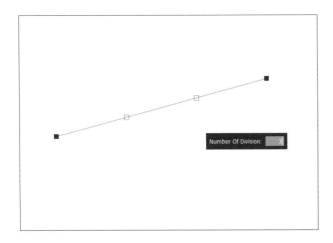

Number Of Division: 3

그림 3-21 선 n-등분하기

LAB 21 선 x-분하기

1 Line 〉 X Divide Line
- 이 메뉴는 선택한 선의 시작점에서부터 입력한 거리만큼 떨어진 곳에 점을 생성하여 선을 나누어 준다.
- 선의 끝 A에서부터 5cm 떨어진 곳에서 선을 나누어 본다.
- 선의 다른 쪽 끝 B에서부터 x-분하려면 토글(Spacebar)을 사용한다.
- Contextual input을 사용하면 복수의 x-분을 한 번에 실행할 수 있다(A에서 5cm 떨어진 E, 여기에서 다시 5cm 떨어진 F 등).

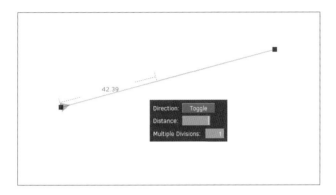

그림 3-22 선 x-분하기

LAB 22 직사각형 생성하기

1 Line 〉 Create Rectangle
- 이 메뉴는 〈그림 3-23〉과 같이 직사각형을 생성한다.

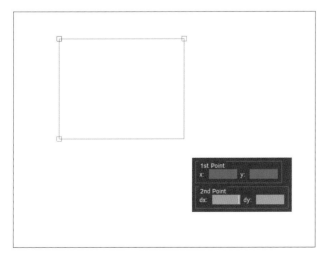

그림 3-23 직사각형 생성하기

LAB 23   원 생성하기

1   Line 〉Create Circle
  • 이 메뉴는 〈그림 3-24〉와 같이 원을 생성한다.

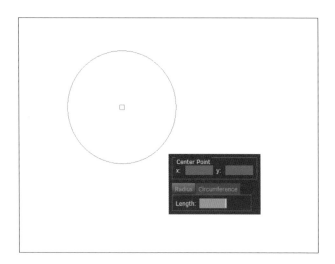

그림 3-24 원 생성하기

LAB 24   모서리 곡선화하기^

1   Line 〉Round Corner
  • 이 메뉴는 〈그림 3-25〉와 같이 각진 모서리를 곡선으로 다듬어 준다.

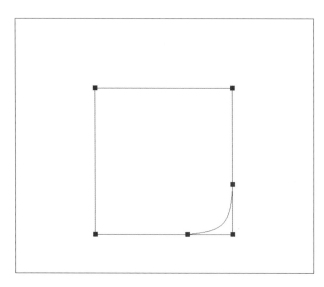

그림 3-25 모서리 곡선화하기

┌─□ LAB 25   선 회전하기

■ DCS에는 선을 회전시키는 방법이 두 가지가 있다. 하나는 Line 〉 Pivot Line을 사용하는 것이고, 다른 하나는 2D 툴 박스의 Rotate 툴을 사용하는 것이다.

1   Line 〉 Pivot Line
   • 이 메뉴는 회전의 중심점을 기준으로 선택한 선들을 회전한다.
   • 메뉴를 시작한 후 먼저 회전의 중심점을 선택하고 회전할 선들을 선택한다. 그 다음 원 안에 마우스 커서를 두고 드래그하면 선들이 회전된다. 이 회전은 Rotation 모드(오른쪽 마우스를 클릭하면 〈그림 3-26〉과 같은 Contextual input 팝업이 뜬다.)에서의 회전이었다. Displacement 모드로도 선을 회전시킬 수 있는데, 이 모드에서는 선택한 점의 이동거리를 입력해 회전 정도를 조절한다.
   • 스냅 기능이 이 메뉴와 결합되어 있는데, 스냅 기능을 사용하기 위해서는 다음을 따라해 본다.
     − 이는 Contextual input, 스냅 체크하기, 회전의 중심점 선택하기, 회전하려는 선 선택하기, Enter, 스냅을 활성화 할 점들 선택하기, Enter, 커서를 원 안에 놓고 드래그 하기이다.
     − 회전이 스냅 모드에서 되며, Enter를 눌러 확정한다.

2   2D 툴 박스 〉 Rotate(단축키 E)
   • 이 메뉴는 첫째, 스냅 기능을 지원하지 않으며, 둘째, primitive들의 중심을 회전의 중심으로 간주하는 것을 제외 하고는 Pivot Line과 유사하다.
   • 이 메뉴의 사용 중 회전의 중심을 이동하기 위해서는 Shift 키를 누른 채, manipulator의 중심점을 드래그한다.

■ 전문 사용자들은 Pivot Line으로 작업하는 것을 선호한다.

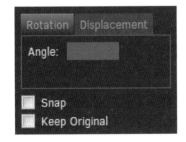

그림 3-26 Pivot Line의 Contextual input

LAB 26　수직으로 정렬하기

1　Line 〉 Align Lines 〉 Vertical *
- 이 메뉴를 사용하기 위해서는 먼저 정렬할 선들을 선택해야 한다.
- 3가지 수직 정렬 방법이 있는데, Vertical Left, Vertical Center, Vertical Right이다. 이들은 각각 y 좌표는 그대로 유지한 채, 선택된 선 중 가장 왼쪽, 평균점, 가장 오른쪽 점을 기준으로 정렬한다.

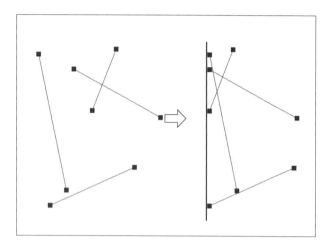

그림 3-27 선 수직정렬하기

LAB 27　수평으로 정렬하기

1　Line 〉 Align Lines 〉 Horizontal *
- 이 메뉴를 사용하기 위해서는 먼저 정렬할 선들을 선택해야 한다.
- 3가지 수평 정렬 방법이 있는데, Horizontal Top, Horizontal Middle, Horizontal Bottom이다. 이들은 각각 선들의 x 좌표는 그대로 유지한 채, 가장 위쪽, 평균점, 가장 아래쪽 점을 기준으로 정렬한다.

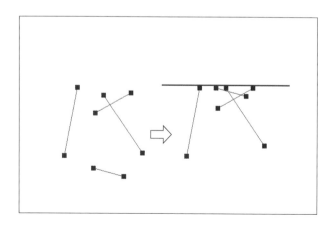

그림 3-28 선 수평정렬하기

SECTION 5
교차하는 선 처리

LAB 28 교차선 한쪽 나누기

1 Line 〉 One Way Divide At Crossing
   • 이 메뉴는 먼저 선택된 선을 나중에 선택된 선으로 나누어 준다.

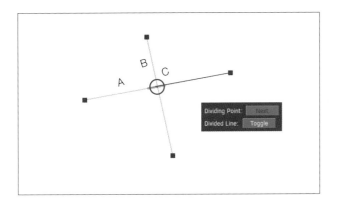

그림 3-29 교차선 한쪽 나누기

LAB 29 교차선 서로 나누기

1 Line 〉 Mutual Divide At Crossing
   • 이 메뉴는 교차하는 두 선을 서로 나누어 준다.

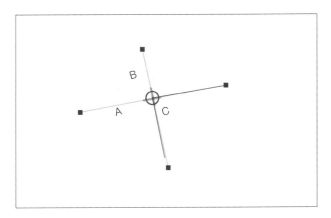

그림 3-30 교차선 서로 나누기

LAB 30 교차선 한쪽 잘라내기

1 Line 〉 One Way Clip At Crossing
- 이 메뉴는 먼저 선택된 선을 나중에 선택된 선을 기준으로 자른 후, 필요 없는 부분을 없애 준다.
- 없앨 부분은 Contextual input에서 선택할 수 있다.

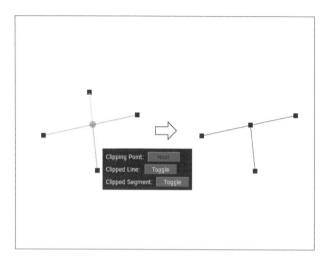

그림 3-31 교차선 한쪽 잘라내기

LAB 31 교차선 서로 잘라내기

1 Line 〉 Mutual Clip At Crossing
- 이 메뉴는 두 선을 교차점을 기준으로 서로 자른 후 필요 없는 부분을 없애 준다.
- 없앨 부분은 Contextual input에서 선택할 수 있다.

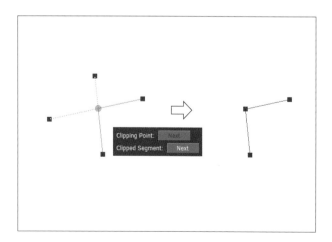

그림 3-32 교차선 서로 잘라내기

SECTION 6
2D 레이어의 사용

2D 윈도는 복수의 레이어를 가질 수 있으며, 각 레이어마다 드레프트(draft)를 그리거나 패널을 생성할 수 있다. 현 프로젝트의 2D 레이어들은 레이어 브라우저(Layer Browser)의 2D 패턴 레이어(2D Pattern Layers) 탭에 나열되어 있는데, 이 2D 패턴 레이어 탭을 2D 레이어 브라우저(2D Layer Browser)라고 부르기로 한다. 다음 〈그림 3-33〉은 2D 윈도가 현재 3개의 레이어(layer 0, layer 1, layer 3)를 가지고 있음을 보여준다. 각 레이어의 가시화 여부는 눈 모양의 시각화 아이콘을 체크하거나 해제함에 따라 정해진다. 〈그림 3-33〉에서 Layer 3의 가시화는 해제되어 있다.
다음은 레이어와 관련된 몇 개의 용어들이다.(이 용어들은 2D 레이어뿐만 아니라 3D 레이어에도 동일하게 적용된다.)

- 활성화된 레이어(Active Layer): 현재 활성화된 레이어는 레이어 브라우저에서 노란색으로 표시된다(그림 3-33(a)의 경우 Layer 1).
- 2D 윈도에서 활성화된 레이어에 있는 내용은 다른(가시화된) 레이어에 비해 더 진한 색으로 보여주기 때문에 쉽게 구별된다.
- Primitive의 선택은 활성화된 레이어에서만 가능하다.
- 홈 레이어(Home Layer): primitive의 홈 레이어는 그 primitive가 속한 레이어를 말한다. 예를 들어, 〈그림 3-33(a)〉의 2D 윈도에 보이는 primitive의 홈 레이어는 Layer 1이다.
- 선택된 레이어(Selected Layer): 레이어 브라우저에서 레이어를 클릭하면, 그 레이어는 활성화될 뿐만 아니라 선택된다. 선택된 레이어는 〈그림 3-33(b)〉처럼 바탕색이 검은색으로 변한다. 여기서 Shift나 Ctrl을 누른 채 해당 레이어를 클릭하면 여러 개의 레이어를 선택할 수 있다. 예를 들어, 〈그림 3-33(b)〉은 Layer 0, 2, 3이 다중 선택된 경우이다.(Layer 2가 마지막에 선택되었다.)

각 레이어의 이름은 수정할 수 있으며, 레이어 브라우저에서 레이어를 더블 클릭하면 새로운 이름을 입력할 수 있다.

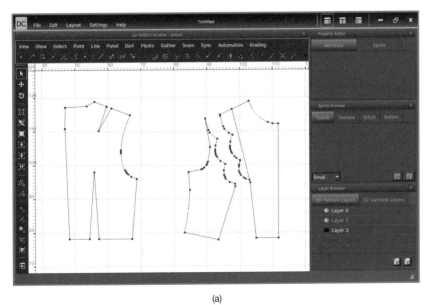

(a)

(b)

그림 3-33 2D 레이어 브라우저와 2D 패턴 레이어

CHAPTER 4

패널의 생성 및 편집

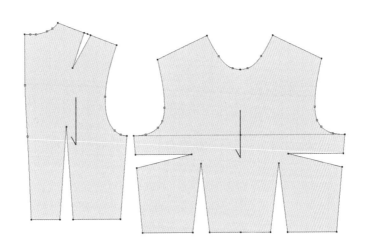

SECTION 1
개괄

컴퓨터에서 의복을 구성하기 위해서 가장 먼저 해야 할 일은 패널을 준비하는 것이다. 이 챕터에서는 패널의 생성에 대해 설명한다. 만약 의복구성에 대한 경험이 있는 독자라면, DCS의 패널 생성 기본 메커니즘은 직관적으로 쉽게 이해할 수 있을 것이다.

SECTION 2
패널이란 무엇인가?

1 패널이란 무엇인가?

이 책에서는 〈그림 4-1(c)〉에서 보는 것처럼 패턴을 따라 자른 천 조각을 패널(panel)이라 부른다. 의복은 패널들을 봉제하여 만들어진다.[1]

패널과 대조되는 개념으로 "점과 선들의 집합"을 의미하는 드래프트(draft)라는 용어를 사용한다. 패널은 천 조각이지만 드래프트는 천 조각이 아니다. 〈그림 4-1(a)〉와 〈그림 4-1(b)〉는 드래프트의 두 예시를 보여 준다. 사실 〈그림 4-1(c)〉의 패널은 〈그림 4-1(a)〉의 드래프트에서 몇 개의 점과 선을 선택해 생성된 것이다. 어떤 책에서는 드래프트를 슬로퍼(sloper)라고 부르기도 한다. 이 책에서는 슬로퍼라는 용어 대신 조직적 혹은 비조직적으로 구성된 점과 선의 집합을 모두 드래프트로 지칭할 것이다. 그러므로 〈그림 4-1(b)〉 역시 드래프트이다.

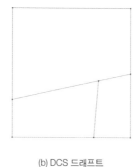

(a) 일반적인 드래프트   (b) DCS 드래프트   (c) 패널의 두 가지 예

그림 4-1 드래프트와 패널

---

1 기존의 의복 생산에서 패턴은 패널을 생성하기 위한 목적으로 종이로 만든 본을 말한다. 디지털 클로딩에서는 2D 원도상에 그려진 몇 개의 선을 선택하고 그 결과를 패널이라 간주할 수 있다. 그러므로 전통적인 의미의 패턴은 만들 필요가 없다. 그러한 이유로 패턴이라는 용어는 디지털 클로딩에서 단독으로는 거의 사용되지 않는다. 대신 이 책에서는 합성용어 패턴 메이킹(pattern-making)을 점과 선을 그리고, 패널을 생성하는 작업을 모두 포괄하는 의미로 사용할 것이다.

2 텍스타일 좌표계

식서(selvage)란 〈그림 4-2(a)〉와 같이 텍스타일의 가장자리를 지칭하는 용어이며, 위사(weft)는 직물의 폭(너비)의 방향을, 경사(warp)는 식서와 평행인 길이 방향을 일컫는다.

또한 텍스타일에는 바깥쪽(right side)과 안쪽(wrong side)이 있다. 텍스타일을 생산할 때 한쪽은 바깥으로 가도록 만들어지는데, 그쪽을 바깥쪽, 그 반대쪽을 안쪽이라 부른다.

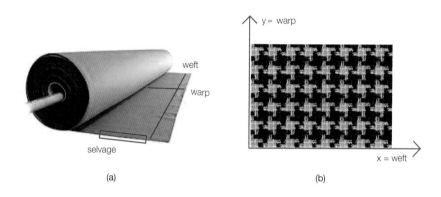

그림 4-2 텍스타일 좌표계

패널을 준비하기(자르기) 위해서는 그 패널의 기하학적 모양만 필요한 것이 아니다. 경사에 대한 그 패널의 방향도 결정되어야 한다. 패널의 이러한 사항들을 설정해주기 위해서는 2D 윈도에 하나의 좌표계가 필요하다.

DCS에서는 다음의 텍스타일 좌표계를 사용한다. 2D 윈도를 바라볼 때, 〈그림 4-2(b)〉에서 보여주는 것처럼 x축(수평 오른쪽 방향)이 위사 방향이고, y축(수직 위쪽 방향)이 경사 방향이며, 직물의 바깥쪽이 우리에게 보이게 된다. 이 범례는 이 책의 전반에 걸쳐 사용될 것이다.

3 패널과 관련된 용어

패널은 대칭(symmetric) 혹은 비대칭(asymmetric)이며, 다음의 요소들을 가진다.

먼저 Contour는 〈그림 4-3〉에서 보는 것처럼 패널의 외곽선을 말한다. 패널은 내부점(interior point)과 내부선(interior line)을 가질 수 있다. 옷을 생산할 경우에는 패널은 봉제를 위한 약간의 여분을 가져야 하는데, 그것을 시접(seam allowance)이라고 부른다. 이 책에서 시접이 없는 패널은 그냥 패널이라 부르고, 시접을 포함한 패널은 마스터 패널(master panel)이라 부른다.

또한 식서(grain line)는 의복 생산을 위해 그 패널을 준비할 때 어느 쪽이 경사 방향인지를 표시해주는 화살표이다. 감싸기(wrapping) 방향은 실린더(cylinder)의 표면에 패널을 감쌀 경우, 그 실린더의 중심축 방향을 의미한다.

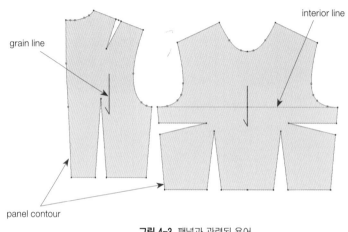

그림 4-3 패널과 관련된 용어

SECTION 3
패널 생성하기

원칙적으로 패널을 생성하기 위해서는 다음의 정보가 필요하다.

- 외곽선
- 내부점과 내부선
- 식서
- 부가 정보들(예: 패널의 이름, 패널이 앞쪽 또는 뒤쪽에 놓일 것인지의 여부)

여기서 패널을 생성하기 위해서는 이 정보들 중 외곽선은 필수적으로 필요하다. 다른 정보들은 정해주지 않아도 DCS에서 기본 값을 사용해 패널을 생성해줄 수 있다. 물론 그 기본 값들은 나중에 더 의미 있는 값들로 교체할 수 있다.

다음 5개의 LAB에서는 패널의 생성을 실습할 것이다. 이 LAB들은 패널의 생성을 점진적으로 학습할 수 있도록 구성되어 있다. 첫 번째 실습은 외곽선만 요구하며, 마지막 다섯 번째 실습은 외곽선과 더불어 다른 모든 정보들을 요구한다.

1   DC-EDU/chapter04/createPanel0/createPanel0.dcp를 연다.

2   2D window 〉〉 Panel 〉 Create Panel
    • 2D 아이콘 바에서 Create Panel 아이콘을 클릭해도 같은 결과를 얻는다.

3   마우스를 드래그하거나 클릭하여 패널의 외곽선을 〈그림 4-4(a)〉에서 보여주는 것처럼 선택한다.
    • 작업하는 동안 필요하면 확대하기를 권장한다.
    • 선택된 primitive를 다시 클릭하면 선택이 해제된다.

4   Enter를 누른다.
    • 〈그림 4-4(b)〉에서 보여주는 것처럼, Enter를 누른 후 패널이 회색으로 채워지면 성공적으로 패널이 생성되었음을
      의미한다. 패널이 생성되지 않았다면 회색으로 채워지지 않는다.
      – Settings 〉 Project Setting에서 패널의 기본색을 바꾸면, 그 이후부터는 (회색 대신) 바뀐 색으로 패널을 채운다.

5   〈그림 4-4(c)〉의 드래프트로 패널을 생성해보라. 문제가 있는 곳을 빨간색 원으로 보여주며, 패널은 생성되지 않을
    것이다. 이 경우에는 외곽선을 형성하는 선 사이에 간격이 존재하기 때문에 패널이 생성되지 않았다. 그 간격이 클
    때는 그 선들을 여러분이 직접 수정해 서로 연결되도록 해주어야 한다. 그러나 간격이 작다면 다음 과정으로 대신할
    수 있다.
    • Gap threshold 조절하기: Create Panel 메뉴를 수행하는 동안 contextual input에서 gap threshold(간격 한계)
      를 조절할 수 있다. 여기서 한계 값을 늘려 간격이 새로운 한계 값 이하가 되면, 빨간색으로 원을 채워 그 사실을
      알려 준다. 이 때 Merge를 클릭하면 DCS가 그 간격을 병합해 준다.

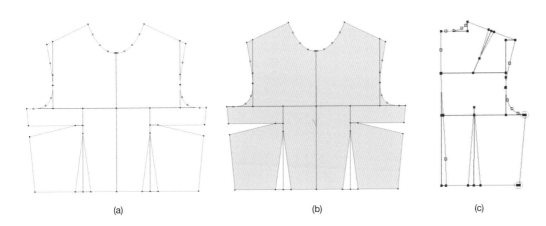

(a)   (b)   (c)

그림 4-4 외곽선만으로 패널 생성하기

LAB 2   더 간단한 방법으로 외곽선 선택하기

1   DC-EDU/chapter04/createPanel1/createPanel1.dcp를 연다.

2   2D window 》 Panel 〉 Create Panel

3   마우스를 드래그하여 전체 드래프트를 선택한다.(한 번에 드래프트를 선택함.)

4   Enter를 누른다.

■   DCS에서는 지능적으로 드래프트의 외곽선을 식별한다.

· 내부선이 혼란을 초래하지 않을 경우, 이러한 지능적 패널 생성은 안정적으로 작동한다. 따라서 그런 경우에는 이 방법을 사용하면 LAB 1에서 수행했던 방법보다 더 쉽게 패널을 생성할 수 있다.
· 지능적 패널 생성 기능이 패널을 제대로 식별하지 못했을 경우에는 비외곽선들을 하나씩 선택해 해제하면 된다.

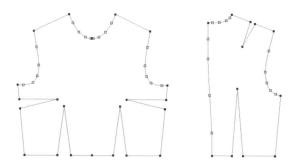

그림 4-5 두 개의 패널 생성을 위해 한 번에 전체 드래프트 드래그하기

LAB 3   내부점과 내부선 추가하기

1   DC-EDU/chapter04/createPanel2/createPanel2.dcp를 연다.

2   2D window 〉〉 Panel 〉 Create Panel

3   Contextual input, 〈그림 4-6(a)〉에서 보여주는 것처럼 Interior Point/Line을 체크한다.
   - 위의 체크에 의해 Create Panel을 수행할 때 이제 내부점과 내부선을 지정하는 단계가 추가되어 있다(그림 4-6(b)).
   - 고급 사용자들은 일반적으로 Interior Point/Line을 체크한 상태로 작업한다.

4   패널의 외곽선을 선택하고 Enter를 누른다.

5   내부점과 내부선을 선택하고 Enter를 누른다.
   - 내부선은 점선으로 보여진다.
   - 패널에 포함시킬 내부점과 내부선이 없으면 이 단계는 Enter 키를 눌러 넘어갈 수 있다.

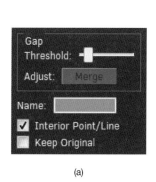

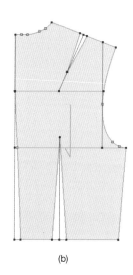

(a)　　　　　　　　　　　　　　　(b)

그림 4-6 내부선이 있는 패널 생성하기

LAB 4 패널의 이름 지정하기

1 DC-EDU/chapter04/createPanel/createPanel.dcp를 연다.

2 2D window 》 Panel 〉 Create Panel

3 Contextual input; Name = "front_bodice"; Keep Original을 체크; Enter.
  - 위의 contextual input에서 패널의 이름을 "front_bodice"로 정해주었다.
  - 〈그림 4-7〉에서 보여주는 것처럼, Keep Original을 체크하면 패널 생성에 사용된(드래프트) 점과 선이 패널 생성 후에도 남아 있게 된다.

4 패널의 외곽선을 선택하고 Enter를 누른다.

5 내부점과 내부선을 선택하고 Enter를 누른다.

6 Translate 툴을 사용해 Step 5에서 생성된 패널을 옆으로 이동해 본다.

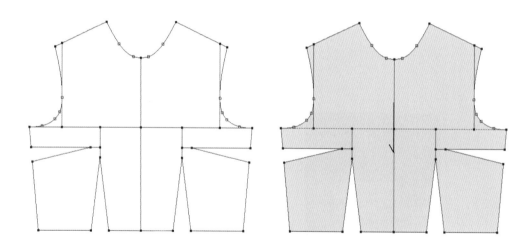

그림 4-7 Keep Original 옵션이 체크된 경우

┌─ LAB 5 식서와 Positioning Side 지정하기

■ 이미 생성된 패널에 식서 방향과 Positioning side를 설정할 수 있다.

  • 이는 이전 LAB(LAB 4)에서 계속한다.

1 식서 방향을 바꾸어 본다.

  • 기본 값으로 DCS에서는 식서를 수직아래방향으로 생성한다.

  • 식서의 방향을 바꾸기 위해서는 먼저 패널을 선택하고, Property Editor 〉Attribute] Grain 코너를 확장한다.

  • 키보드로 각도를 입력하거나 다이얼을 회전하여 식서 방향(그림 4-8에서 노란색 화살표)을 조절할 수 있다.

  • (패널의 수정 등으로) 식서가 패널의 가운데에서 벗어나 있다면, enter를 클릭하여 가운데에 오도록 재배치할 수 있다.

2 Positioning side를 바꾸어 본다.

  • 기본 값으로 DCS에서는 패널의 Positioning side를 Front로 설정한다.

  • Positioning side는 Property Editor] Attribute] Panel Information] Positioning Side에서 바꿀 수 있다.

그림 4-8 식서방향 지정하기

SECTION 4
패널의 이동/회전하기

LAB 6 패널 이동/회전하기

1 DC-EDU/chapter04/basicDress/basicDress.dcp를 연다.

2 〈그림 4-9〉의 위-왼쪽에서 보여준 것처럼 아바타의 front 실루엣에 front 패널(보디스, 스커트, 슬리브)들을 배치한다.
   - 2D 툴 박스에서 Translate 아이콘을 클릭한다(단축키=W).
   - Front 보디스 패널을 선택하면 manipulator가 나타난다. Manipulator의 가운데 사각형을 드래그하면 원하는 위치로 패널을 움직일 수 있다.
   - Manipulator의 축을 드레그하면 이동이 축 방향으로만 제한된다.

3 〈그림 4-9〉의 위-오른쪽에서 보여준 것처럼 아바타의 back 실루엣에 back 패널(보디스, 스커트)들을 배치한다.

4 적절한 위치에 슬리브 패널을 배치한다.
   - 오른쪽 팔에 오른쪽 슬리브를 배치한다.
   - 2D 툴 박스에서 Rotate 아이콘(단축키=E)을 클릭하면 translation manipulator가 rotation manipulator로 바뀐다.
   - Manipulator 안에 임의의 점을 클릭한 후, 슬리브 패널이 원하는 방향을 향하도록 manipulator를 회전한다. 필요한 경우, 이동과 회전을 번갈아 가며 작업할 수 있다.
   - Rotation manipulator를 사용하는 동안 Shift 키를 누르면 manipulator를 이동할 수 있는데, 이것은 결과적으로 회전의 중심을 바꾼 것이 된다.

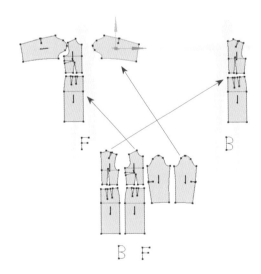

그림 4-9 패널 이동/회전하기

LAB 7 　 동시에 복수의 패널 이동/회전하기

■ 이전 LAB에서 계속 실습한다.
　• 단, 되돌리기 기능(Ctrl + Z)을 사용하여 패널들을 이동 전의 상태로 되돌린다.

1 　Translate 아이콘(단축키=W)을 클릭하고, Shift를 누른 상태에서 front 보디스와 front 스커트를 선택한다. 〈그림 4-10〉의 위-왼쪽에서 보여준 것처럼, 아바타의 front 실루엣에 두 패널을 동시에 이동시킨다.

2 　같은 방법으로 〈그림 4-10〉의 위-오른쪽에서 보여준 것처럼, 아바타의 back 실루엣에 back 패널(보디스와 스커트)를 배치한다.

3 　이동과 유사한 방법으로 여러 개의 패널을 동시에 회전시킬 수 있다(그림 4-10의 위-중간의 슬리브 패널 시연 참조).

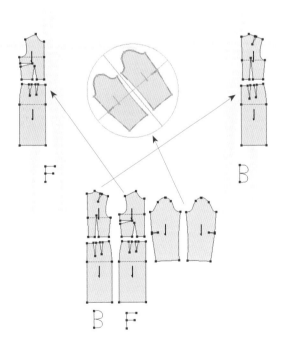

그림 4-10 동시에 복수의 패널 이동/회전하기

SECTION 5
패널의 편집

LAB 8 패널의 점/선 이동하기

1 DC-EDU/chapter04/basicDress/basicDress.dcp를 연다.

2 Translate(단축키=W);

3 〈그림 4-11〉에서 보여주는 것처럼 이동할 패널 점을 선택하고 자유롭게 이동한다.

4 〈그림 4-11〉 패널의 점/선 이동하기

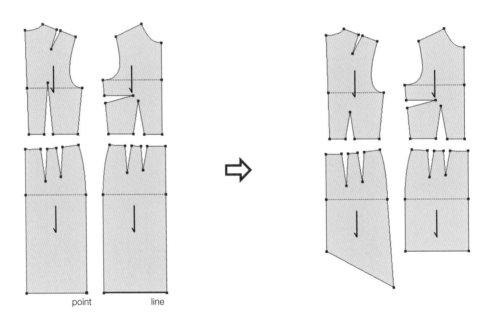

point   line

그림 4-11 패널의 점/선 이동하기

■ 이전 LAB에서 계속 실습한다.

　• 단, 되돌리기 기능(Ctrl+Z)을 사용하여 점/선을 이동 전 상태로 되돌린다.

1　Translate(단축키=W);

2　〈그림 4-12〉에서 보는 것처럼 Shift 키를 누른 상태에서 두 스커트 패널의 밑단을 모두 선택한 후 이동하여 길이를 늘린다.

3　〈그림 4-12〉에서 보는 것처럼 Shift 키를 누른 상태에서 슬리브 패널들의 밑단 네 끝점을 모두 선택한 후 이동한다.

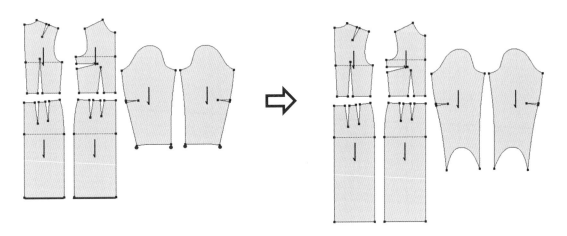

그림 4-12 동시에 복수의 점/선 이동하기

LAB 10 패널의 내부 도려내기

■ 〈그림 4-13〉에서 보는 것처럼 패널의 내부를 도려낼 수 있다.
  • 단, 내부선과 드래프트 선으로 닫혀 있기만 하면 어떤 형태도 도려낼 수 있다.

1 DC-EDU/chapter04/createHole/createHole.dcp를 연다.

2 2D window 》 Panel 〉 Create Hole;

3 그 일부를 도려낼 패널을 선택한다.

4 〈그림 4-13〉에서 보여주는 것처럼 도려낼 영역에 해당하는 닫힌 도형을 선택하고, Enter를 누른다.
  • Create Panel에서처럼 gap threshold를 contextual input에서 조절할 수 있다.

■ 닫힌 도형을 선택한 후, 그 닫힌 도형을 삭제하면(Delete 키) 원래의 패널로 되돌아간다.

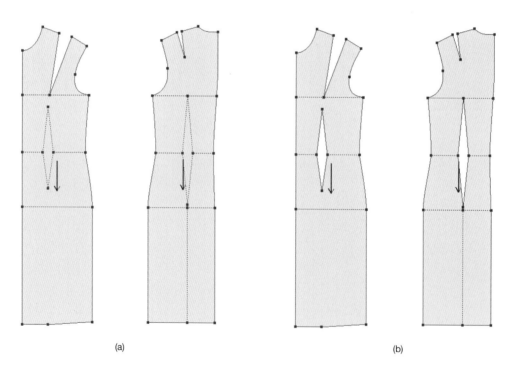

(a)　　　　　　　　　　　　　　　　　　　　　(b)

그림 4-13 (a) 패널의 내부 도려내기 전, (b) 패널의 내부 도려내기 후

⌐ LAB 11 내부점/선 생성하기

- Create Panel에서 내부점/선을 생성할 수 있었다. 필요하다면 본 LAB이 보여주는 것처럼 나중에 내부점/선을 추가할 수 있다.

1 DC-EDU/chapter04/interiorPointLine/interiorPointLine.dcp를 연다.

2 2D window 〉〉 Panel 〉 Create Interior Point;

3 내부점을 생성할 패널을 선택한다.

4 내부점으로 추가하려는 점을 선택하고 Enter를 누른다.
   - 〈그림 4-14〉에서 보는 것처럼 선택된 점은 내부점으로 바뀌게 된다.

5 2D window 〉〉 Panel 〉 Create Interior Line;

6 내부선을 생성할 패널을 선택한다.

7 내부선으로 추가할 선을 선택하고 Enter를 누른다.
   - 〈그림 4-14〉에서 보는 것처럼 선택된 선은 내부선으로 바뀐다. 수평선이 왼쪽에서는 직선인 반면, 오른쪽에서는 점선임을 주목한다.

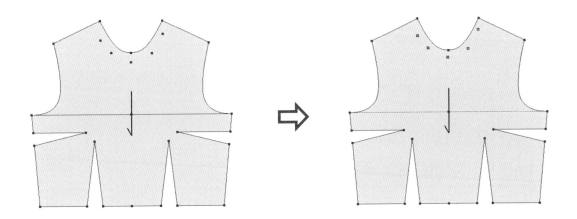

그림 4-14 내부점/선 생성하기

LAB 12 외곽선 일부 교체하기

■ 패널 외곽선의 일부를 주어진 선으로 교체할 수 있다.

1 DC-EDU/chapter04/replaceContour/replaceContour.dcp를 연다.

2 Panel 〉 Replace Contour;

3 Replacee(즉, 교체될 외곽선 부분)를 선택한다.

4 Replacer(즉, 대체할 선)를 선택한다.
   • Replacer는 이 메뉴를 시작하기 전에 준비되어 있어야 한다.
   • Replacer를 준비함에 있어 Replacee와 Replacer는 두 끝이 서로 만나야 한다.

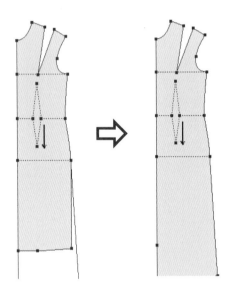

그림 4-15 외곽선 일부 교체하기

LAB 13 패널을 확대 축소하기

1 DC-EDU/chapter04/editPanel/editPanel.dcp를 연다.

2 Panel 〉 Scale Panel;

3 크기를 바꿀 패널을 선택한다.

4 Contextual input; x와 y축 방향에 대해 원하는 크기를 백분율로 지정한다.
   • 100을 입력하면 현재의 크기가 그대로 유지된다.

LAB 14   패널 반전하기

■ 패널을 수평 혹은 수직 방향으로 반전시킬 수 있다.

1   DC-EDU/chapter04/editPanel/editPanel.dcp를 연다.

2   Panel 〉 Flip Panel;

3   반전할 패널을 선택한다.

4   반전된 패널이 보인다. 확정하려면 Enter를 누른다.

5   Contextual input;
    • Horizontal/Vertical과 Keep Original 옵션을 실습해 본다.

LAB 15   패널 반전복사하기

■ 주어진 선을 기준으로 패널을 반전시켜 복사할 수 있다.

1   DC-EDU/chapter04/editPanel/editPanel.dcp를 연다.

2   Panel 〉 Mirror Panel;

3   대칭축으로 사용될 선을 선택한다.
    • 만약 그런 선이 없다면 이 메뉴를 시작하기 전에 먼저 대칭축으로 사용할 선을 그려야 한다.
    • 직선만 대칭축으로 사용할 수 있다.

4   반전복사할 패널을 선택한다.

5   Contextual input;
    • Keep Original 옵션을 실습해 본다.

LAB 16 패널 자르기

■ 임의의 선으로 패널을 자를 수 있다.
- (내부선을 포함하여) 임의의 곡선이나 직선으로 패널을 자를 수 있다.
- 패널 자르기는 현재 한 직선 또는 이어진 직선들로만 된다.

1 DC-EDU/chapter04/cutPanel/cutPanel.dcp를 연다.

2 Panel 〉 Cut Panel;

3 잘릴 패널을 선택한 후, 자를 선을 선택한다.
- 스커트 패널의 아래 쪽에 놓인 선을 사용하여 자른다.

LAB 17 두 개의 패널 병합하기^

■ 두 개의 패널을 하나로 병합할 수 있다.

1 조각으로 나뉜 패널이 있는 이전 LAB에서 계속 실습한다.

2 병합할 두 선을 선택한다.

3 Panel 〉 Merge Panel; DCS는 병합을 위해 두 패널을 어떻게 정렬시킬지를 보여준다.

4 필요하다면 다른 정렬을 토글을 사용해 선택할 수 있다.

5 확정하려면 Enter를 누른다.

LAB 18 패널에서 점과 선 추출하기

■ 선택된 패널에서 원래 패널을 그대로 유지한 채 점과 선을 추출할 수 있다.

1 Panel 〉 Extract Point And Line;

2 Panel 〉 Extract Point And Line;

3 점/선을 추출할 패널을 선택한다.

4 Contextual input에서 추출된 점과 선의 타입(예: interior line, symmetry axis 등)을 선택할 수 있다.

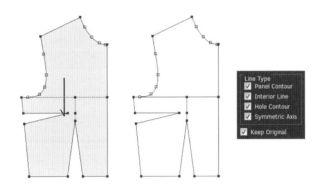

그림 4-16 패널에서 선 추출하기

LAB 19 식서방향 설정하기

■ 원하는 line으로 식서방향을 설정할 수 있다.

1 DC-EDU/chapter04/setGrainDirection/setGrainDirection.dcp를 연다.

2 Panel 〉 Set Grain Direction;

3 Contextual input; Line을 선택; Align Panel을 체크 해제;

4 식서방향을 설정할 패널을 선택한다.

5 새 식서방향이 향할 선을 선택하고 Enter를 누른다.
   • 식서방향은 선택한 선의 방향으로 설정된다.

6 Contextual input; Line을 선택; Align Panel을 체크;

7 Step 4~5를 반복한다.
   • 이것의 결과는 〈그림 4-17〉에서 보여주는 것처럼 패널의 식서방향이 수직아래방향이 되도록 회전되는 것을 제외하고는 Step 4~5와 동일하다.

8 Contextual input; Angle을 선택; Align Panel 체크 해제;
   • Property Editor] Attribute] Grain] Direction에서 식서방향을 컨트롤하는 것과 같다.

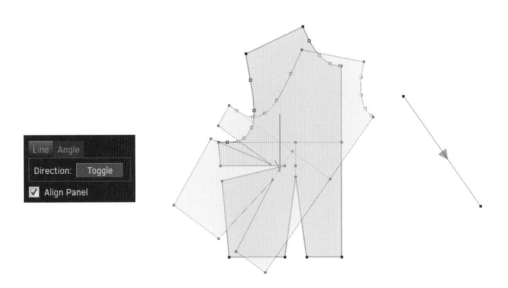

그림 4-17 식서방향 설정하기

LAB 20 패널 회전하기

- 이 기능으로 첫째, 한 점을 중심으로 패널을 회전시킬 수 있으며, 둘째, 선택된 두 점 또는 한 선이 수평 혹은 수직이 되도록 패널을 정렬할 수 있다.

1 DC-EDU/chapter04/extractLines/extractLines.dcp를 연다.

2 Panel 〉 Pivot Panel;

3 Contextual input; Rotate를 선택; 〈그림 4-18(a)〉에서 보여주는 것처럼 Rotate와 관련된 옵션들을 실습해 본다.

4 Contextual input; Align을 선택; 〈그림 4-18(b)〉에서 보여주는 것처럼 Align과 관련된 옵션들을 실습해 본다.

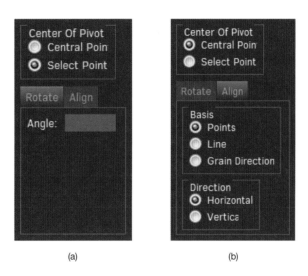

(a)　　　　　　　　(b)

그림 4-18 패널 회전하기

LAB 21 내부선 잘라내기

- 내부선이 완전히 패널 내부에만 남아 있도록 잘라낼 수 있다.

1 DC-EDU/chapter04/editPanel/editPanel.dcp를 연다.

2 패널을 통과하는 긴 선을 그린다.

3 그 선을 패널의 내부선으로 바꾼다(Create Interior Line 사용).

4 Panel 〉 Clip Interior Line;

LAB 22 패널의 놓이는 순서 바꾸기

■ 같은 2D layer 안에서 겹쳐져 보이는 패널에는 놓여진 순서가 있다. 앞쪽(뷰어에서 가장 가까운 쪽)에서 뒤쪽(뷰어에서 가장 먼 쪽)으로, 필요할 경우 이 순서를 바꿀 수 있다.

1 DC-EDU/chapter04/overlappingPanels/overlappingPanels.dcp를 연다.
 • 〈그림 4-19〉에서 보는 것처럼, 이 프로젝트는 같은 2D 레이어 안에 서로 겹쳐진 세 개의 패널을 포함한다.
 • 파란색은 맨 앞에, 빨간색은 중간에, 노란색은 맨 아래에 있다.

2 Panel 〉 Reorder Panel 〉 * 를 실습해 본다.

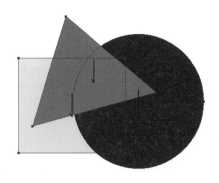

그림 4-19 같은 2D 레이어 안에 겹쳐 있는 세 개의 패널

SECTION 6
대칭 패널의 생성

LAB 23 대칭 패널로 변환하기

■ 일반 패널을 대칭 패널(symmetric panel)로 변환할 수 있다. 대칭 패널은 그 패널이 현재 접혀 있거나 펼쳐 있거나에 상관없이 한쪽에 작업한 내용은 자동으로, 다른 쪽에도 적용된다는 점에서 비대칭 패널(asymmetric panel)과는 다르다. 한쪽에 작업한 내용은 자동으로 다른 쪽에도 적용해주는 기능을 symmetric commitment라고 부른다.(Symmetric commitment가 일부 DCS 메뉴에서는 아직 되지 않는다.)

1 DC-EDU/chapter04/convertToSymmetric/convertToSymmetric.dcf를 연다.

2 Panel 〉 Convert To Symmetric Panel;

3 대칭 패널로 변환할 패널을 선택한다.

4 대칭축으로 사용될 선을 선택하고(그림 4-20) 확정하기 위해 Enter를 누른다.
   • 외곽선이 아니면 대칭축으로 사용할 수 없다.
   • 직선이 아니면 대칭축으로 사용할 수 없다.

5 이제 패널은 대칭 패널이 되었다.
   • 한쪽에 적용된 내용은 대칭으로 반대쪽에도 적용된다.(한쪽에 N Divide Line 메뉴를 수행해 symmetric commitment가 작동하는지 확인해보라.)

6 Attribute] Panel Information] Fold Option] * 에서 세 가지의 fold 옵션을 실습해 본다.

■ Symmetric commitment는 패널이 접혀 있거나 펼쳐 있거나에 상관없이 작동한다.
■ 솔기 생성의 경우에는 symmetric commitment가 적용되지 않는다. 솔기 생성은 양쪽에서 각각 해야 한다.(자세한 내용은 Chapter 6의 SECTION 8에 설명되어 있다.)
■ Cut Panel에 대해서는 현재 symmetric commitment가 작동하지 않는다. 그러나 추후의 업그레이드에서는 작동할 것이다.

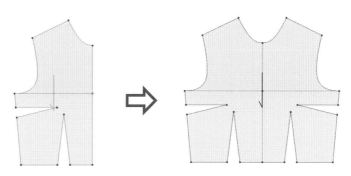

그림 4-20 대칭 패널로 패널 변환하기

LAB 24 대칭 패널을 비대칭으로 변환하기

■ 대칭 패널을 비대칭 패널로 변환할 수 있다.

1 이전의 LAB에서 계속한다.

2 Panel 〉Asymmetrize Symmetric Panel;

3 비대칭으로 만들 패널을 선택한 후 Enter를 누른다.

4 이제 위의 패널은 더 이상 대칭이 아니다.
  • 패널은 더 이상 접혀질 수 없다.
  • 한쪽에 적용된 기능은 다른 쪽에 자동으로 적용되지 않는다.

■ DCS에서는 대칭 패널과 비대칭 패널을 다르게 처리하기 때문에,[2] Attribute] Panel Information] Type에서 확인하지 않고도 2D 윈도에서 시각적으로 대칭/비대칭인지를 바로 알아볼 수 있어야 한다. 대칭 패널에는 비대칭 패널과는 달리 대칭축이 있다. 내부선에도 점선을 사용하지만, 대칭 패널의 대칭축에 사용하는 점선과 비교하면 이는 미묘한 차이가 있으므로, 이러한 차이를 숙지하도록 한다.

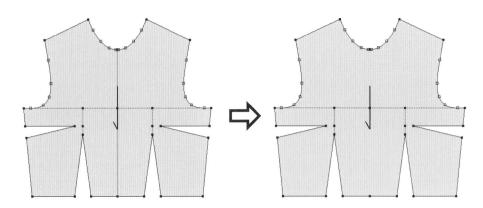

그림 4-21 비대칭 패널로 패널 변환하기

---

2 일부 메뉴가 패널에 실행되지 않는 경우가 가끔 있다. 그러한 경우는 종종 대칭 패널을 다루고 있음을 몰랐기 때문에 벌어진다.

다른 소프트웨어와 패턴 데이터 호환하기

1 DXF 파일 가져오기/내보내기

이는 다른 CAD 소프트웨어에서 DCS로 DXF 형식으로 저장된 패턴 데이터를 가져올 수 있다. DXF 가져오기는 File 〉 Import 〉 DXF로 할 수 있다(File 〉 Open이 아님을 명심한다.).

반대로 DCS에서 생성된 패턴을 File 〉 Export 〉 Selected 2D Layer를 사용해 다른 CAD 소프트웨어로 내보낼 수 있다. 이 기능을 수행하기 위해서는 내보낼 레이어가 그 전에 2D 레이어 브라우저에서 반드시 선택(즉, 클릭)되어 있어야 한다.

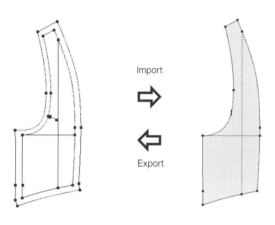

Import

Export

그림 4-22 DXF로 패턴 데이터 가져오기/내보내기

LAB 25 DXF 파일을 드래프트로 가져오기

1 DCS를 시작하고 File 〉 New를 실행한다.

2 DC-EDU에 있는 샘플 DXF 파일을 가져온다.
   - File 〉 Import 〉 DXF; DC-EDU/chapter04/dxf/sample_01.dxf를 선택한다.
   - 스케일을 할 필요가 없는 경우, import scale은 1로 설정한다.
     - DCS는 처음에 cm으로 세팅되어 있으나, 다른 CAD 프로그램들은 대부분 mm을 사용한다. 그러므로 다른 프로그램에서 만든 DXF를 가져오는 경우에는 대부분 import scale을 0.1로 주어야 한다.
   - Draft와 Panel 중 Draft를 선택한다.
   - 전체 패턴을 보기 위해 2D 툴 박스에서 Fit To All Object 아이콘을 클릭한다.

3 현재 작업을 프로젝트로 저장한다.
   - File 〉 Save As;

LAB 26　DXF 파일을 패널로 가져오기

1　새로운 프로젝트를 시작한다.

2　샘플 DXF 파일을 가져온다.

3　Import 패널에서 scale을 0.1로 설정한다.

4　Draft와 Panel 중 Panel을 선택한다(그림 4-23).

5　현재 작업을 프로젝트로 저장한다.

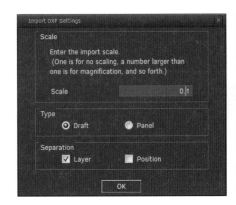 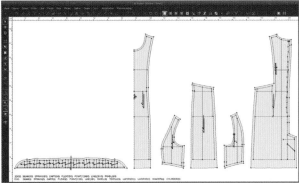

그림 4-23 DXF를 패널로 가져오기

2　곡선점의 개수 줄이기

가끔 dxf를 가지고 오면, 〈그림 4-24〉에서 보는 것과 같은 상황을 접한다. 이는 원본의 dxf가 너무 많은 곡선점을 포함하고 있기 때문에 발생하는 현상이다. 이럴 경우, Line 〉 Reduce Control Points를 사용해 곡선점의 개수를 줄일 수 있다.

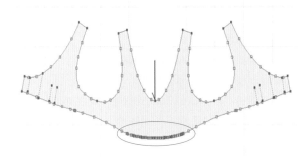

그림 4-24 과도한 곡선점을 포함한 dxf

종이 패턴 사진 찍어 스캔하기

1 종이 패턴 사진 찍어 스캔하기

이는 〈그림 4-25〉에서 보는 것처럼 DCS에는 종이 패턴을 사진으로 찍어서 소프트웨어로 불러오는 놀라운 기능이 있다.

이 기능을 사용하기 위해서는 첫째, 〈그림 4-25〉에서 보여주는 것처럼 종이 패턴을 포토 스캔 보드(photo scan board, DCS의 부대용품)의 체크무늬로 된 직사각형 테두리 안에 자석으로 고정시켜놓고, 둘째, 체크무늬 테두리 전체를 포함하는 이미지를 촬영한다. 여기서 DCS의 종이 패턴 가져오기는 첫째, 일반 디지털 카메라를 사용할 수 있으며, 둘째, 이미지의 질은 카메라의 위치/방향에 그리 민감하지 않다. 대략 보드의 중심에서 사진을 촬영한 다음 JPG나 BMP 파일로 촬영한 이미지를 저장하면 된다.

촬영한 디지털 이미지로부터 종이 패턴을 어떻게 추출하는지는 다음 LAB에서 실습해보도록 한다.

그림 4-25 종이 패턴 사진 찍어 가져오기

LAB 27 종이 패턴 스캔하기

1 이는 〈그림 4-25〉에서 보는 것처럼, 종이 패턴을 포토스캔보드의 체크무늬 테두리 안에 자석으로 고정하고 전체 테두리를 포함하도록 사진을 촬영한다.
 • 카메라가 없으면 준비된 DC-EDU/chapter04/PSB/sample02.jpg의 샘플 이미지를 사용한다.

2 DCS로 사진을 가져온다.
 • 2D window 》 File 〉 Import 〉 Paper Pattern Image;

3 스캔한 결과에 필요하면 다음과 같이 수정을 가한다.
 • Resolution, Smoothness, Image Opacity를 조절한다(그림 4-26(a)).
  – 대부분 기본값을 사용해도 무방하다.
 • Draw Image를 체크하고, Import를 클릭한다.
  – Draw Image를 체크하면, 〈그림 4-26(b)〉에 보여준 것처럼 사진이 스캔된 결과와 겹쳐서 보여진다.
 • 사진의 시각화를 2D 레이어 브라우저에서 켜고 끌 수 있다.
  – 2D 레이어 중 하나는 사진을 담고 있다. 그 레이어의 시각화 아이콘(눈 형상)을 클릭하여 사진의 시각화를 켜고 끌 수 있다.
  – 〈그림 4-26(b)〉은 사진의 시각화를 켰을 때를 보여준다.
 • 단축키 C로 곡선점의 시각화를 켜고 끌 수 있다.
 • 필요한 곳에서는 곡선점을 움직여 사진과 일치하도록 수정해 준다.

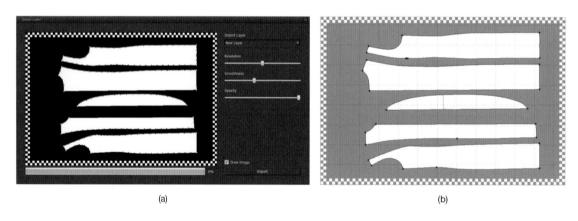

(a)   (b)

그림 4-26 종이 패턴 스캔 과정

CHAPTER 5

보디스, 슬리브, 스커트, 팬츠 원형 제도하기

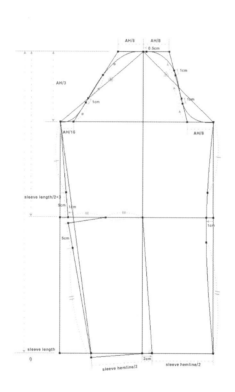

SECTION 1
개괄

이 Chapter에서는 보디스, 슬리브, 스커트, 팬츠의 드래프트 제도를 다룬다. 비록 이 책의 목적이 전문적인 수준의 패턴 메이킹을 교육하는 것은 아니지만, 위 드래프트의 제도를 위해 주어진 안내를 단계적으로 따라 하다 보면 점/선 메뉴를 마스터할 수 있을 것이다. 점/선 기능에서의 능숙함은 추후의 DC 공부에 많은 도움이 될 것이다. 평소 패턴 CAD에 별 관심이 없었던 독자는 이번에 이 Chapter를 열심히 따라 해봄에 의해 CAD에 익숙해질 수 있는 좋은 기회가 될 것이다.

이 Chapter의 모든 드래프트의 제도는 〈표 5-1〉에 그 주요 신체치수(primary body size(PBS))가 요약되어 있는 인체를 타깃으로 이루어졌다.

PBS 분류	PBS 항목	치수(단위: cm)
Height	Stature(키)	175
Length	Front Gnterscye Length(앞중심길이)	32
	Bust Point-Bust-Point(젖꼭지사이수평길이)	17
	Waist Back Length(등길이)	39
	Hip Length(엉덩이길이)	19
	Bishoulder Length(어깨가쪽사이길이)	37
	Back Interscye Length(겨드랑뒤벽사이길이)	33.5
	Arm Length(팔길이)	58
Circumference	Neck Base Circum(목밑둘레)	31.5
	Bust Circum(젖가슴둘레)	86
	Waist Circum(허리둘레)	66
	Hip Circum(엉덩이둘레)	92
	Wrist Circum(손목둘레)	14.5

표 5-1 드래프트를 위한 주요 신체치수

SECTION 2
보디스 원형 제도하기

본 SECTION에서는 보디스 원형 제도를 실습한다. 이 SECTION은 이 원형의 제도를 두 개의 LAB(뒤 판과 앞판)으로 나누어 실습한다. 보디스 원형을 제도하기 위해 사용된 상체의 주요 신체치수는 (영문 대문자) 약칭과 함께 〈표 5-2〉에 요약되어 있다.(이 표의 내용은 〈표 5-1〉의 일부를 사용자의 편의를 위해 가져온 것이다.)

또한 본 SECTION에서는 한 LAB이 여러 페이지에 걸쳐 계속되는데, 최대 여섯 개의 primitive의 제도를 포함한다. 하나의 그림 안에서 primitive의 제도 순서가 Part 1~6으로 표시되어 있기 때문에 독자는 그 순서대로 그리면 된다.

각 페이지를 퀴즈로 생각하면 좀 더 수월할 것이다. 페이지의 위에 위치한 그림만 보고 그 내용을 그리기 위해 어떤 메뉴를 사용해야 할지를 스스로 생각해 본다. 페이지의 아래 부분은 퀴즈에 대한 정답으로 생각할 수 있으며, 필요할 경우에만 참고한다. 동일한 결과를 내는 데에도 다양한 방법이 있을 수 있다. 보디스의 드래프트를 완성한 후, front 패널(대칭)과 back 패널(비대칭)을 생성해 본다. 본 챕터의 LAB들은 2D 툴 박스에서 Snap 📐과 Split 📐을 켜 놓고 수행한다.

PBS 항목	치수(단위: cm)
(B) Bust Circumference(젖가슴둘레)	86
(W) Waist Circumference(허리둘레)	66
(H) Hip Circumference(엉덩이둘레)	92
(WB) Waist Back Length(둥길이)	39
(BP) Bust point to Bust point(젖꼭지사이수평길이)	17
(NP) Neck Point to Breast Point(목옆젖꼭지길이)	25

표 5-2 상체의 주요 신체치수

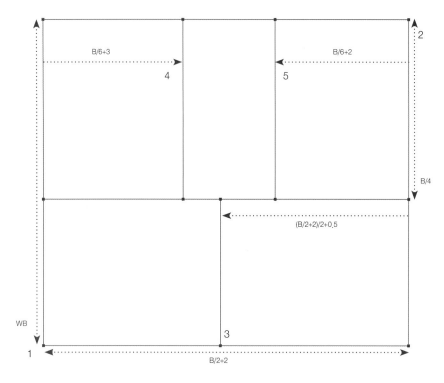

그림 5-1 보디스 원형의 뒤판 드래프트(Part 1)

1 Line 〉 Create Rectangle
   • Contextual input; x=200, y=200, dx=86/2+2, dy=39
   • 왼쪽 아래 코너는 (200, 200) 일 필요는 없다. 사용자는 마우스를 클릭해서 원하는 위치를 정해줄 수 있다.
   • DCS 에는 계산기 기능이 있다. 예를 들어, 45를 입력하는 대신에 86/2 + 2를 입력할 수 있다.

2 Line 〉 Create Offset Line
   • Contextual input; Offset=86/4; Enter;
   • Contextual input에서 생성된 선이 화살표 방향과 반대쪽에 생성되어야 할 경우에는 값 앞에 마이너스(−)를 넣어
     준다.

3 Line 〉 Create Offset Line
   • Contextual input; Offset=(86/2+2)/2+0.5; Enter

4 Line 〉 Create Offset Line
   • Contextual input; Offset=86/6+3

5 Line 〉 Create Offset Line
   • Contextual input; Offset=86/6+2

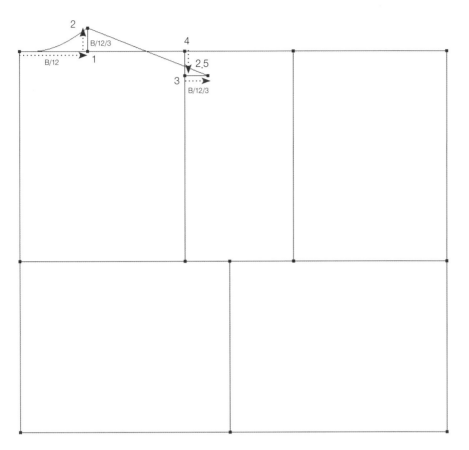

그림 5-2 보디스 원형의 뒤판 드래프트(Part 2)

1 Line 〉 Create Perpendicular Line
   • Contextual input; Distance=86/12, Length=86/12/3

2 Line 〉 Create Curved Line
   • 〈그림 5-2〉를 참조하여 마우스 클릭으로 자연스러운 곡선을 그린다.

3 Line 〉 Create Perpendicular Line
   • Contextual input; Distance=86/12/3, Length=2.5

4 Line 〉 Create Line
   • 이 선을 제대로 그리기 위해 스냅 기능을 사용한다.

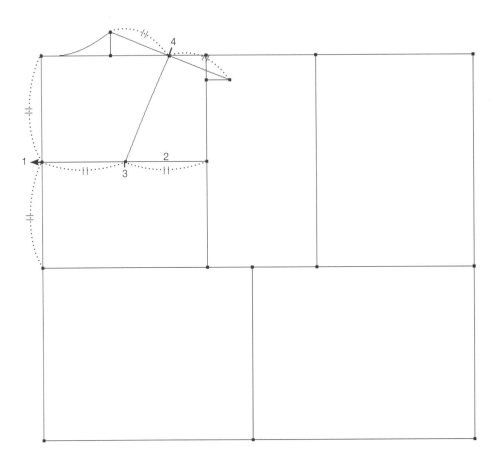

그림 5-3 보디스 원형의 뒤판 드래프트(Part 3)

1 Line 〉 N Divide Line
   • Contextual input; Number Of Division=2

2 Line 〉 Create Perpendicular Line
   • Step 1에서 생성한 이등분점과 스냅한다.

3 Line 〉 N Divide Line
   • Contextual input; Number Of Division=2

4 Line 〉 N Divide Line
   • Contextual input; Number Of Division=2

5 Line 〉 Create Line
   • Step 3과 Step 4에서 생성한 이등분점을 스냅한다.

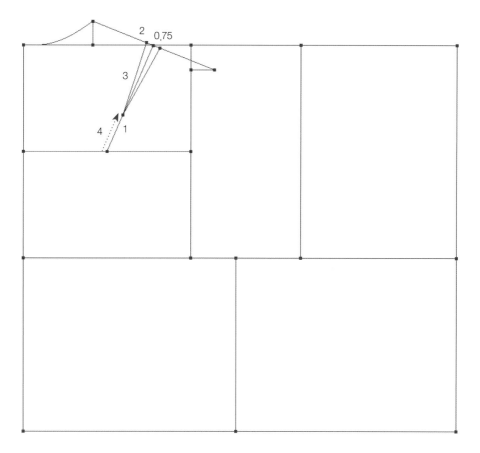

그림 5-4 보디스 원형의 뒤판 드래프트(Part 4)

1 Line 〉 X-Divide Line
   • Contextual input; Distance=4

2 Line 〉 X-Divide Line
   • Contextual input; Distance=0.75
   • 이 과정을 반대쪽에 다시 한 번 실행한다.

3 Line 〉 Create Line
   • 두 선을 그리기 위해 스냅 기능을 사용한다.

4 Line 〉 Create N Division Point
   • Contextual input; Number Of Division=2

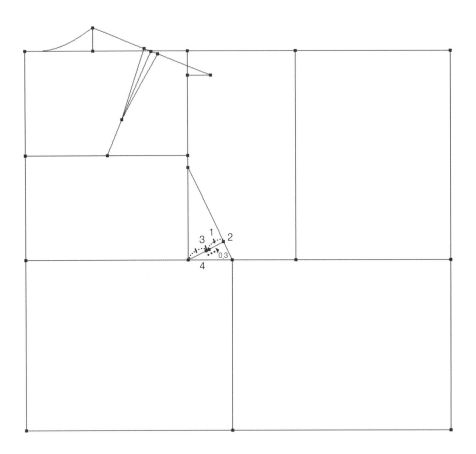

그림 5-5 보디스 원형의 뒤판 드래프트(Part 5)

1 Line 〉 Create Line

2 Line 〉 Create Perpendicular Line

3 Line 〉 N–Divide Line
   • Contextual input; Number Of Division=2

4 Line 〉 X–Divide Line
   • Contextual input; Distance=0.3

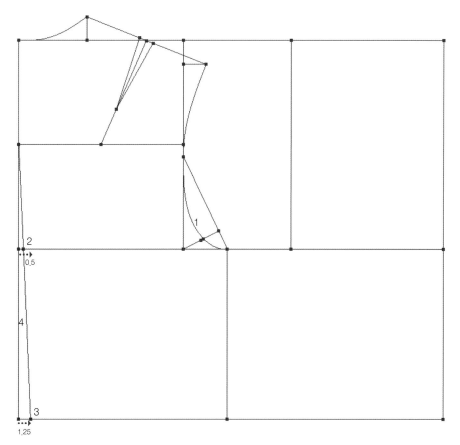

그림 5-6 보디스 원형의 뒤판 드래프트(Part 6)

1　Line 〉 Create Curved Line

2　Line 〉 X-Divide Line
　　· Contextual input; Distance=0.5

3　Line 〉 X-Divide Line
　　· Contextual input; Distance=1.25

4　Line 〉 Create Curved Line

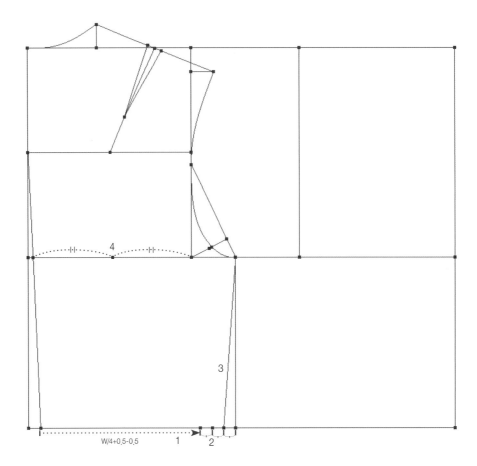

그림 5-7 보디스 원형의 뒤판 드래프트(Part 7)

1 Line 〉 X-Divide Line
   • Contextual input; Distance=66/4+0.5-0.5

2 Line 〉 N-Divide Line
   • Contextual input; Number Of Division=3

3 Line 〉 Create Line
   • Step 2의 오른쪽으로부터 1/3 지점과 스냅시킨다.

4 Line 〉 N-Divide Line
   • Contextual input; Number Of Division=2

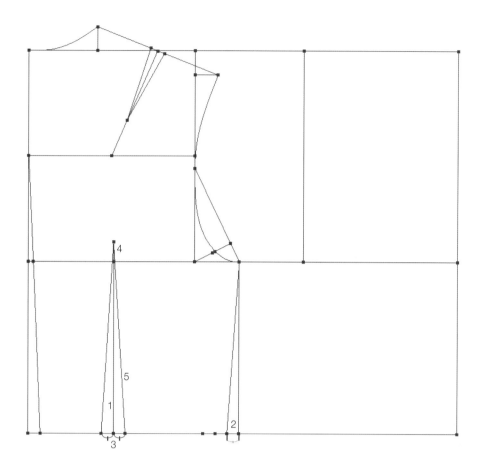

그림 5-8 보디스 원형의 뒤판 드래프트(Part 8)

1 Line 〉 Create Perpendicular Line
   • 수직선을 그린다.

2 Measure
   • 3등분한 선분 중 하나의 길이를 측정한다.

3 Line 〉 X-Divide Line
   • Step 2에서 측정된 길이만큼 좌우로 나누어 준다.

4 Line 〉 Extend Line
   • Contextual input; Length=2

5 Line 〉 Create Line

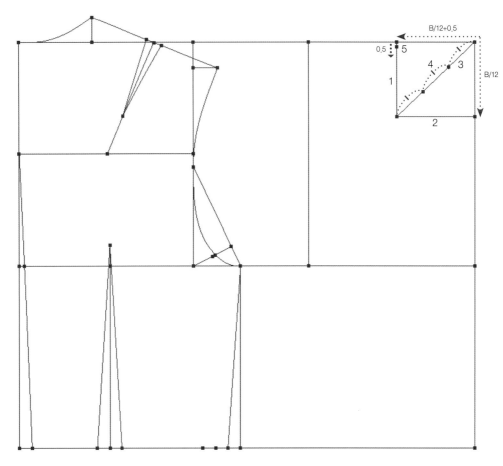

그림 5-9 보디스 원형의 앞판 드래프트(Part 1)

1 Line 〉 Create Perpendicular Line
   - Contextual input; Distance=86/12+0.5; Length=B/12

2 Line 〉 Create Perpendicular Line
   - Contextual input; Length=B/12; Distance=86/12+0.5

3 Line 〉 Create Line

4 Line 〉 N-divide Line
   - Contextual input; Number Of Division=3

5 Line 〉 X-Divide Line
   - Contextual input; Distance=0.5

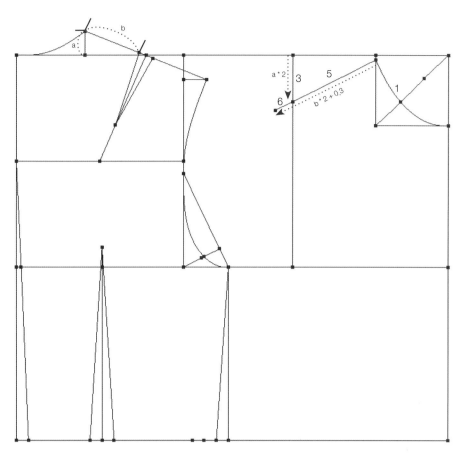

그림 5-10 보디스 원형의 앞판 드래프트(Part 2)

1 Line 〉 Create Curved Line

2 a = 이 부분의 길이

3 Line 〉 X-Divide Line
  • Contextual input; Distance=a * 2

4 Line 〉 Create Line

5 b = 이 부분의 길이

6 Line 〉 Extend Line
  • Contextual input; Total; Length=b * 2 + 0.3

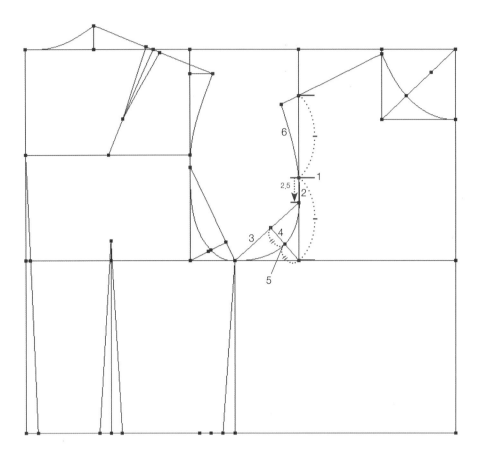

그림 5-11 보디스 원형의 앞판 드래프트(Part 3)

1 Line 〉 N-Divide Line
  • Contextual input; Number Of Division=2

2 Line 〉 X-Divide Line
  • Contextual input; Distance=2.5

3 Line 〉 Create Line

4 Line 〉 Create Perpendicular Line

5 Line 〉 N-Divide Line
  • Contextual input; Number Of Division=2

6 Line 〉 Create Curved Line

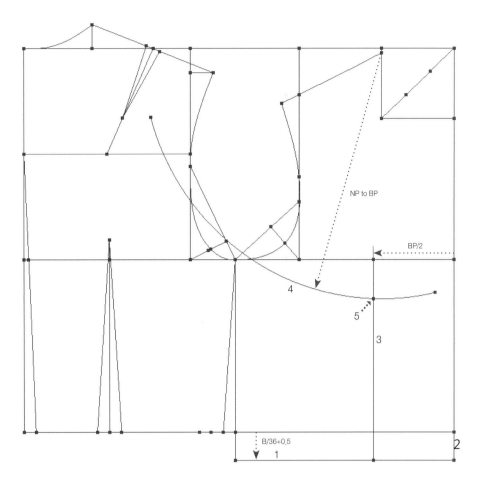

그림 5-12 보디스 원형의 앞판 드래프트(Part 4)

1 Line 〉 Create Offset Line
   • Contextual input; Offset Distance=86/36+0.5

2 Line 〉 Extend Line

3 Line 〉 Create Perpendicular Line
   • Contextual input; Distance=17/2; Mouse input

4 Line 〉 Create Circle
   • Contextual input; Radius Length=25

5 Line 〉 Mutual Divide At Crossing

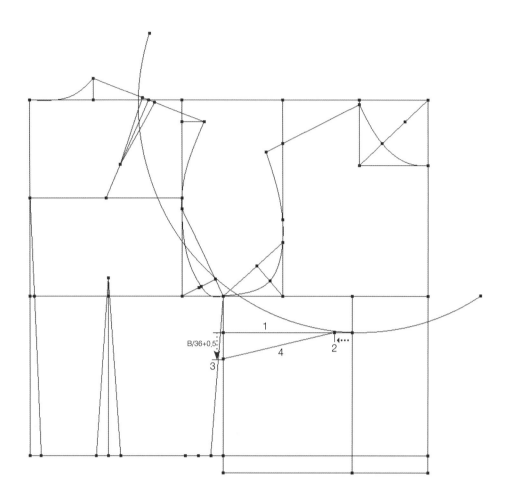

그림 5-13 보디스 원형의 앞판 드래프트(Part 5)

1 Line 〉 Create Straight Line
   • (Shift 키를 누른 상태에서) 수평선을 그린다.

2 Line 〉 x-Divide Line
   • Contextual input; Distance=2

3 Line 〉 X-Divide Line
   • Contextual input; Distance=86/36+0.5

4 Line 〉 Create Straight Line

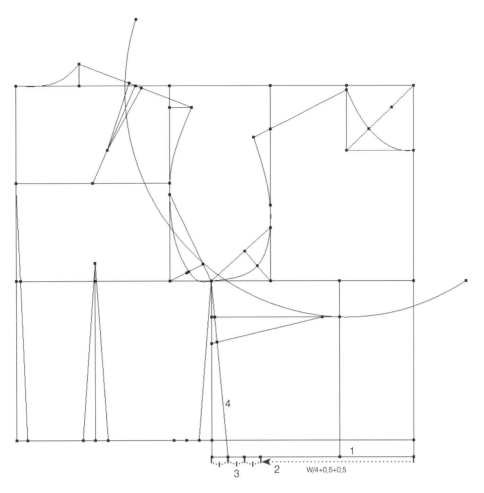

그림 5-14 보디스 원형의 앞판 드래프트(Part 6)

1 Line 〉 Merge Line

2 Line 〉 X-Divide Line
   • Contextual input; Distance=66/4+0.5+0.5

3 Line 〉 N-Divide Line
   • Contextual input; Number of Division=3

4 Line 〉 Create Straight Line

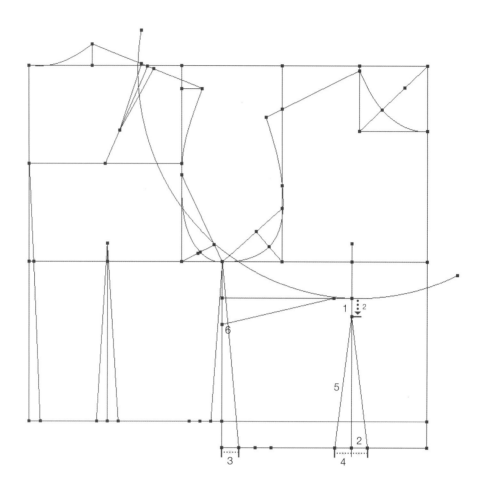

그림 5-15 보디스 원형의 앞판 드래프트(Part 7)

1 Line 〉X-divide Line
   • Contextual input; Distance=2

2 Line 〉One Way Divide at Crossing
   • Step 4와 5에서 생성될 다트의 중심을 마크하기 위해 선으로 아래쪽 선을 나눈다.

3 길이를 잰다.

4 Line 〉X-divide Line
   • Step 3 에서 측정된 길이로 두 번 나누어 준다(왼쪽과 오른쪽).

5 Line 〉Create Straight Line

6 Line 〉Mutual Divide at Crossing

┌─ᵗ LAB 3   불필요한 선 병합하고 삭제하기

1 Line > Merge Line
   - 불필요하게 끊어진 선이 있는지 드래프트를 살펴본다. 필
     요할 경우 Merge Line 메뉴를 사용해 선을 병합한다(그
     림 5-16를 참조).
2 〈그림 5-16〉(불필요한 선이 제거된 최종드래프트)을 참조하
   여 불필요한 선을 삭제한다.

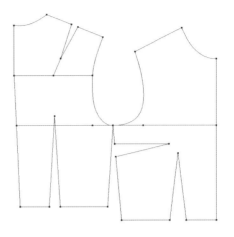

그림 5-16 불필요한 선을 제거한 최종 드래프트

┌─ᵗ LAB 4   패널 생성하기

■ 위의 드래프트에서 front 패널을 생성한다.

1 Panel > Create Panel;

2 Contextual input; Interior Point/Line을 선택한다.

3 외곽선을 선택한다.

4 내부선을 선택한다.

5 Back 패널을 생성하기 위해 위의 과정을 반복한다.

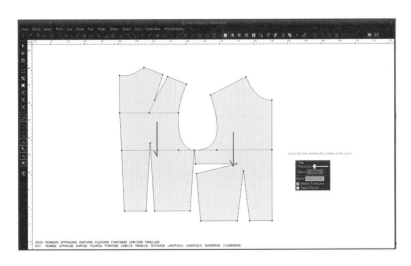

그림 5-17 드래프트에서 패널 생성하기

SECTION 3
슬리브 원형 제도하기

〈그림 5-18〉을 참조하여 슬리브 원형을 제도한다.

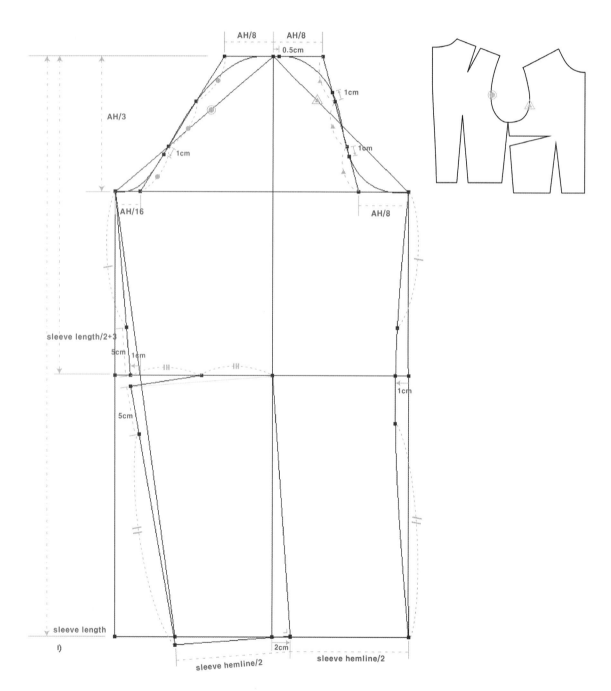

그림 5-18 슬리브 원형 드래프트

SECTION 4
스커트 원형 제도하기

〈그림 5-19〉를 참조하여 스커트 원형을 제도한다.

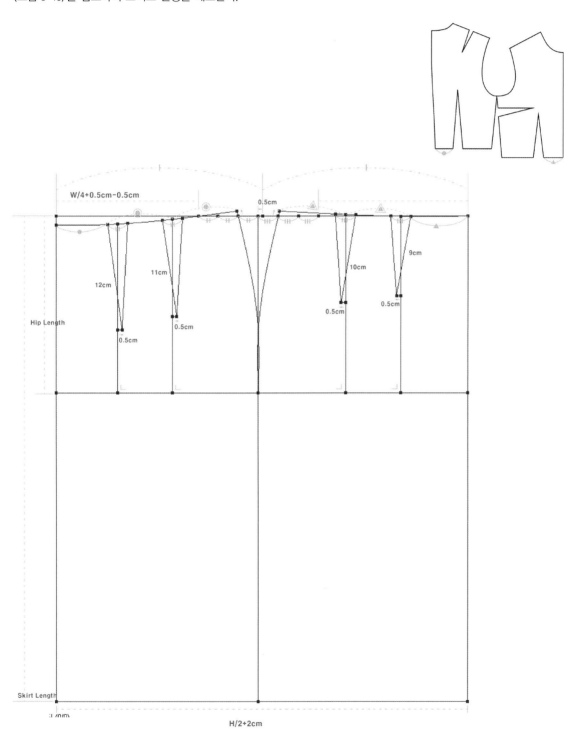

그림 5-19 스커트 원형 드래프트

SECTION 5
팬츠 원형 제도하기

〈그림 5-20〉을 참조하여 팬츠 원형을 제도한다.

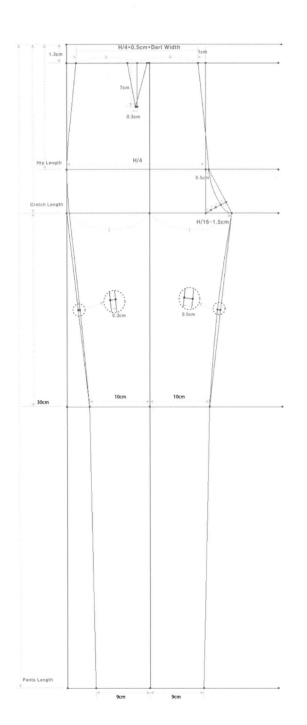
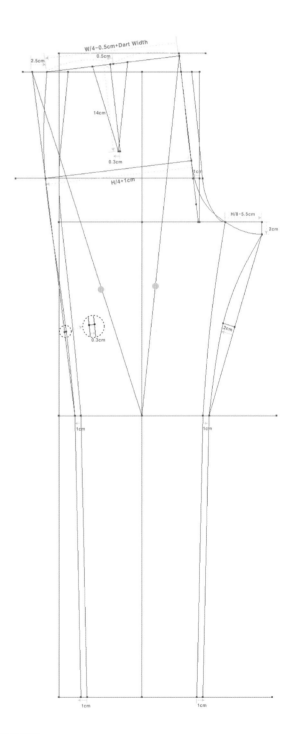

그림 5-20 팬츠 원형 드래프트

SECTION 6
드래프트 자동 생성

드래프트는 주요 신체치수에 준하여 그려지는 점과 선의 집합이다. 그러므로 드래프트는 신체치수만 주어진다면 전적으로 결정될 수 있다. DCS에서는 Automation 〉 Automatic Drafting에서 자동 드래프트 제도 기능을 제공한다. 사용자가 관련된 신체 치수를 제공하면 이 메뉴는 자동적으로 보디스, 슬리브, 스커트, 팬츠의 드래프트를 생성해 준다.

LAB 5   보디스의 드래프트 자동 생성하기

1   2D window 〉〉 Automation 〉 Automatic Drafting

2   Draft Item = Bodice;

3   Drafting Scheme(방식)을 선택할 수 있다.
   • 현재 Physan에서 제공된 방식만 선택할 수 있다.
   • 다른 드래프트 방식을 추가하려면 inquiry@physan.net으로 요청한다.

4   Size = 55
   • 이 사이즈 값은 현재 한국 여성 치수 체계를 기본으로 하였다. 이 Size = 55로 입력만 하면, DCS는 자동으로 신체 치수의 값을 채워준다.
   • 다른 사이즈 체계를 사용하거나 이 표준 사이즈의 일부 항목을 바꾸려면 각 신체치수를 입력하여 원하는 값으로 바꿀 수 있다.

5   Create를 클릭하면 2D 윈도에 드래프트를 생성해 준다.
   • Create Panel을 체크하면 드래프트 대신 패널을 생성해 준다.

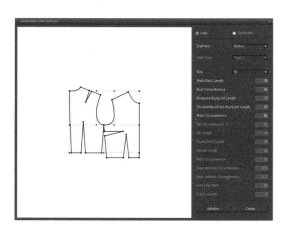

그림 5-21 보디스 원형의 드래프트 자동 생성

CHAPTER 6

의복의 구성

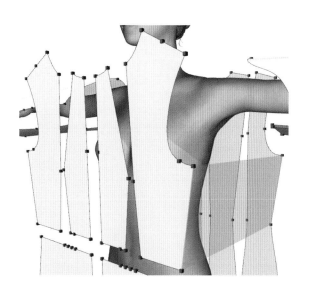

SECTION 1
개괄

〈그림 6-1〉에서 보여주는 것처럼 의복(garment)은 패널들을 봉제하여 만들어낸 하나의 드레스이다. 이 Chapter의 주제인 의복구성에서는 기본적인 단위가 점, 선이 아닌 패널이다.

그림 6-1 DCS의 의복

SECTION 2
의복구성 개괄

1 의복구성의 개괄

의복구성은 3D 윈도에서 수행된다. 그러므로 2D 윈도에서 생성된 패널은 3D 윈도로 동기화(sync)되어야 한다.

의복구성은 다음의 두 작업으로 이루어진다. 패널 배치(그림 6-2(a))와 솔기 생성(그림 6-2(b))이다. 즉, 패널을 바디 주변에 배치한 다음 패널 사이에 솔기를 생성해 주어야 한다.

3D 윈도에서 아바타와 패널의 디스플레이는 각각 켜고 끌 수 있는데, 기본적으로 켜져 있다.

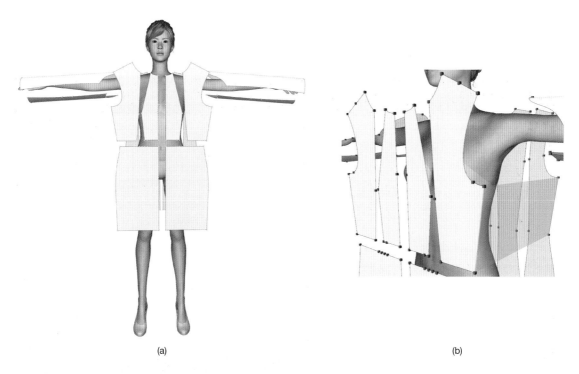

(a) (b)

그림 6-2 의복 구성의 프로세스: (a) 패널 배치, (b) 솔기 생성

2 2D/3D 윈도와 속성 편집창의 연계

2D 윈도에서 생성된 패널은 3D 윈도로 동기화할 수 있다.

- 2D 툴 박스의 Sync Panels 아이콘을 누르거나 2D window 》 Sync 〉 Sync Panels 에 의해 동기화할 수 있다.

  한번 패널이 3D 윈도에 동기화되면, 2D 윈도에 있는 패널과 3D 윈도에 동기화된 패널은 본질적으로 같은 패널을 나타낸다.

- 2D 윈도에서 패널을 선택하면 그 패널은 3D 윈도에서도 선택되며, 반대의 경우도 마찬가지다.
- 한쪽 윈도에서 패널을 수정하면 다른 쪽에도 그 수정이 바로 반영된다.
- 패널의 복사본은 2D 윈도, 3D 윈도 중 어느 쪽에서도 만들 수 있다.

  속성 편집창(〈그림 6-3〉 오른쪽 위의 기본 속성 편집창(Attribute)과 스프라이트 편집창(Sprite editor))에서 보여주는 값들은 현재 선택된 패널에 관한 것이다.

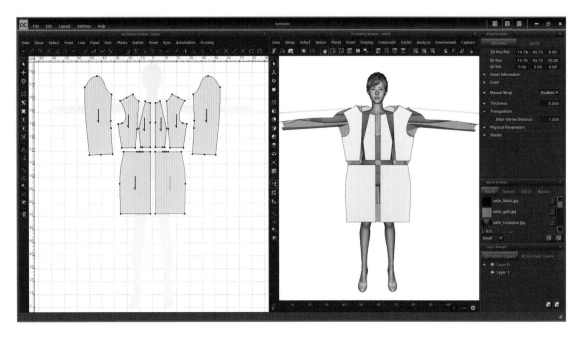

그림 6-3 2D, 3D 윈도와 속성 편집창의 공조

3 Positioning Side의 설정

Positioning side는 패널의 속성(attribute)이며, 그 값으로 Front나 Back을 갖는다. 패널의 positioning side는 Property Editor] Attribute] Panel Information] Positioning Side에서 설정할 수 있다.
  패널이 2D 윈도에서 3D 윈도로 동기화될 때, 그 패널의 positioning side에 따라 front나 back에 배치된다. 〈그림 6-4(a)〉는 2D 윈도에 있는 두 개의 패널을 보여주는데, 사각형은 front 패널로 설정돼 있고 타원형은 back 패널로 설정돼 있다. 〈그림 6-4(b)〉는 front [back] 패널이 3D 윈도에 동기화되었을 때 front [back]에 배치되는 것을 보여준다.

• Positioning side는 패널을 동기화시킬 때 앞판과 뒤판을 분류해 3D에서 적절한 위치에 자동으로 배치시켜주기 위해 도입된 속성이다. 이 속성은 Left, Right, Top, Bottom의 값은 가질 수 없기 때문에 드물게 그 패널이 실제 배치되어야 할 위치와 다를 수 있다. 예를 들어, 아바타가 T-포즈인 경우, 슬리브 패널은 팔의 위쪽에 배치되어야 한다. 그러나 positioning side는 Top의 값을 가질 수 없기 때문에 슬리브 패널은 먼저 Front나 Back으로 배치시킨 후, free 3D positioning(3D에서 직접 조작을 통해 배치하기, SECTION 4)을 통해 위쪽으로 옮겨 주어야 한다.

DCS에서 패널은 내부적으로 삼각 메시(triangular mesh)로 이루어져 있고, 각 메시 꼭지점(mesh vertex)에서 normal(표면에 직각이고 바깥쪽으로 향하는 단위 벡터)를 계산한다. Show 〉 Vertex Normal로 normal의 시각화를 켜고 끌 수 있다. 〈그림 6-4(b)〉는 normal의 시각화를 켠 상태를 보여준다.

• Normal은 렌더링에서 사용된다. 패널의 normal이 잘못 설정되어 있으면 이상한 결과가 나온다. 예를 들어, 바깥쪽이 (안쪽처럼 렌더링되어) 비정상적으로 어둡게 보이는 경우가 생길 수 있다.
• DCS는 normal을 결정하기 위해서 (바깥쪽 방향과 밀접한 관련이 있는) positioning side 정보를 이용한다. Front [back] 패널의 경우, DCS에서는 모든 메시 꼭지점에서 front [back] 방향의 벡터를 normal 값으로 삼는다. 그러므로 3D에 있는 back 패널을 임의로 front로 옮겨서 의복을 구성하면 그 패널은 이상하게 보일 것이다.

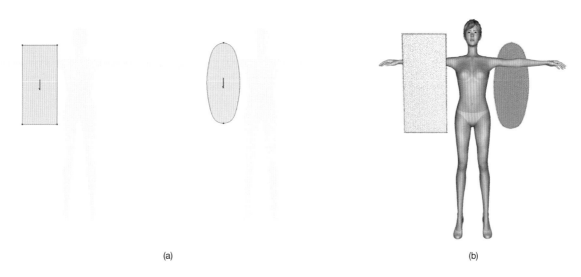

(a)   (b)

그림 6-4 패널의 Positioning side 설정

2D에서 3D로 패널 동기화하기

1 2D to 3D 패널 동기화에 내재하는 규칙

한 의복의 구성에 패널을 포함시키려면 그 패널을 3D 에 동기화시켜야 한다. 동기화할 때 3D에 동기화되는 위치(그 3D 위치를 synced position이라 부름)는 2D 윈도에서의 패널 위치와 관계가 있다. 그 관계를 2D to 3D 패널 동기화 규칙 혹은 간단히 동기화 규칙이라 부르기로 한다.

사용자가 동기화되는 위치를 예측할 수 있도록 하기 위해 DCS에서는 〈그림 6-5〉에서 보여주는 것처럼 2D 윈도에 두 개의 아바타 실루엣을 보여준다.

- 왼쪽[오른쪽]은 아바타의 front 실루엣[back 실루엣]이라 하고, 이것은 front[back]에서 본 3D 아바타의 실루엣이다.
- 아바타 실루엣은 3D 아바타를 coronal plane(z = 0)으로 투영한 결과이다. 그러므로 3D 윈도에서 아바타가 모션을 취하거나 새로운 아바타로 대체되면 2D 윈도에 그 변화가 즉시 반영된다.

〈그림 6-4(b)〉에서 유추할 수 있는 것처럼 패널의 배치를 위한 두 개의 평면이 있다.

- Front[back]의 것을 front panel positioning plane(FPPP)[back panel positioning plane(BPPP)]이라 부른다.
- FPPP와 BPPP는 실제로 그려지지는 않는다. 그러나 3D에서 배치된 front와 back 패널을 보면 그 패널들이 놓이는 평면의 존재를 유추할 수 있다.

DCS의 2D to 3D 패널 동기화 규칙은 다음과 같다.

- **동기화 규칙 #1**: Front[back] 패널은 그 패널의 원래(바디 기준) x, y 좌표를 유지한 채 FPPP[BPPP]에 배치된다.
- **동기화 규칙 #2**: 패널은 다시 동기화될 수 있는데, 그 경우 동기화된 위치는 2D 에서 위치변화가 있었다면 그에 따라 업데이트된다.

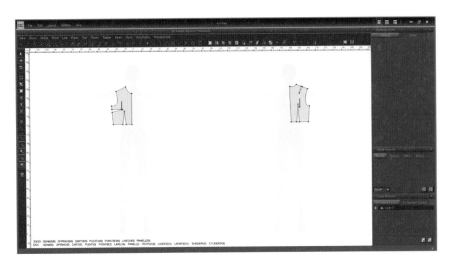

그림 6-5 아바타의 front/back 실루엣

SECTION 4
패널 배치하기

1 패널 배치의 중요성

의복을 구성하기 위해서는 패널을 바디 주변의 적절한 위치에 배치시켜야 한다. 적절한 패널의 배치는 전통적인 의복구성에서는 너무나 당연한 이야기여서, 그것을 언급하는 것 자체가 이상하게 들릴 수 있다. 그러나 컴퓨터가 구성을 해주는 디지털 클로딩에서 패널의 배치는 사용자가 깊은 주의를 기울여야 할 부분이다. 패널 배치가 적절하게 이루어지지 않으면 의복의 시뮬레이션이 예측하지 못한 결과를 가져올 수 있기 때문이다.

DCS에서는 패널의 배치를 위해 다음 4가지 수단을 제공한다.

- Sync-Associated Positioning: 2D to 3D 패널 동기화 규칙을 이용하여 패널의 동기화된 위치를 컨트롤함(2D 윈도에서 패널을 배치시킴)
- Free 3D Positioning: 3D 윈도에서 패널을 자유롭게 움직여 배치시킴
- Cylinder Assisted Positioning: 의복 레이어(실린더 형태)의 표면을 따라 패널을 배치시킴
- Teleporting^: 2D 윈도에서 3D 의복 레이어로 직접 동기화해 줌

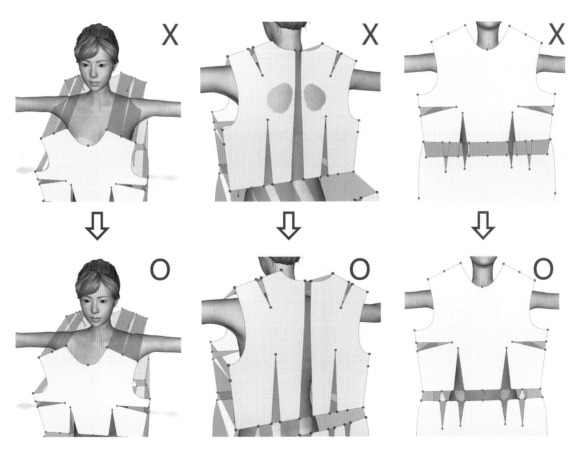

그림 6-6 패널의 안전배치

2 패널의 안전배치

바디 주변에 패널을 배치할 때 세 가지 기본 원칙이 있다.

- **Seam plane-to-body clearance**: 〈그림 6-6(a)〉에서 보여주는 것처럼 솔기면이 바디를 뚫고 들어가서는 안 된다.
- **Panel-to-body clearance**: 〈그림 6-6(b)〉에서 보여주는 것처럼 패널이 바디를 뚫고 들어가서는 안 된다.
- **Panel-to-panel clearance**: 〈그림 6-6(c)〉에서 보여주는 것처럼 패널들은 서로 겹치면 안 된다.

　패널의 배치가 위의 세 가지 원칙을 모두 만족시킬 때, 그 배치는 안전배치(trouble-free positioning)라 한다. 불행히도 DCS는 사용자를 위해 자체적으로 현재의 패널배치가 안전배치임을 체크해주지 않는다. 여러분 스스로가 안전배치임을 확인해야 한다.

　만약 패널의 배치가 안전배치가 아닌 상황에서 드레이핑 시뮬레이션을 수행하면, DCS는 그 상황을 해결하기 위해 최선을 다하지만 문제에 봉착할 수 있다.

3 Sync-Associated Positioning

사용자는 2D 윈도에서 패널을 배치하기 전에 먼저 패널의 positioning side를 정해야 한다. Positioning side의 기본 값이 Front이기 때문에 (속성 편집창에서) back 패널만 그 값을 반대로 바꾸어주면 된다.

　2D 윈도에서 front[back] 패널은 아바타의 front[back] 실루엣 위에 배치시킨다. 2D 윈도에서 배치가 끝나면 모든 패널을 선택하고 2D 툴 박스에서 Sync Panels 아이콘을 클릭하여 (또는 Sync 〉 Sync Panels하여) 2D에서 3D로 동기화한다(그림 6-7).

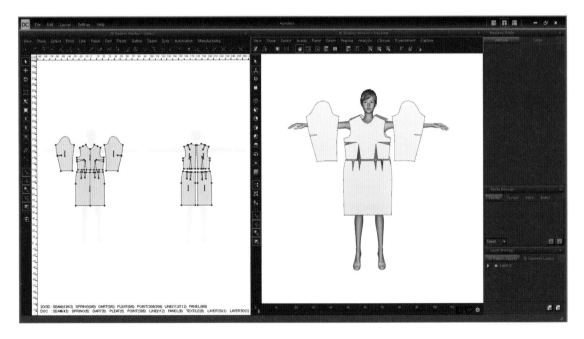

그림 6-7 Sync-associated panel positioning

동기화된 결과가 만족스럽지 않을 경우, 추가 조정을 위한 다음 두 가지 옵션이 있다.

- **옵션 1**: 2D 윈도에서 패널을 재배치한 다음 다시 동기화하기
- **옵션 2**: 3D 윈도에서 free 3D positioning 수행하기

⌐ LAB 1 Sync Associated Positioning

1 DC-EDU/chapter06/syncAssociatedPositioning/syncAssociatedPositioning.dcf를 연다.

2 Select All Panels; Sync 〉 Sync Panels;
   - 〈그림 6-8〉에서 보여주는 것처럼 back 패널들이 모두 그른 위치로 동기화되었다. 이것은 그 패널들의 positioning side를 Front로 설정했기 때문이다.

3 모든 back 패널을 선택한 다음, Attribute] Panel Information] Positioning Side에서 패널의 positioning side를 Back으로 설정한다.

4 모든 back 패널을 선택한다; Sync Panels;
   - 덮어쓰기를 할 것인지 묻는 dialog에 Yes를 클릭한다.
   - Back 패널이 적절한 위치에 동기화된 것을 볼 수 있다.
   - 3D 윈도에서 Front 뷰로 이동한다. 스커트의 front 패널이 잘못 배치되어 있다.
   - Back 뷰로 이동한다. 스커트의 왼쪽 back 패널이 잘못 배치되어 있다.

5 2D 윈도로 돌아가서 아바타 실루엣을 참조하여 잘못 배치된 패널을 수정한 다음 패널을 다시 동기화시킨다.

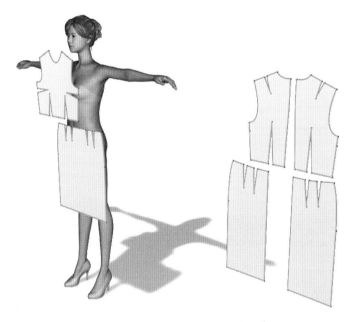

그림 6-8 잘못된 positioning side 설정의 예

4 감싸기 축과 식서 방향

패널 좌표계(panel frame, 그림 6-9(a))는 패널 안에 심어 놓은 3차원 좌표계로 패널의 위치를 컨트롤하는 데 사용된다. 패널 좌표계는 원점이 있으며 x, y, z 축으로 구성된다. 〈그림 6-9(a)〉에서 z 축은 패널과 수직이며 바깥쪽으로 나온다. 패널 좌표계의 원점을 패널의 원점 (origin of the panel)이라 부른다.

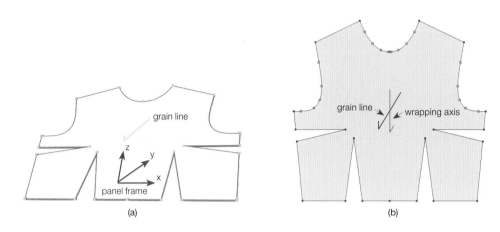

그림 6-9 패널 좌표계, 식서방향, 감싸기 축

DCS는 패널 좌표계를 보여주지 않는다. 대신 〈그림 6-9(b)〉에서처럼 감싸기 축(wrapping axis, 왼쪽의 점선 화살표) 과 식서 방향(grain direction, 오른쪽의 직선 화살표)을 보여 준다. 식서 방향과 감싸기 축의 가시화는 2D 윈도와 3D 윈 도에서 Show 〉 Grain Direction/Wrapping Axis로 각각 켜고 끌 수 있다. 기본값으로 2D 윈도에서의 식서 방향만 가시 화가 켜져 있다.

패널이 원통형으로 감싸질 때, 그 감쌈은 감싸기 축에 준하여 이루어진다. 또한 감싸기 축과 식서 방향은 각각 속성 편집창의 Manual Wrap과 Grain 코너에서 수정할 수 있다.

5 Free 3D Positioning

패널의 3D 위치를 3D 윈도에서 직접 컨트롤 할 수 있다. DCS는 다음 세 가지 방법을 제공한다.

- **Translation**: 패널은 자유롭게 (manipulator 원점에 있는 작은 사각형을 드래그하여) 또는 x, y, z 축을 따라 이동시 킬 수 있다.
- **Rotation**: 세 개의 축에 대해 패널을 회전시킬 수 있다.
- **Manual Wrapping**: 패널을 감싸기 축을 기준으로 감쌀 수 있다. Manual wrap(자유형 감싸기)에 대한 자세한 내용 (예: radii)은 이 SECTION의 subsection 8에 설명되어 있다.

6 의복 레이어란?

DCS는 패널의 안전배치를 더 쉽게 할 수 있도록 의복 레이어(garment layer)를 제공한다.

〈그림 6-10(a)〉에서 보는 것처럼, 의복 레이어는 바디를 감싸는 몇 개의 (단면이 타원형인) 실린더로 구성되는데 패널을 실린더의 표면을 따라 움직이도록 해 준다. 의복 레이어는 패널 배치를 도와주기 위해서만 보여 주는 가상의 표면으로 시뮬레이션에는 어떠한 영향도 미치지 않는다.

의복 레이어의 사용은 하나의 옵션일 뿐이다. 패널은 의복 레이어 없이도 배치시킬 수 있다. 그러나 의복 레이어를 사용하면 패널 배치가 훨씬 쉽기 때문에 사용을 권장한다.

- 의복 레이어를 사용하면 〈그림 6-10(b)〉에서 보여주는 것처럼 패널이 바디를 뚫고 들어가지 않게 되어 panel-to-body clearance를 자동으로 만족하게 된다.
- Seam plane-to-body clearance, panel-to-panel clearance 또한 의복 레이어를 사용하면 더 쉽게 만족시킬 수 있다.

의복 레이어는 7개의 실린더로 구성된다. 〈그림 6-11(b)〉에서 열거된 것처럼 7개 실린더의 이름은 Head, Neck, Bodice, Sleeve(왼쪽과 오른쪽 두 개로 구성), Waist, Pants(왼쪽과 오른쪽 두 개로 구성), Skirt이다. 이들의 시각화는 3D 툴 박스에서 Cylinder Wrap 아이콘 ■을 클릭하여 켤 수 있는데, 각각 아바타의 머리, 목, 몸통, 두 개의 팔을 따로, 허리, 두 개의 다리를 따로, 두 개의 다리를 같이 감싸도록 만들어 준다.

각 실린더의 디스플레이는 각각 켜고 끌 수 있다(LAB 2). 예를 들어, 티셔츠를 구성할 경우에는 Bodice와 Sleeve 실린더만 켜면 된다. 팬츠를 구성할 경우에는 Pants 실린더만 켜면 된다. Pants와 Skirt 실린더가 동시에 켜져 있어야 할 경우는 없다.

7 의복 레이어의 사용법

3D 윈도에서 패널은 두 가지 모드로 배치시킬 수 있다. 레이어 모드와 자유 모드(free mode)이다.

레이어 모드에서 패널은 의복 레이어의 표면에 붙어서 타원형 실린더를 따라 움직일 수 있다. 반면, 자유 모드에서는 패널이 3D에서 3개의 이동 축과 3개의 회전축으로 자유롭게 이동/회전될 수 있다(free 3D positioning).

레이어 모드와 자유 모드 간의 전환은 다음과 같이 한다.

- 3D 윈도에서 패널 배치는 자유 모드가 기본값으로 되어 있다.
- 자유 모드에서 레이어 모드로 전환하기: 레이어 모드로 전환하기 위해서는 3D 툴 박스에서 Cylinder Wrap 아이콘을 클릭한다. 레이어 모드로 바뀐 후, 패널을 선택한 다음 실린더 표면의 점을 클릭하면 패널은 그 표면의 점에서 실린더를 감싼다. 위치를 바꾸려면 실린더 표면을 따라 패널을 드래그하면 된다.
- 레이어 모드에서 자유 모드로 전환하기: 3D에서 Select, Translate, Rotate 툴을 시작하면 의복 레이어의 디스플레이는 꺼지고 DCS는 자유 모드로 바뀐다.

실린더에 감싸진 패널을 감싸지지 않은 평평한 상태로 되돌리려면 되돌리기(ctrl + Z)를 사용하면 된다.

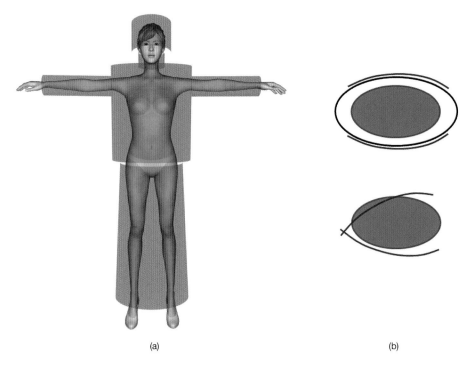

(a)   (b)

그림 6-10 (a) 의복 레이어. (b) 위에서 본 단면도

LAB 2 Cylinder Assisted Positioning

1 DC-EDU/chapter06/sleevePositioning/sleevePositioning.dcf를 연다.

2 3D 툴 박스에서 Cylinder Wrap 아이콘을 클릭한다.

3 〈그림 6-11(a)〉에서 빨간색 원으로 보여준 3D Layer Setting 아이콘을 클릭하면 [Layer Browser] 3D Garment
   Layer 를 클릭하면 3D Layer Setting 아이콘이 보임. 앞으로 LayerBrowser] 3D Garment Layer를 3D 레이어 브
   라우저(3D layer browser)라 칭함) 3D-layer setting dialog가 나타난다. Cylinder 를 클릭하면 〈그림 6-11(b)〉에서
   보는 것처럼 실린더 선택 탭이 열린다.

4 다음을 실습해 본다.
   • Bodice와 Sleeve를 제외한 모든 실린더의 선택을 해지한다.
   • 실린더의 opacity를 조절한다.
   • 실린더의 offset을 조절한다. 양[음]의 변위 값을 입력하면 실린더의 반지름이 증가[감소]한다.

5 2D 윈도에서 슬리브 패널을 오른쪽 팔에 배치하고 Sync Panels;

6 3D 윈도에서 오른쪽 팔의 실린더 표면을 클릭한다.
   • 패널을 드래그하여 실린더의 표면을 따라 위치를 바꾸어 본다(그림 6-11(c)).

7 3D window 》 Panel 〉 Mirror Panel; 확정하려면 Enter를 누른다.
   • 2D 윈도에서도 복사가 일어났음을 확인할 수 있다.

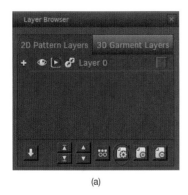

(a)

(b)

(c)

그림 6-11 3D 의복 레이어의 설정

8 패널의 Manual Wrap

DCS는 패널을 감싸기 위한 두 가지 방법을 제공한다. cylinder wrap(실린더 감싸기)과 manual wrap(자유형 감싸기)이다.

Cylinder wrap과 manual wrap 모두 감싸기는 감싸기 축에 대하여 수행된다. (패널에 표시된) 감싸기 축의 가시화는 Show > Wrapping Axis에서 켜고 끌 수 있다.

의복 레이어의 표면을 따라 이루어지는 감싸기(즉, 레이어 모드에서의 감싸기)를 cylinder wrap이라 부른다. Cyliner wrap은 이전 subsection에서 다루었다.

〈그림 6-12〉에서 보여주는 것처럼 필요한 경우 패널은 의복 레이어를 사용하지 않고도 감쌀 수 있다. Property Editor [Attribute]Manual Wrap에서 Enabled를 선택하면 manual wrap이 시작된다.(Disabled를 선택하면 패널은 평평한 상태로 되돌아간다.)

Cylinder wrap과는 달리 manual wrap에서는 감싸는 모양을 여러분이 임의로 컨트롤할 수 있다.

Attribute]Manual Wrap을 확장(+ 를 클릭)하면, 〈그림 6-12(a)〉에서 보여주는 것과 같은 사용자 인터페이스가 열린다. 이 manual wrap 코너에서 Top과 Bottom은 각각 위와 아래의 반지름을 나타내며, 같은 값일 필요는 없다(예: 스커트). Top과 Bottom 사이의 체크란을 체크[해제]하면, 위와 아래의 반지름이 함께 [독립적으로] 제어된다.

타원은 (원과는 달리) 긴 반지름과 짧은 반지름을 갖는다. 이들의 비율은 Ratio로 컨트롤한다.

DCS는 이 Ratio의 값이 위와 아래의 타원에서 같다고 가정한다.

감싸기 축의 방향은 다이얼을 회전시키거나 각도를 키보드로 입력해서 수정할 수 있다. 〈그림 6-12(b)〉는 다른 방향의 감싸기 축을 사용해서 얻은 결과를 보여 준다.(세 개의 패널은 감싸기 전에는 같은 모양이었다.)

긴 패널을 말 경우에는 〈그림 6-12(c)〉와 (d)에서 보여주는 것처럼 한 바퀴를 초과할 수 있다. 이 경우 한쪽 끝이 안쪽/바깥쪽으로 말릴지를 결정해줘야 하는데, 그것은 Snail에서 Toggle을 클릭함에 의해 이루어진다.

감싸기는 기본적으로 normal이 바깥을 향하도록 이루어진다. Reverse를 체크하면 반대 방향으로 (normal이 안쪽을 향하도록) 감싸지게 된다.

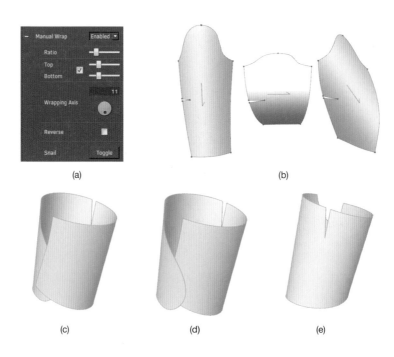

(a) (b) (c) (d) (e)

그림 6-12 패널의 manual wrap

⌐ LAB 3   Free 3D Positioning과 Manual Wrap

1   DC-EDU/chapter06/free3DManualWrap/free3DManualWrap.dcf를 연다.

2   〈그림 6-13(a)〉에서 보여주는 것처럼 3D 윈도에서 Translate와 Rotate 툴을 사용해 왼쪽 팔 위에 (최대한 가깝게) 왼쪽 슬리브를 배치한다.

3   그 슬리브 패널로 〈그림 6-13(b)〉에서 보여주는 것처럼 manual wrap을 실습해 본다.
   • Attribute] Manual Wrap에서 Enabled를 선택한다.
   • Manual Wrap 코너를 확장한다.
   • Top/Bottom의 체크란에 체크한 후 팔을 감싸도록 반지름을 조절한다.
   • 그 결과가 안전배치인지 확인한다.

4   오른쪽 슬리브에 대해 Step 2~3을 반복하고 Dynamic Play를 실행한다.
   • 이 프로젝트에는 솔기가 이미 생성되어 있다.

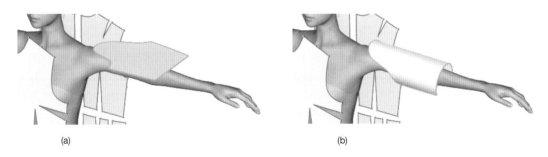

(a)   (b)

그림 6-13 패널의 free 3D positioning과 manual wrapping

9   복수 겹의 의복 레이어 사용하기

복수의 의복을 시뮬레이션할 경우, 여러 겹의 의복 레이어들을 사용할 수 있다. 이 경우 솔기 생성은 같은 의복 레이어에 있는 패널끼리만 가능하다. 그러므로 한 의복에 하나의 의복 레이어가 대응되도록 하는 것이 의복 레이어의 적절한 사용법이다. 바깥쪽 레이어가 안쪽 레이어를 완벽하게 둘러 싸도록 각 레이어의 실린더 반지름을 조절할 수 있다(LAB 2의 실린더 offset).

각 레이어는 고유의 색깔(레이어 색(layer color)이라 칭함)을 가질 수 있으며, 레이어 색은 변경 가능하다. 복수 겹의 의복 레이어의 사용법에 관한 자세한 내용은 Chapter 12에서 소개된다.

10 패널 모드

3D 윈도에서 패널은 다음 여섯 개 모드 중 하나로 디스플레이된다(Show 〉 Panel Mode 〉 *).

· **Wire frame 모드**: 패널을 메시로 보여 준다.
· **Default color 모드**: 패널을 기본 패널 색깔로 보여 준다.
· **Textile 모드**: 패널을 텍스타일을 적용해 보여 준다.
· **Layer color 모드**: 패널을 레이어 색으로 보여 주며 패널의 원래 색은 무시된다. 이 layer color 모드를 사용하면 복수의 의복을 시뮬레이션 할 때 의복들이 색으로 확연히 구별되기 때문에 편리하다.
· **Strain 모드**: Strain analysis(Chapter 7)를 보여 준다.
· **Distance 모드**: Distance analysis(Chapter 7)를 보여 준다.

11 Teleporting 패널^

Teleport(텔레포트)는 2D에서 아바타의 front/back 실루엣에 패널을 배치한 후에 수행한다. 이 메뉴를 수행하면 먼저 2D에서 3D로 동기화를 실행한 다음, 같은 메뉴 안에서 의복 레이어로 패널을 가져다 놓는다. 그러므로 이 기능은 2D 윈도에서 의복 레이어로 패널을 직접 teleport하는 것처럼 보인다.

┌─ LAB 4   Teleporting 패널^

1 아바타의 front/back 실루엣의 앞에 슬리브 패널을 배치한다.

2 Positioning side를 적절하게 설정하고 Sync 〉 Teleport Panels를 실습한다.

3 필요하다면 3D 윈도에서 실린더 표면을 따라 패널 배치를 조정한다.

12 요약 – 패널을 배치하기 위한 4가지 수단

요약하면, DCS는 패널 배치를 위한 다음 4가지의 수단을 제공한다.

Sync-Associated Positioning
· 동기화 규칙을 활용, 2D 윈도에서 패널의 동기화되는 위치를 제어한다.
· 3D에서 (즉, free 3D positioning을 사용해) 패널을 배치하기는 어렵다. Sync-associated positioning은 2D에서의 위치조작이 3D에서 하는 것보다 훨씬 쉽다는 사실에 착안한 패널배치 수단이다.

Free 3D Positioning
- 3D 윈도에서 자유롭게 패널을 배치할 수 있다.
- 사용자는 패널의 위치를 직접 조작하여 3D에서 패널을 배치할 수 있다.

Cylinder Assisted Positioning
- 의복 레이어를 활용해 패널을 배치할 수 있다.
- 의복 레이어는 실린더 표면을 따라 움직이도록 제한하는데, 패널의 안전배치를 쉽게 해 준다.
- Free 3D positioning 보다 이 수단을 사용하는 것을 추천한다. Free 3D positioning은 꼭 필요한 경우에만 사용한다.

Teleporting^
- 2D 윈도로부터 의복 레이어에 직접 패널을 동기화시켜 준다.
- 이 기능은 sync-associated positioning과 cylinder assisted positioning을 결합한 것이다.

13 패널 배치에 관한 최종 코멘트

숙련된 사용자는 패널 배치를 위해 앞의 4가지 수단을 다음과 같은 방법으로 사용한다. 2D 윈도에서 패널을 배치한 후, (1) teleporting을 수행한다. 그 결과가 만족스럽지 않다면 2D 윈도로 돌아가서 패널을 재배치한다. 그 다음, (2) teleporting을 다시 수행한다. 결과가 대체적으로 만족스럽다면, 이제 (3) 미세한 수정을 위해 cylinder assisted positioning을 수행한다.

솔기의 생성

1 솔기의 해부학

패널이 바디 주변의 적절한 위치에 배치되었다면, 이제 의복을 구성하기 위해 어떻게 그 패널들이 봉제돼야 하는지는 정해줄 수 있다. 〈그림 6-14〉에서 보여주는 것처럼 솔기선(seam line)을 따라 두 개의 패널을 봉제한 결과를 솔기 (seam)라 부르고 이때 봉제되는 두 개의 솔기선을 솔기선쌍(seam line couple)이라 칭한다. 솔기선쌍으로 형성되는 면(〈그림 6-14〉에서 주황색)을 솔기면(seam plane)이라 부른다.

DCS에서는 두 점들 간의 봉제도 가능한데, 그것을 점 봉제(point seam)라 한다.[1] 이 경우에 봉제된 두 개의 점을 솔기점쌍(seam point couple)이라 칭한다. 점과 선은 서로 봉제될 수 없다.

솔기를 생성하기 위해서는 해당되는 솔기선/점쌍을 지정해 주어야만 한다. DCS에서는 솔기선, 솔기점(seam point)으로 다음의 primitive(기본 요소)가 선택될 수 있다.

- 패널 외곽선 또는 그것의 일부
- 내부선 또는 그것의 일부
- 외곽점이나 내부점

선들을 봉제함에 있어서 솔기선쌍은 길이가 서로 같을 필요는 없다. 이 경우 솔기를 anisometric(다른 길이)이라 한다. 다른 길이의 솔기(anisometric seam)는 개더를 만들게 된다.

솔기의 시작과 끝은 각각 솔기 시작(seam start)과 솔기 끝(seam end)이라고 부른다. 노치(notch)는 DCS에서 자주 사용되지는 않는다.[2] 노치가 필요한 곳에 Line 〉 X Divide Line로 선을 나눠주어도 같은 효과를 가질 수 있다.

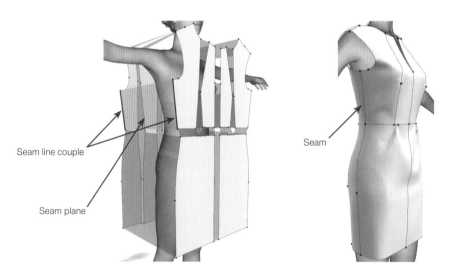

그림 6-14 솔기와 관련된 용어

---

1 두 선 사이에 생성된 솔기를 선 솔기(line seam)라 한다.
2 패널을 plot/cut 할 경우, 패널의 임의의 점을 노치로 지정할 수 있다. 이후 그 점은 노치로 plot/cut 된다.

2 Merging Seam vs. Attaching Seam

DCS는 두 가지 타입의 솔기를 제공한다. merging seam(병합형 솔기)과 attaching seam(접합형 솔기)이다. 〈그림 6-15(a)〉와 (c)는 두 직사각형 패널 사이에 merging seam과 attaching seam이 생성된 결과를 보여 준다. 두 타입의 솔기가 DCS상에서 어떤 시각적 차이가 있는지를 주지하기 바란다. Merging[attaching] seam의 가시화는 2D와 3D에서 Show 〉 Merging[Attaching] Seam으로 켜고 끌 수 있다. 솔기의 가시화는 2D 윈도와 3D 윈도에서 각각 제어할 수 있다.

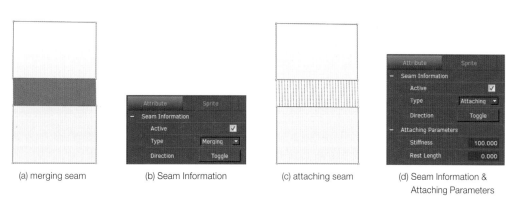

(a) merging seam   (b) Seam Information   (c) attaching seam   (d) Seam Information & Attaching Parameters

그림 6-15 Attaching seam vs. merging seam

Merging Seam

Merging seam을 (Seam 〉 Merging Seam으로) 생성하면 DCS는 내부적으로 두 패널의 메시를 그 경계선에서 하나의 메시로 병합해 준다. 〈그림 6-15(b)〉는 〈그림 6-15(a)〉의 merging seam이(솔기면을 클릭해서) 선택되었을 때의 Attribute] Seam Information 코너를 보여 준다. Active를 해제하면 솔기는 비활성화되고, 솔기는 시뮬레이션을 하는 동안 봉제되지 않는다. 솔기가 생성되면 솔기가 활성화 또는 비활성화되는지에 상관없이 솔기면은 보여진다.

Attaching Seam

Attaching seam을 (Seam 〉 Attaching Seam으로) 생성하면 DCS는 두 개의 패널을 따로 유지하되, 내부적으로 두 패널의 경계에 끊임없이 제약하는 힘을 가해 그 사이의 간격이 rest length(주어진 길이)가 되도록 한다. 〈그림 6-15(d)〉는 〈그림 6-15(c)〉에서 보여주는 attaching seam의 Attribute] Seam Information과 Attribute] Attaching Parameters 코너를 보여 준다. Attaching Parameters 코너에서 볼 수 있듯이 attaching seam에는 두 개의 속성 즉, Stiffness와 Rest Length가 있다. Stiffness는 간격조절의 강도를 지정한다. Stiffness가 100이고 rest length가 0인 경우, 그 결과는 merging seam과 거의 유사하다. 더 작은 stiffness를 사용하면 약간의 간격이 생길 수 있다.

비교

- Rest length가 0일 경우 위 두 솔기의 차이는 매우 미세하다. Attaching seam의 경우, 패널 사이에 약간의 간격이 있지만 사용자가 거의 인식할 수 없을 정도로 작다.
- 미세하지만 나란히 놓고 보면 merging seam과 attaching seam은 〈그림 6-16〉에서 보여주는 것처럼 다소 다른 결과를 나타낸다.
- 수평으로 난 솔기를 만들면 (즉, 위와 아래의 두 패널을 봉제할 경우), attaching seam은 merging seam보다 미묘하게 더 사실적인 결과를 생성할 수 있다.
- 그러나 수직으로 난 솔기를 만들면 (즉, 왼쪽과 오른쪽의 두 패널을 봉제한 경우) seam은 의도하지 않은 접힘(crease)을 만들어 낼 수 있다.

그림 6-16 Merging seam과 attaching seam의 시뮬레이션 결과

- Merging seam은 attaching seam이 가지고 있지 않은 기능을 가지고 있다. Merging seam은 두 개의 seam line 중 하나를 따라 crease angle(접힘각)을 설정하여 솔기를 따라 crease angle을 가질 수 있도록 할 수 있다. 반면, attaching seam은 crease angle을 지정할 수 없다.(즉, 접힘을 컨트롤할 수 없다.)

Merging Seam과 Attaching Seam은 언제 사용하는가?
〈그림 6-17(a)〉에서는 손목 밴드가 슬리브 경계선에서 둘레의 차이로 늘어난 것을 보여 준다. 이런 경우는 merging seam으로는 만들어낼 수 있다. 반대로 〈그림 6-17(b)〉에서처럼 그런 늘어남이 발생하지 않는 경우는 attaching seam 이 더 잘 만들어 낸다.

대부분의 경우에 merging seam을 사용하면 항상 좋은 결과를 준다. 그러므로 확실하지 않는 경우에는 merging seam을 사용한다. Merging seam을 사용하면, (1) 두 패널 솔기의 이음새가 매끄럽게 보이고, (2) 솔기를 따라 crease angle을 줄 수 있다.

Merging Seam과 Attaching Seam 간의 솔기 타입 변경
Attibute] Seam Information] Type에서 이미 봉제된 merging [attaching] seam 의 타입을 다른 타입으로 바꿀 수 있다.

(a)
(b)

그림 6-17 Merging seam과 attaching seam의 실제 예

3 솔기의 생성 및 삭제

솔기는 2D 윈도와 3D 윈도에서 Seam 〉 Create Merging[Attaching] Seam으로 생성할 수 있다; Seam line couple 을 선택하고 Enter 키를 누른다. 가끔 DCS는 〈그림 6-18(a)〉에서 보는 것처럼 교차 솔기(crossing seam)를 생성한다. Attribute] Seam Information] Direction에서 정상/교차 솔기를 토글할 수 있다. 완료된[선택된] 솔기는 솔기면을 회색 [주황색]으로 보여준다. 솔기는 아직 3D로 동기화되지 않은 패널 간에는 생성될 수 없다. 솔기를 삭제하기 위해서는 삭제 하려는 솔기의 솔기면을 선택하고 Delete 키를 누른다. 두 개의 솔기선 중 하나를 선택하고 contextual 메뉴에서 Delete Connected Merging/Attaching Seam을 선택해도 솔기를 삭제할 수 있다. 모든 솔기를 지우려면 먼저 Select 〉 Select All Merging/Attaching Seams 한 후 삭제한다.

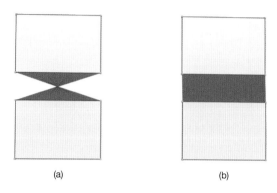

(a)　　　　　　　　　(b)

그림 6-18 솔기의 생성 (a) 교차 솔기 (b) 정상 솔기

⌐□ LAB 5 　교차 솔기 수정하기

1 DC-EDU/chapter06/crossingSeam/crossingSeam.dcf를 연다.

2 Static Play;
   · 당혹스러운 결과를 얻게 되는데 그것은 교차 솔기 때문이다.
   · Reset; 〈그림 6-19〉에서 보여주는 것처럼 교차 솔기가 있다.

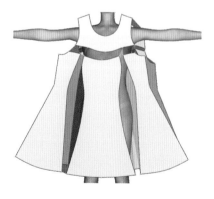

3 이것을 고치는 데는 몇 가지 방법이 있다.
   · **방법 1**: 솔기를 선택한 다음 Attribute] Seam Information] Direction에서 솔기 방향을 토글한다.
   · **방법 2**: 솔기를 삭제하고 다시 생성한다.

그림 6-19 교차 솔기

4 다중 봉제

DCS에서는 다중 봉제(multi-seam) 즉, 일련의 선을 다른 일련의 선과 봉제하는 기능이 있다. 다중 봉제는 Seam 〉 Create Merging[Attaching] Multi Seam으로 생성될 수 있다. 첫 번째 패널(예를 들어, 〈그림 6-20〉에서 위 패널)의 한 쪽 끝에서 다른 쪽까지 일련의 선을 선택한 다음 (선택의 순서가 뒤섞여서는 안 된다.), Enter를 누른다. 〈그림 6-20(b)〉에서는 왼쪽에서 오른쪽으로 선택하였다. 다른 패널에서도 (〈그림 6-20〉에서 아래 패널) 〈그림 6-20(c)〉~(e)에서 보여주는 것처럼 순서대로 선택하고 Enter를 누른다. 두 선에서의 선택 순서는 동일한 방향으로 진행해야 한다는 것을 명심한다. 다중 봉제의 방향은 contextual input에서 토글될 수 있다.

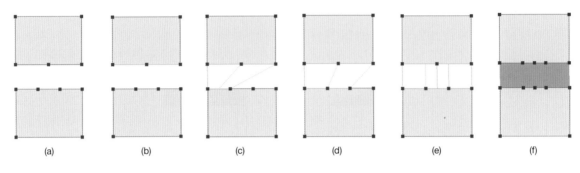

| (a) | (b) | (c) | (d) | (e) | (f) |

그림 6-20 다중 봉제

LAB 6   다중 봉제하기

1   DC-EDU/chapter06/multiSeam/multiSeam.dcf를 열고 Dynamic Play를 실행한다.
  • Front에서 위와 아래 패널 사이에 봉제가 되어 있지 않다.

2   Front에서 다중 봉제를 한다.
  • Seam 〉 Create Merging Multi Seam을 사용한다.(이 메뉴는 2D 와 3D 에서 모두 선택할 수 있다.)
  • 위 패널의 아래쪽 가장자리를 따라 왼쪽에서 오른쪽으로 선들을 (Shift를 누르지 않고) 선택한 다음 Enter를 누른다. 아래 패널의 위쪽 가장자리에서 위의 과정을 반복한 다음 Enter를 누른다.

3   Cache 〉 Clear Cache; Dynamic Play;
  • 〈그림 6-21(b)〉에서 보여주는 것처럼 다중 봉제가 되는 선은 솔기 생성을 위해 자동으로 세분된다.

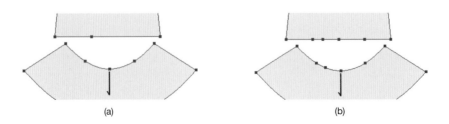

| (a) | (b) |

그림 6-21 다중 봉제하기 (a) 전, (b) 후의 선 분할

5 Pocket/Patch Seam의 생성

〈그림 6-22(b)〉에서 보여주는 것처럼 포켓이나 패치(patch)를 부착하는 경우를 생각해보자. 포켓/패치를 이루는 패널이 주어진 경우 다음의 두 작업을 해주면 될 것이다: (1) 포켓/패치의 외곽선을 복사해 보디스 패널에 내부선을 만들고, (2) 필요한 솔기를 생성한다. 그러나 DCS는 이 작업을 더 편리하게 할 수 있는 방법을 제공한다. 다음 LAB에서 두 메뉴 즉, Create Pocket Seam과 Create Patch Seam을 실습해 본다.

LAB 7 Pocket/Patch Seam 생성하기

1 DC-EDU/chapter06/pocketPatchSeam/pocketPatchSeam.dcf를 연 다음 Static Play를 실행한다.

2 Reset; 오른쪽 포켓을 다음의 과정으로 생성한다.
  • 2D window 》 Seam 〉 Create Pocket Seam;
  • 봉제될 포켓 패널에서 선을 선택한다.
  • 이 포켓 패널을 부착할 host 패널(즉, 이 LAB에서 top front 패널)을 선택한다.
  • 포켓 패널을 드래그해 원하는 위치에 놓는다. 포켓 패널은 host 패널의 (확실히) 내부에 배치되어야 한다. 포켓 패널이 host 패널의 외곽선에 닿으면 pocket seam의 생성은 이루어지지 않는다. 3D 윈도를 보면 포켓이 봉제되었다. DCS는 host 패널에 이 솔기의 생성을 위해 필요한 내부선을 자동으로 생성한다.

3 Step 2와 비슷한 방법으로 왼쪽 포켓을 생성한다. 그러나 이번에는 포켓의 위치를 설정할 때 미리 표시된 host 패널의 내부점을 스냅한다(그림 6-22(a)).

4 패치를 생성한다.
  • 2D window 》 Seam 〉 Create Patch Seam;
  • 패치 패널을 선택한 다음 host 패널을 선택한다.
  • 드래그하여 미리 표시된 내부점에 스냅시켜 패치의 위치를 설정한다.
  • Clear Cache; Dynamic Play

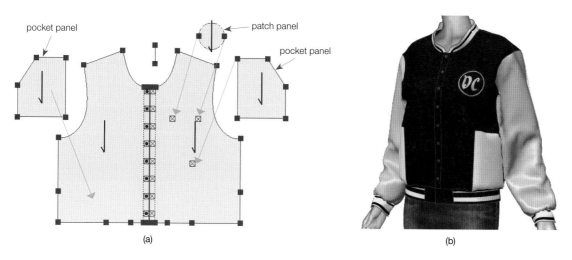

(a)   (b)

그림 6-22 Create Pocket/Patch Seam의 사용

SECTION 6
내부점과 내부선의 3D-Activation

2D 윈도에서 생성된 내부점과 내부선은 경우에 따라 3D-activate(3D 활성화) 될 필요가 있거나 없을 수 있다.

예를 들어, 〈그림 6-23(a)〉에서 보는 것처럼 보디스 패널에 포함된 내부선은 드레이핑 시뮬레이션에서 특별한 역할을 하지 않는다. 그러므로 이 내부선은 3D 시뮬레이션에서 패널을 삼각화(triangulation) 하는 데 활성화될 필요가 없다. 선택된 내부선에 대한 활성화 비활성화 옵션은 〈그림 6-24〉에서 보여주는 것처럼 Attribute] Triangulation] 3D Activate에서 설정한다. 비활성화될 경우 결과적으로 〈그림 6-23(b)〉에서 보는 것처럼 삼각화는 그 내부선에 영향을 받지 않는다.

그러나 예를 들어, 〈그림 6-23(a)〉의 세 내부점이 button point를 나타낸다면 이러한 상황을 DCS에 전달해서 〈그림 6-23(b)〉에서 보여주는 것처럼 내부점이 메시 꼭지점이 되는 삼각화가 이루어지도록 해야 한다. 이 경우 내부점은 3D-activate 되었다고 말한다.

내부선을 (다른 외곽선 또는 내부선과) 봉제할 경우, 그 내부선은 먼저 3D-activate가 되어야 한다. 솔기가 생성된 후에는, 그 내부선의 3D-activation을 임의로 비활성화할 수 없다.(꼭 비활성화해야 하는 경우에는, 먼저 솔기를 지운 다음 비활성화할 수 있다.)

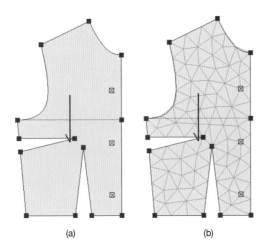

(a)   (b)

그림 6-23 패널의 삼각화에서 내부선은 활성화되지 않고 내부점은 활성화된 경우

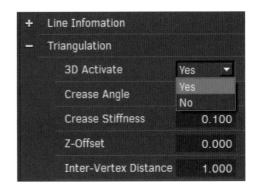

그림 6-24 3D-activation은 attribute editor의 Triagulation 코너에서 입력함

SECTION 7
고급 요소의 구성

구성하기 좀 어려운 몇 가지 요소들이 있다. 본 SECTION에서는 그런 두 가지 예로서 팬츠와 랩 스커트의 구성을 실습한다. 이들의 구성에 들어가는 모든 프로세스를 하나하나 기술하는 것은 너무 장황할 수 있다. 그러므로 이 책은 간략한 설명만 하고 자세한 내용은 이 책 홈페이지(www.dc-books.org/IntroductionToDigitalClothing/VideoTutorials)의 데모 동영상을 참조하기 바란다.

LAB 8   실린더를 활용한 팬츠 구성하기

■ 〈그림 6-25(b)〉에서 보여주는 것처럼 팬츠를 생성한다.

1   DC-EDU/chapter06/cylinderAssistedPants에서 프로젝트를 연다.

2   〈그림 6-25(a)〉에서 보여주는 것처럼 cylinder wrap을 사용한다. 3D layer setting dialog에서 pants와 waist를 제외한 다른 실린더는 끈다. 실린더가 너무 좁다면[넓다면], 실린더의 offset을 늘린다[줄인다].

3   실린더를 사용하여 패널을 배치한다.
   • 필요하면 Translate와 Rotate 툴을 사용한다.

4   배치가 완료되면 솔기를 생성한다.

■ 위 팬츠의 구성과정을 보여주는 데모 동영상은 책 홈페이지의 VideoTutorials/chapter06/cylinderAssistedPants에서 볼 수 있다.

(a)

(b)

그림 6-25 팬츠의 구성

LAB 9 랩 스커트 구성하기

■ 〈그림 6-26〉(e)~(f) 에서 보여주는 것과 같은 랩 스커트를 생성한다.

1 DC-EDU/chapter06/wrapSkirt 에서 프로젝트를 연다.

2 Manual wrap (Translate 와 Rotate 툴도 함께) 을 사용하여 〈그림 6-26〉(a)~(d) 처럼 스커트 패널을 배치한다.
  • Manual wrap에서 감싸기 축 방향을 조정하고 Top과 Bottom에 서로 다른 반지름을 적절히 준다.
  • 밖으로 나오는 쪽을 제어하기 위해 Snail 을 토글해야 할 수도 있다.

3 배치하기가 완료되면 솔기를 생성한다.

■ 위 스커트의 구성과정을 보여주는 데모 동영상은 책 홈페이지의 VideoTutorials/chapter06/wrapSkirt 에서 볼 수 있다.

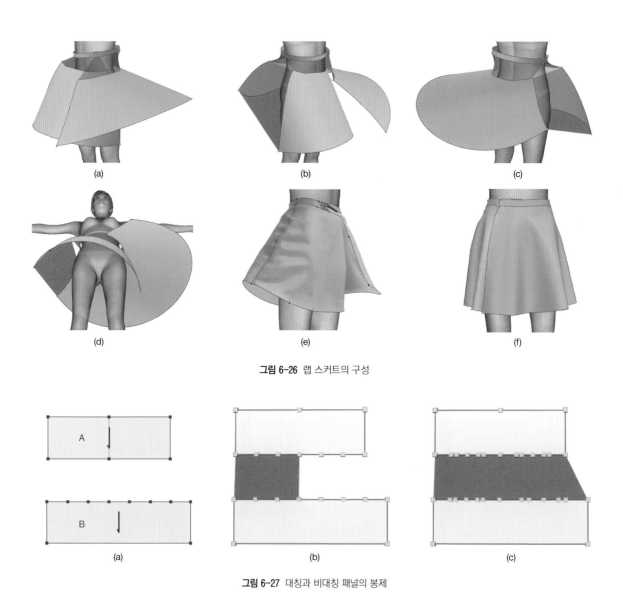

그림 6-26 랩 스커트의 구성

그림 6-27 대칭과 비대칭 패널의 봉제

SECTION 8
대칭 패널 다루기

대칭 패널에서 한쪽 모양을 수정하거나 선을 나누면 그 내용이 자동으로 다른 쪽에도 반복되는데 그것을 symmetric commitment 이라 부른다(Chapter 4 LAB 23).

Symmetric commitment는 솔기 생성의 경우에는 적용되지 않는다. 대칭 패널을 위한 솔기는 펼쳐져 있는 상태에서 생성되어야 하며 패널의 양쪽에 솔기를 모두 직접 생성해야 한다. 대칭 패널에서 다중 봉제를 수행할 경우, 그 다중 솔기는 대칭축을 가로지를 수 없다. 다중 봉제가 한쪽에서 수행될 때 다른 쪽 선은 대칭을 유지하기 위해 자동으로 나눠지게 된다. 그런 상태에서 남아 있는 쪽도 다중 봉제될 수 있다. 두 번째 다중 봉제는 선의 추가적 분할을 야기할 수 있다. 이 추가 분할은 자동으로 다른 쪽에도 반영된다.

LAB 10   대칭 패널과 비대칭 패널의 봉제

1   DC-EDU/chapter06/seamingSymmericAsymmetric 에서 프로젝트를 연다.
   • 위쪽 [아래쪽] 패널을 A [B] 라 부르기로 하는데 대칭 [비대칭] 이다.
   • A [B] 의 아래쪽 [위쪽] 가장자리는 〈그림 6-27 (a)〉에서 보는 것처럼 두 개 [일곱 개] 로나뉘어져 있다.

2   A 의 아래-왼쪽 절반 (단일 조각) 과 B의 위-왼쪽 세 조각 사이를 Merging Multi Seam 한다.
   • 그 결과를 〈그림 6-27 (b)〉에서 보여주었다. A 의 아래-왼쪽 절반은 다중 솔기를 생성하는 과정에서 세 조각으로 분할되었다. A 가 대칭이기 때문에 이 분할은 오른쪽에도 자동으로 적용되었다.

3   A 의 아래-오른쪽 절반과 B 의 위에 남아 있는 네 조각을 Merging Multi Seam 한다.
   • 그 결과를 〈그림 6-27 (c)〉에서 보여주었다. 다중 봉제는 A 의 아래-오른쪽 절반을 세분화하고 그 세분화는 대칭으로 왼쪽에 적용되는데 이것은 다시 B 의 위-왼쪽을 세분화시킨다. 세분화와 솔기 생성은 자동으로 처리되지만, (1) 나눠진 조각의 개수가 부지불식간에 증가할 수 있고, (2) 그 과정에서 매우 짧은 조각이 생성될 수 있다.

Starting Arm Pose 제어하기

지금까지 이 책은 T-포즈에서 구성된 의복만 보여 주었다. 그러나 T-포즈에서 구성될 수 없는 의복도 있다. 〈그림 6-28(b)〉에서 보여주는 예는 A-포즈로 구성되어야 한다. Starting arm pose는 Avatar 〉 Avatar Editor] Motion] Starting Arm Pose에서 제어될 수 있다(그림 6-28(c)). 두 팔의 시작 포즈를 서로 다르게 정할 수도 있다(예: 왼쪽 팔은 A, 오른쪽 팔은 V). 다음 LAB에서는 〈그림 6-28(a)〉~(b)에서 보여준 의복의 구성을 실습한다.

여러분의 참고를 위해 이 책에서는 좀 더 어려운 예제인 DC-EDU/chapter13/coatManANS/coatManANS.dcp를 DC-EDU에 넣어 두었다. 이 의복도 A-포즈에서 구성된다. 이 시점에서는 이 프로젝트를 그냥 열어서 한 번 살펴 보기만 하고, 이것의 실제 구성은 Chapter 13까지 끝낸 이후에 해보도록 한다.

LAB 11   A-포즈에서 의복 구성하기

1   DC-EDU/chapter06/A-PoseANS/A-PoseANS.dcp의 프로젝트를 연다.

2   Avatar 〉 Avatar Editor] Motion] Starting Arm Pose에서 왼쪽과 오른쪽 팔을 모두 A-pose로 선택한다.

3   2D 윈도에서 A-포즈의 아바타 실루엣을 참조하여 패널을 배치한다.

4   3D로 패널을 동기화한 후, 〈그림 6-28(a)〉에서처럼 패널을 배치한다.

5   Dynamic Play;

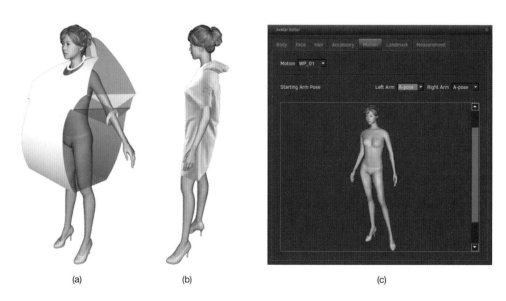

(a)   (b)   (c)

그림 6-28 A-포즈에서 구성되는 의복의 예

CHAPTER 7

의복의 시뮬레이션

SECTION 1
개괄

의복의 구성(패널을 배치하고 패널 간에 솔기를 생성하기)이 완료되었다면, 이제 3D 윈도우에서 그 드레이핑을 볼 수 있다. 드레이핑을 담당하는 모듈을 시뮬레이터(simulator)라 부른다.

시뮬레이션을 위해 DCS는 내부적으로 패널을 〈그림 7-1〉에서 처럼 메시(mesh)로 삼각화(triangulation)한다. 시뮬레이터는 뉴턴 역학에 기초해 미분방정식을 세우고, 매 시간간격(time step size) Δt마다 모든 메시 꼭지점(mesh vertex)의 위치를 계산한다.

극소의 Δt와 Δx에서 성립하는 이 미분방정식으로부터 유한한 Δt와 Δx에 기초한 메시 꼭지점의 위치를 알아내려면, 이 미분방정식을 수치적으로 풀어야 하기 때문에 불가피하게 결과에 약간의 오차를 포함하게 된다. 오차는 더 작은 Δt와 성긴 삼각화를 사용함으로써 줄일 수 있지만, 오차를 줄이려다 보면 일반적으로 연산량이 늘어나게 된다. 특히 삼각화의 해상도가 높으면 시뮬레이션의 속도가 현저하게 느려질 수 있음을 주지하기 바란다. 그러므로 여러분의 현재 목적에 적절한 시간 간격과 메시 조밀도(mesh resolution)를 설정해 줄 필요가 있다.

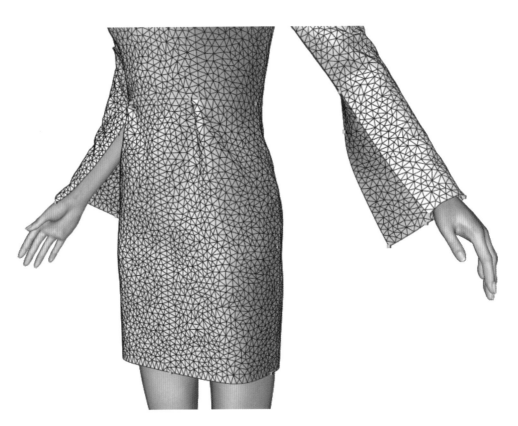

그림 7-1 시뮬레이션을 위해 내부적으로 사용하는 삼각 메시

SECTION 2

시간축

의복 구성이 완료되면, 사용자는 3D 아이콘 바에서 Dynamic Play 아이콘을 클릭하여 시뮬레이션을 시작한다.

〈그림 7-2〉에서 보여주는 것처럼 시뮬레이션이 진행됨에 따라, 현재 프레임이 3D 윈도 아래에 있는 시간축(time axis) 을 따라 움직이는 것을 볼 수 있다. 시간축의 디스플레이는 Show 〉Time Axis에서 켜고 끌 수 있다.

Pause와 Dynamic Play 아이콘을 클릭함으로써 각각 시뮬레이션을 일시정지하거나 다시 시작할 수 있다.

Reset 아이콘을 클릭하면, 시뮬레이션은 home position(FPPP/BPPP나 의복 레이어에 모든 패널들이 배치되는 처 음 프레임)으로 리셋된다.

시간축을 따라 보이는 숫자들은 프레임 넘버를 표시하고 있다. Home position의 프레임 넘버는 0이다. 마지막 프레임 넘버는 시뮬레이션에서 사용하고 있는 현재 모션에 따라 달라진다. 〈그림 7-2〉에서 마지막 프레임의 프레임 넘버는 198 이다.

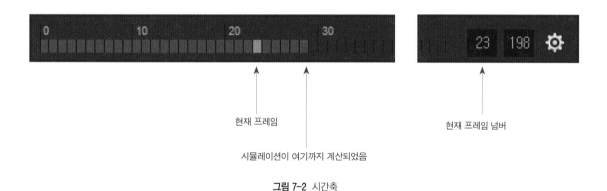

현재 프레임

시뮬레이션이 여기까지 계산되었음

현재 프레임 넘버

그림 7-2 시간축

정적 vs. 동적 시뮬레이션

드레이핑 시뮬레이션은 시뮬레이션하는 동안 아바타가 안 움직이는지 움직이는지에 따라 두 가지 모드 즉, 정적(static)과 동적(dynamic) 모드로 수행될 수 있다(그림 7-3).

정적 시뮬레이션(static simulation)은 (3D 아이콘 바에서) Static Play 아이콘을 클릭하면 시작된다.

- 정적 시뮬레이션은 아바타가 멈춘 정적 포즈에서 의복의 정적평형을 계산해 준다. 정적 시뮬레이션은 시간이 정지된 상태에서 현재 프레임의 드레이프를 계산한다; 즉, 그 프레임의 현재 드레이프에서 시작해 정적평형 상태가 되도록 그 드레이프를 계속 수정해 준다.
- 정적 시뮬레이션 동안 아바타는 현재 포즈에 멈춰 있으며, (다른 메뉴를 시작함으로써) 시뮬레이션이 중단될 때까지 메시 꼭지점을 계속 업데이트한다. 그 결과로 얻는 드레이프를 정적평형(static equilibrium)이라 부른다. 마지막 드레이프만 정적 드레이핑의 결과로 사용된다. 중간 과정에서의 드레이프는 보여지기는 하나 결국 사용되지 않는다.

동적 시뮬레이션(dynamic simulation)은 Dynamic Play 아이콘을 클릭하면 시작된다.

- 동적 시뮬레이션은 시간이 흐름에 따른 드레이핑을 계산한다.
- 동적 시뮬레이션 동안 아바타는 (워킹 등의) 모션을 취하고, 시뮬레이터는 그 모션에 대해서 의복의 드레이핑을 계산한다.
- 사용할 포즈/워킹은 3D window ≫ Avatar 〉 Avatar Editor에서 선택할 수 있다.

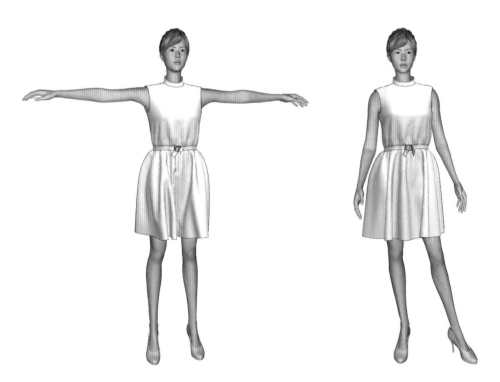

그림 7-3 정적 vs. 동적 시뮬레이션

SECTION 4
캐시 다루기

1 캐시란?

이미 완료된 시뮬레이션의 결과를 물리적으로 재계산하지 않고 재생할 수 있도록 DCS는 드레이핑 시뮬레이션의 결과를 내부적으로 캐시(cache)에 저장한다.

만약 바디, 모션, 의복구성에 변화가 있을 경우 이전에 저장된 캐시를 재생하면 잘못된 결과를 보게 된다.

• 위의 경우 캐시를 지우고(Cache 〉 Clear Cache), 드레이핑을 다시 계산해야 한다(Dynamic Play).

• 텍스타일이나 쉐이더의 수정은 드레이핑에 영향을 미치지 않으므로, 수정된 후에도 저장된 캐시를 재생하는 것이 유효하다.

LAB 1 Cache Play

■ 동적 시뮬레이션을 캐시에 저장한 다음 그것의 cache play를 실행한다.

1 DC-EDU/chapter07/simulation/simulation.dcp를 연다.

2 Cache 〉 Clear Cache; Cache 〉 Enable Cache;

3 Dynamic Play;

4 Reset;

5 Cache Play;

2 Dynamic/Static Play 결과의 캐시 저장

캐시의 가장 일반적인 사용법은 (1) Enable Cache 하고, (2) Dynamic Play를 수행한 다음, (3) 그 결과를 Cache Play 하는 것이다. (Enable Cache 메뉴에 의해) 캐시가 활성화된 상태를 caching mode라 한다.

캐시는 프로젝트 폴더에 저장된다.

• 위의 Step(2)에서 생성된 캐시는 Clear Cache를 수행해서 지울 때까지 프로젝트 폴더의 하위폴더인 "cache"에 저장된다.[1] Caching mode에서는 동적 시뮬레이션뿐만 아니라 정적 시뮬레이션도 실행할 수 있다.

---

[1] 이번 기회에 특정 프로젝트의 폴더 구조를 한 번 주의 깊게 살펴볼 것을 권장한다.

- i가 현재 프레임의 frame number라 가정하자.(따라서 i = 0 이거나, i ≠ 0 이면 현 프레임은 동적 시뮬레이션에 의해 계산되었다.)
- 현재 프레임에서 정적 시뮬레이션을 실행하면, 그 프레임의 현재 드레이프에서 시작해 사용자에 의해 정지될 때까지 정적평형을 계속 계산할 것이다.
- 정적 시뮬레이션 후 Cache 〉 Replace Cache를 수행하면, 새로운 정적평형으로 이 프레임의 이전 캐시 내용을 대체해 준다. 정적 시뮬레이션 후 Replace Cache를 수행하지 않으면 새 정적평형은 이전 캐시 내용을 대체하지 않는다. 대신 새 정적평형은 다음 프레임(즉, frame i+1)을 계산할 때 초기 조건으로 사용된다.
- Caching mode 하에서의 정적 시뮬레이션 사용은 동적 시뮬레이션이 문제에 처했을 때 그 문제의 해결을 위해 사용될 수 있다. 이 경우, (1) 문제가 발생한 프레임으로 이동해, (2) 메시 꼭지점에 Translate/Rotate 툴 또는 Drag Vertex 메뉴를 적용해 메시를 변경한 후, (3) 정적 시뮬레이션을 수행해 상황이 호전되면, (4) 정적 시뮬레이션의 끝에서 동적 시뮬레이션을 다시 시작한다. Step (4)를 수행함에 있어 두 가지 옵션이 있다.

  1. Replace Cache 없이 Dynamic Play 하기
  2. Replace Cache 한 다음 Dynamic Play 하기

- 위의 두 가지 옵션은 결과에 있어 미묘한 차이가 있다. "Replace Cache 한 다음 Dynamic Play 하기" 옵션을 사용할 경우, i 프레임에서 움직임이 불연속일 수 있다.

어떤 경우에는, (동적 시뮬레이션 없이) 정적 시뮬레이션만 수행하기를 원할 수 있다.

- 사용자가 동기화된 의복 구성 기능을 사용해 의복을 수정할 때(Chapter 8), 아바타를 고정한 상태에서 하면 수정을 적용하기 전과 후가 대비되기 때문에 더 효과적이다.
- 정적 시뮬레이션의 전 과정(즉, 정적평형에 이르는 모든 중간 드레이프)을 파일로 기록할 수 있다.(이 기능은 아직 구현되지 않았다.)
- 정적 시뮬레이션은 중지할 때까지 계속 실행된다. 컴퓨터 시스템에 문제를 일으킬 수 있기 때문에 DCS는 시뮬레이션 속성인 Max Static Simulation Frames을 초과하면 정적 시뮬레이션은 중지된다.

3   요약 – DCS 캐시 메뉴(3D Window 》 Cache 〉 *)

- **Enable Cache(토글)**: Caching mode를 시작/정지한다.
- **Cache Play**: 현재 캐시 내용을 재생한다.
- **Clear Cache**: 전체 캐시를 지운다.
- **Truncate Cache**: Clear Cache와는 달리 이 메뉴는 캐시를 부분적으로 지운다. 현재 프레임에서 끝 프레임까지를 지운다.
- **Replace Cache**: 정적 시뮬레이션이든 꼭지점 조작이든 현 3D 윈도의 내용으로 현재 프레임의 캐시를 덮어 쓴다.

SECTION 5
삼각화 간격의 조절

1 메시점 간격의 설정

〈그림 7-1〉에서 보는 것처럼 시뮬레이션을 위해 DCS는 내부적으로 각 패널을 삼각 메시로 삼각화를 한다. 더 조밀한 삼각화는 더 정확한 드레이프를 만들어 낼 수 있지만, 시뮬레이션의 속도 저하를 가져온다.

삼각화의 해상도는 메시점 간격을 설정함으로써 조절된다. 메시점 간격(inter-vertex distance, IVD)이란 인접한 꼭지점 사이의 평균 거리이다.

다음 두 가지 방법으로 IVD를 설정할 수 있다.

- **기본값 수정**: Project setting dialog에서 IVD의 기본값을 설정할 수 있다. 이 기본값은 프로젝트 전체에 적용된다. 〈그림 7-4(a)〉와 (b)는 IVD가 각각 1.0 과 3.0 일 때이다.[2]
- **직접 수정**: 선택된 패널에 대해 Attribute] Triangulation] Inter-Vertex Distance에서 IVD를 설정할 수 있다. 〈그림 7-4(b)〉는 오른쪽 패널 R의 IVD가 원래 1.0이었는데 3.0 으로 설정된 상황을 보여 준다. IVD가 1.0인 왼쪽 패널 L의 삼각화는 솔기선을 따라 R의 새로운 해상도와 일치하도록 조정되어 있다. 이 업데이트는 즉각적으로 영향을 미치기 때문에 직접 수정이라 부른다. 드레이핑 품질은 삼각화 해상도에 민감하기 때문에 다음을 권장한다.

1. 개별 패널보다는 전체 의복에 직접 수정을 적용하는 것이 좋다.
2. 여러분이 시뮬레이션의 정확도를 의미 있는 수준으로 유지하길 원한다면 메시점 간격은 1.0보다 크지 않아야 한다. 이 책은 IVD 수정이 인접한 패널의 삼각화에 미치는 영향을 설명하기 위해 〈그림 7-4(c)〉에서 과장된 경우(IVD = 3.0)를 보여 주었다.

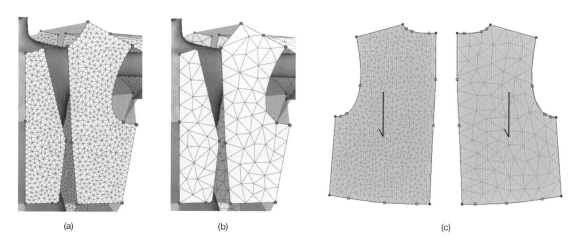

(a) (b) (c)

그림 7-4 IVD 업데이트. (a) IVD = 1, (b) IVD = 3, (c) 서로 다른 IVD 가 이웃한 경우

---

2 기본값 설정은 바로 적용되지 않는다. 수정된 IVD 기본값은 이후에 생성되는 패널에만 영향을 미치고 기존의 패널에는 영향을 미치지 않는다. (삼각화가 패널이 생성될 때 이루어지기 때문이다.)

LAB 2 Triangulation Resolution 제어하기

1 DC-EDU/chapter07/simulation/simulation.dcp를 연 다음, Static Play를 실행한다.

2 Pause; 3D window 》 Show 〉 Triangulation.

3 Project setting dialog에서 현재 기본 IVD 값을 살펴 본다.

4 Attribute] Triangulation 에서 현재 IVD 값을 살펴 본다.

5 Select 〉 Select All Panels;

6 더 정확한 시뮬레이션을 위해 Attribute] Triangulation에서 IVD를 0.5로 설정한다.

7 Static Play; 시뮬레이션 속도가 Step 1보다 많이 느려진다. 속도가 두 배로 줄어드는 것이 아니라 4~10배로 줄어든다. 영화 품질의 시뮬레이션을 원할 경우 IVD = 0.5(혹은 더 작은 값)를 권장한다. 시뮬레이션 품질 제어에 대한 자세한 내용은 SECTION 12를 참조한다.

■ 〈그림 7-5〉는 각각 IVD = 1.0와 IVD = 0.5로 만들어진 결과를 비교한 것이다.

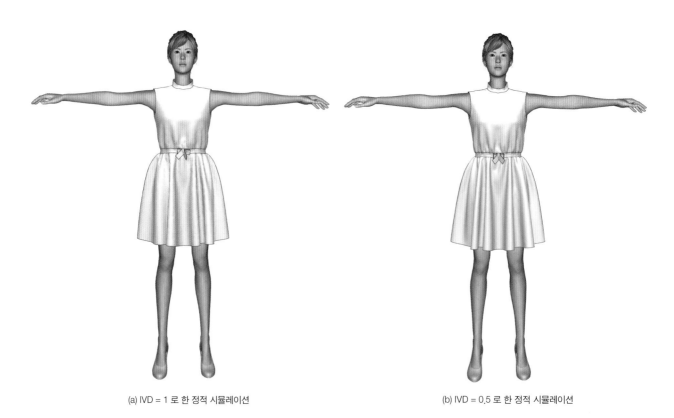

(a) IVD = 1 로 한 정적 시뮬레이션   (b) IVD = 0.5 로 한 정적 시뮬레이션

그림 7-5 IVD 값에 따른 정적 드레이핑의 결과 비교

2 선을 따라 IVD 제어하기

주어진 IVD로 삼각화를 실행하면 〈그림 7-6(a)〉와 (b)에서 보는 것처럼 외곽선을 제대로 채우지 못하는 결과를 만들어낼 수 있다. 이를 triangulation deficiency(삼각화 결손)라 부른다. 선을 따라 IVD를 조절함으로써 이 문제는 해결될 수 있다(그림 7-6(c)와 (d)).

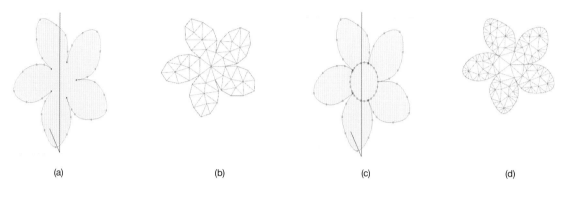

(a)   (b)   (c)   (d)

그림 7-6 Triangulation deficiency

┌┘ LAB 3 Triangulation Deficiency 문제 해결하기

1 DC-EDU/chapter07/triangulationDeficiency/triangulationDeficiency.dcp를 연다.

2 Show 〉 Triangulation;
   • 2D 윈도에서 포켓 패널을 확대하면 trianulation deficiency를 볼 수 있다. Deficiency는 3D에서도 확인할 수 있다.

3 Triangulation deficiency가 발생한 외곽선을 선택한다.
   • 〈그림 7-7〉에서처럼 4개의 모서리를 모두 선택한다.

4 Attribute] Triangulation] Inter-Vertex Distance에서 선의 IVD를 0.3으로 낮춰 준다.

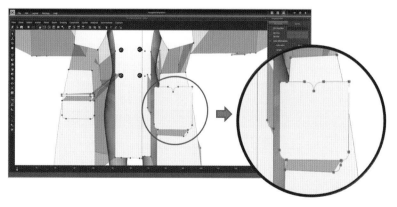

그림 7-7 포켓 패널에 생긴 triangulation deficiency

SECTION 6
동영상 녹화하기

LAB 4 시뮬레이션을 동영상으로 녹화하기

■ 캐시에 저장된 시뮬레이션은 다음과 같이 동영상 파일로 저장할 수 있다.

1 DC-EDU/chapter07/simulation/simulation.dcp를 연다.

2 시뮬레이션이 완료되지 않았다면 cache mode에서 Dynamic Play를 수행한다.
   • 실습을 위해 IVD = 2로 한다.

3 Cache 〉 Export Cache to Video;

4 Video export setting dialog(그림 7-8)가 열린다.
   • Start와 End 프레임을 입력한다.
   • Background, shadow를 포함할 것인지를 결정한다.

5 Capture를 클릭한 다음 동영상의 폴더명과 파일명을 입력한다.

6 동영상 저장이 완료될 때까지 기다린다.

7 시뮬레이션 녹화가 성공적으로 이루어졌는지를 Step 5에서 저장한 폴더에서 확인한다.

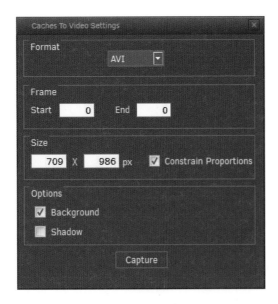

그림 7-8 Video export setting dialog

LAB 5   카메라 모션 제어하기

■ DCS에서 의복의 드레이핑 계산과 카메라 모션의 제어는 별개로 이루어진다. 대개의 경우 카메라 모션의 제어는 드레이핑 시뮬레이션이 완료된 후에 이루어진다.

1 (시뮬레이션이 완료된) 이전의 LAB에서 계속한다.

2 시간축에서 현재 프레임(즉, 작은 노란색 바)을 시간축을 따라 드래그해 본다.

3 0프레임으로 이동한 다음, 뷰를 조정한다.

4 현재 프레임에 커서를 놓고 RMB(오른쪽 마우스)를 클릭하면 key frame control 메뉴(그림 7-9)가 보인다.

5 Set Key Frame을 선택하여 현재 프레임을 키 프레임(key frame)으로 설정한다.(짧은 빨간색 수직선을 현재 프레임의 아래쪽에 그려줌으로써 키 프레임으로 설정됐음을 표시해 준다.)

6 30프레임 근처로 이동하여 뷰를 조정한다. Step 4~5처럼 Set Key Frame을 선택한다. 현재 프레임을 또 하나의 키 프레임으로 설정한다.

7 마지막 프레임으로 이동한 다음, 뷰를 조정한다. Set Key Frame을 선택하여 현재 프레임을 또 하나의 키 프레임으로 설정한다.

8 3D 윈도의 아래-오른쪽 코너에서 edit 아이콘 ⚙을 클릭한다. 〈그림 7-10〉에서 보는 것처럼 time axis setting dialogue가 나타난다.

9 Enable Key Frame Animation을 체크해 준다. 이것을 선택하면 처음 프레임에서 마지막 프레임까지 진행하는 동안 위에서 설정한 카메라 뷰들을 보간(interpolation)해 준다. 세 가지 옵션 Linear, Curved, Stable Distance는 다음과 같이 작동한다.
    • Linear: 두 개의 이웃한 키 프레임을 선형으로 보관해 준다.
    • Curved^: 키 프레임들을 매끄러운 곡선형으로 보관해 준다.
    • Stable Distance^: 카메라를 아바타가 진행하는 대로 움직여 주어 카메라에서 아바타까지의 거리를 일정하게 유지해 준다.

10 Cache Play 하면 카메라 모션은 위에서 설정된 대로 컨트롤된다.

11 이전 LAB에서 실습한 Export Cache to Video를 수행하면 위의 카메라 모션 컨트롤이 동영상에 반영된다.

12 RMB로 시간축을 클릭한 다음 Export Key Frame Setting을 선택한다. 파일명을 입력하면 DCS는 *.FRS 파일 형태로 현재 키 프레임들을 저장한다.

13 DC-EDU/chapter01/myFirstDC/myFirstDC.dcp를 연다.
    • 또는 시뮬레이션이 완료된 DC-EX 의 프로젝트를 하나 연다.

14 RMB로 시간축을 클릭한 다음, Import Key Frame Setting을 선택하고 Step 12에서 저장한 *.FRS을 입력해 준다.

15 Cache Play;

• simulation.dcp의 키 프레임이 이 프로젝트에 불러와진 것을 볼 수 있다.

16 Export/Import Key Frame Setting은 복수 프로젝트의 동영상을 동일한 카메라 모션으로 제작해야 할 때 유용하다.

그림 7-9 Key frame control dialog

그림 7-10 Time axis setting dialog

1 키 프레임 컨트롤 메뉴 요약

• **Set Key Frame**: 현재 프레임을 키 프레임으로 설정한다. 설정된 키 프레임은 그 프레임의 아래가 작은 빨간색 수직선으로 표시된다.
• **Replace Key Frame**: 현재 키 프레임의 카메라 뷰를 대체한다. 현재 키 프레임의 카메라 뷰를 수정한 후 이 메뉴를 수행한다.
• **Refresh Cached Frame**: 어떤 프레임은 캐시에 저장되었는데도 시간축에서 회색으로 표시되지 않을 수 있다. 이 메뉴는 그 경우 새로 고침해 준다.
• **Delete Key Frame**: 키 프레임 목록에서 현재 키 프레임을 삭제한다.
• **Previous Key Frame**: 이전 키 프레임으로 이동한다.
• **Next Key Frame**: 다음 키 프레임으로 이동한다.
• **Delete All Key Frames**: 키 프레임 목록에서 모든 키 프레임을 삭제한다.

SECTION 7
Garment Analysis

DCS는 다음 네 가지의 의복 분석 방법을 제공한다(Garment pressure analysis는 앞으로 추가될 예정임).

- Strain Analysis
- Distance Analysis
- Air Gap Analysis
- Garment Pressure Analysis^

Strain analysis는 변형률을 시각화한 것이다. 의복 메시의 각 삼각형에 대하여 DCS는 (원래 면적 − 현재 면적) 대비 현재 면적의 비율로 변형률(strain)을 정의한다. Show 〉 Panel Mode 〉 Strain에서 패널의 가시화를 strain analysis 모드로 전환할 수 있다. 〈그림 7-11〉은 strain analysis 모드 중의 한 스냅샷을 보여준다. DCS 는 변형률을 시각화하기 위해 다음 RGB color coding을 사용한다: red(1, 0, 0)는 Max Strain(%)을, yellow(1, 1, 0)는 zero strain을, green(0, 1, 0)은 Min Strain(%)을 나타낸다. Max와 Min Strain의 값은 3D window 〉〉 Analysis 〉 Strain Setting에서 설정할 수 있다. Min Strain 으로는 음수 값을 줘야한다. Strain analysis은 실시간에 수행되므로 시뮬레이션이 재생되는 동안에 볼 수 있다.

Distance analysis는 각 (의복) 메시 꼭지점에서 바디 표면까지의 가장 가까운 거리를 시각화한다. 〈그림 7-12〉는 distance analysis의 결과를 보여 준다. DCS는 거리의 시각화에 다음의 RGB color coding을 사용한다: red(1, 0, 0) 는 collision offset(즉, 의복이 바디에 닿을 때)을, yellow(1, 1, 0)는 Moderate Distance를, green(0, 1, 0)은 Max Distance를 나타내며 그 사이의 거리에서는 보간된다. Moderate와 Max Distance의 값은 3D window 〉〉 Analysis 〉 Distance Setting에서 설정할 수 있다. (Moderate Distance의 기본값으로는 Min과 Max Distance의 평균을 사용한다.) Distance analysis는 실시간에 이루어지지 않는다. Distance analysis를 보기 위해서는 먼저 원하는 프레임에서 시뮬레이션을 일시정지한 다음, Analysis 〉 Update Distance를 수행한다. Show 〉 Panel Mode 〉 Distance로 distance analysis 결과를 볼 수 있다.

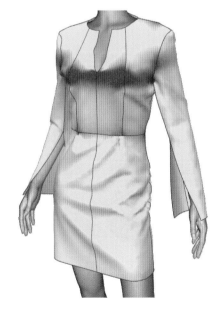

그림 7-11 Strain analysis

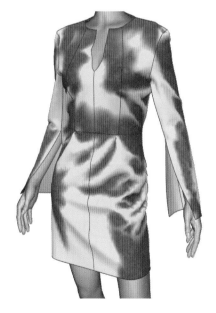

그림 7-12 Distance analysis

Air gap analysis는 의복과 바디 사이의 간격을 시각화한다. 〈그림 7-13〉은 air gap analysis의 축이 y 축으로 선택된 경우를 보여준다. 따라서 〈그림 7-13〉 위-오른쪽의 슬라이더를 수평으로 움직이면 〈그림 7-14〉에서 보여진 것처럼 y 축을 따라 단면의 높이가 조절된다. 〈그림 7-13〉에 캡처된 air gap graph는 그 평면에 의한 단면도를 보여주며 검정색과 빨간색 선은 각각 바디와 의복을 나타낸다. 〈그림 7-13〉 내의 오른쪽 표는 분석된 결과를 표 형태로(air gap 변수, ratio) 요약한 것이다. 〈그림 7-15〉는 torso(몸통)와 limb(사지)에서 air gap 변수들의 정의를 보여준다. 〈그림 7-13〉 내의 표는 torso 에서 air gap 변수들의 값을 보여준다. 〈그림 7-13〉 아래-오른쪽의 Average Air Gap Ratio 는 표에 나열된 값들의 평균 값이다. Save Image and Data를 클릭하면, *.PNG 파일로 air gap graph를, *.TXT 파일로 표의 내용을 각각 저장해 준다.

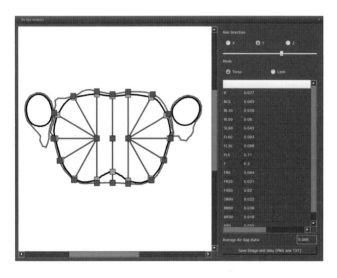

그림 7-13 Air gap analysis

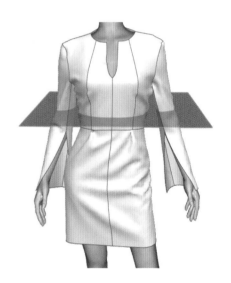

그림 7-14 y 축을 따라 조절되는 단면의 높이

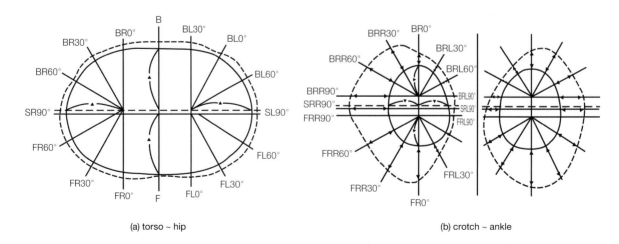

(a) torso ~ hip

(b) crotch ~ ankle

그림 7-15 Air gap의 변수와 정의

Chapter 2에서 *.OBJ 파일로 저장된 아바트를 가져오는 법에 대해 설명하였다. DCS는 아바타가 아닌 다른 OBJ 파일도 File 〉 Import 〉 OBJ로 가져올 수 있다.

3D 윈도로 가져온 OBJ는 OBJ 선택 모드에 있을 때에만 선택될 수 있다. OBJ 선택 모드로의 전환은 Selection 〉 OBJ Selection Mode로 할 수 있다. 선택된 OBJ는 Translate 와 Rotate 툴을 사용해 다른 primitive처럼 이동하거나 회전시킬 수 있다. OBJ의 이동/회전이 완료되면 Selection 〉 Primitive Selection Mode를 선택해 다시 primitive 선택 모드로 모드를 전환할 수 있다.

┌─□
│ **SECTION 9**
└ 충돌의 처리

1   왜 디지털 클로딩에서 충돌이 이슈인가?

실제 물리 세계에서 직물은 바디와 지속적으로 접촉하고(contact) 충돌 (collision)한다. 그것에 대해 우리가 할 수 있는 일은 아무것도 없다. 사실, 우리는 그런 사실에 관심을 갖지도 않는다. 그러나 의복을 물리 시뮬레이터로 재현하는 경우에는 접촉/충돌이 제대로 처리되지 않으면 〈그림 7-16〉에서처럼 이상한 결과가 나올 수 있다.[3]

의상 전문가가 이런 세부사항을 왜 알아야 하는지 궁금할 것이다. "시뮬레이터가 그런 충돌 문제는 다 해결해줘서 우리 같은 의상 전문가는 그런 거 몰라도 되는 것 아냐?" 불행히도 대답은 no이다.

디지털 클로딩에서는 (의복의) 어디에서 충돌이 잠재적으로 발생할 수 있는지를 시뮬레이터에게 알려줘야 하며, 충돌 처리와 관련된 변수(parameter)값을 설정/조절해야 한다. 그런 팁/설정이 없으면 시뮬레이터는 불필요한 계산을 너무 많이 하게 될 수 있다.[4] 10년 이상 디지털 클로딩을 교육해 온 저자는 의상 전문가라 하더라도 디지털 클로딩 기술을 제대로 활용하려면 충돌 처리를 철저하게 공부할 필요가 있다고 강조하고 싶다.

그림 7-16 충돌 처리 실패의 예

---

3 대부분의 경우, 이러한 문제는 프로그램을 잘못 사용해서 야기되지만 일부의 경우에는 의복 시뮬레이터의 결함으로 야기되기도 한다.

4 팁/설정을 주었을 때에도 경우에 따라 전체 시뮬레이션 계산의 2/3가 충돌을 감지하고 해소하는 데 쓰일 때가 있다. 이런 팁이 없다면 충돌의 처리가 얼마나 더 시뮬레이션의 속도를 늦출 수 있을지 짐작할 수 있을 것이다.

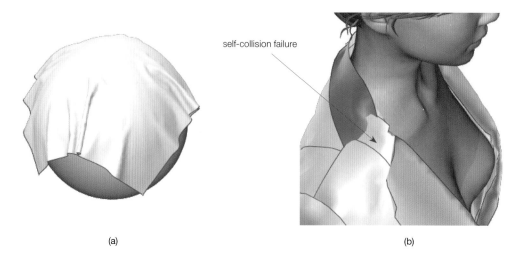

self-collision failure

(a)   (b)

그림 7-17 (a) one-way collision과 (b) self collision을 보여주는 예

2 충돌 처리의 분류

충돌 처리는 다음 두 파트로 분류할 수 있다. one-way collision handling과 self collision handling이다.

- **One-Way Collision Handling:** 예를 들어, 천 한 조각이 〈그림 7-17(a)〉에서처럼 구 위에 놓여 있다면 구는 천의 접촉에 의해 영향을 받지 않는 반면, 천은 구의 모양에 의거해 드레이프된다. 이런 형태의 충돌처리를 one-way collision handling이라 부른다. 바디는 천의 움직임에 영향을 받지 않는다고 가정하고[5], DCS는 의복과 바디 사이의 충돌을 one-way collision handling으로 처리한다.
- **Self Collision Handling:** Self collision은 의복 내 충돌을 의미한다. 〈그림 7-17(b)〉에서 처럼 주름이나 접힘이 있는 의복을 시뮬레이션할 때 의복을 이루는 천이 같은 의복을 이루는 다른 천을 뚫고 지나가는 비정상적인 경우가 발생할 수 있다. 이처럼 같은 의복 내에서 천끼리 서로 뚫고 지나가는 것을 self collision이라 부른다. 일반적으로, self collision handling은 one-way collision handling보다 더 많은 계산이 필요하다.

3 잠재적 One-Way Collision

디지털 클로딩에서 충돌 체크의 포커스는 의복에 있다. 천이 아닌 object(아바타, 액세서리, 바닥, 임의의 3D object를 포함) 사이에 발생하는 충돌은 비중있게 다루지 않는다.

천이 아닌 어떤 object가 잠재적으로 의복과 충돌할 가능성이 있다고 여러분이 명시해주지 않으면 DCS는 의복이 그 object와 전혀 충돌하지 않는다고 가정한다. 따라서 그 object 에 대해서는 충돌 처리를 위한 작업을 생략한다. 이러한 생략은 시뮬레이션의 속도를 높이는 데 사용된다.

---

5 실제 물리적 세계에서 이것은 사실이 아니다. 특히 브레지어 같은 속옷에서는 더욱 사실이 아니다. 그러나 DCS의 현 시뮬레이터는 그런 측면을 고려하지 않는다.

현재 시뮬레이션되고 있는 의복을 subject라 칭하고, 사용자가 의복과 잠재적으로 충돌이 일어날 수 있다고 명시한 object를 collider[6]라 칭하기로 한다. DCS는 각 의복에 대해 collider를 지정할 수 있다. Collider를 지정하기 위해 먼저 해당 레이어의 3D layer setting dialog를 연다. 3D layer setting dialog는 (1) 레이어 브라우저에 있는 3D garment layer 를 클릭한 다음, (2) 〈그림 7-18〉의 빨간색 타원으로 보여지는 편집 아이콘을 클릭하여 열 수 있다. 이 dialog는 선택된 3D 레이어의 제반 사항을 정해주기 위한 것이다. 3D layer setting dialog에서 의복을 위한 collider는 Collision Handling 탭(그림 7-19)에서 지정될 수 있다. Collision handling 탭은 앞으로 layer-CHS(layer collision handling specification의 약자)로 부르기로 한다.

Layer-CHS에서 Self Collision 체크란은 self collision handling을 수행할지의 여부를 지정하는 것이다. One-Way Collision 체크란은 collider들과 이 레이어 간에 one-way collision handling을 수행할지의 여부를 지정하는 것이다. Layer-CHS는 현재 프로젝트에 들어 있는 모든 OBJ를 나열해주는데, 그 각각에 대해 one-way collision handling의 여부를 켜고 끌 수 있다.[7]

그림 7-18 의복을 위한 3D layer setting dialog 열기

그림 7-19 Layer-CHS

---

6 Subject-collider 컨셉은 두 의복 A와 B가 시뮬레이션 되었을 경우에도 적용된다. A가 B에 대하여 (B를 solid라 간주하고) 시뮬레이션되는 경우, A는 subject이고 B는 collider이다.

7 의복이 절대로 바닥에 닿지 않는 경우에는 Floor 체크를 해지할 수 있다. 이 경우, Floor의 체크 여부는 드레이핑의 결과에는 차이를 만들어 내지는 않지만, 체크할 경우에 비해 더 적은 계산이 들 것이다.

LAB 6 Collider 설정하기

1 손수건(100cm × 100cm 패널)을 만들어 3D 윈도로 동기화한다.

2 Rotate 툴을 사용하여 패널을 수평으로 배치한다. Static Play;
   • 패널이 바닥과 부딪히는 것 볼 수 있다.

3 손수건을 위해 layer-CHS를 연 다음(그림 7-18), Floor collider를 선택 해지한다.

4 Reset; Static Play;
   • 손수건이 바닥을 통과하는 것을 볼 수 있다.

5 Reset;

6 DC-EDU/chapter07/OBJs/50cube.obj를 가져온다.

7 Cube 위에 패널을 배치한다.

8 Layer-CHS를 열면 collider 목록에서 cube를 확인할 수 있다. Cube를 체크하고 Floor는 해지한다.

9 Static Play;
   • 〈그림 7-20〉과 같은 결과를 얻게 된다.

10 현재 one-way collision을 위한 collision offset은 (layer-CHS에) 0.3으로 설정되어 있다. Offset을 0.0으로 바꾸고, Static Play를 수행해 차이점을 살펴본다.
   • 이 경우, 손수건이 subject이고 cube와 floor는 collider이다. 이 subject의 모든 collider에 동일한 collision offset이 적용됨을 주지하도록 한다.

그림 7-20 Cube collider에 드레이핑된 손수건

4 One-Way Collision Handling의 조정

Collision Offset 설정하기

〈그림 7-21(a)〉에서 보여주는 것처럼 옷의 일부가 cube 표면을 파고 들어가게 되는 상황이 발생할 수 있다. 이러한 현상은 OBJ와 옷을 다각형으로 모델하기 때문에 발생하는데, 이러한 상황을 surface inversion이라 부른다. Collision offset을 적절히 설정하면 surface inversion 문제를 피할 수 있다. Collision offset은 정상적인 collision handling 의 결과에 추가로 벌려줄 변위(offset)이다. Collision offset의 단위는 현재 사용되고 있는 길이 단위와 동일하다. 예를 들어, cm가 현 단위일 경우 collision offset 0.3은 간격을 0.3cm 추가로 벌린다는 뜻이다. Collision offset을 적절히 설정하면, 〈그림 7-21(b)〉에서 보여주는 것처럼 surface inversion 문제를 쉽게 해결할 수 있다.

DCS가 collision offset의 값으로 모든 경우에 같은 값을 사용하지 않고, 왜 사용자로 하여금 collision offset 값을 직접 설정하도록 했을지 궁금할 것이다. Surface inversion이 발생하지 않는 경우 collision offset을 매우 작은 값(예: 0.3)으로 설정할 때 최상의 결과를 준다. Surface inversion 문제가 발생하는 경우에는 collision offset을 더 큰 값으로 설정해야 한다. 예를 들어, 천이 테이블의 날카로운 모서리와 중돌할 경우(그림 7-21(c)) surface inversion이 발생할 수 있는데, 더 큰 collision offset 값을 사용하면 문제가 사라진다. 결론적으로, surface inversion 문제가 발생하는 경우 collision offset을 더 큰 값으로 설정하되, surface inversion 문제를 피할 수 있는 최소한으로 설정해야 좋은 결과를 준다.

날카로운 모서리 알리기^

천이 날카로운 모서리에 드레이프될 때 일반적으로 surface inversion은 더 심각해진다. 작은 값의 collision offset^으로는 상황이 해결되지 않을 수도 있다. 이러한 문제의 해결을 위한 collision offset과는 다른 방법으로, 시뮬레이터에게 이러한 상황을 알려 모서리 부분에서 충돌을 더 정밀하게 처리하도록 하는 방법이 있다. 날카로운 모서리를 정밀 처리할 경우, 시뮬레이션은 시간이 더 많이 걸린다.

Collision offset 설정에 의한 방법과 날카로운 모서리 알림에 의한 방법 사이에는 서로 장단점이 있다. 날카로운 모서리 알림은 더 정확한 결과를 얻을 수 있지만 더 많은 계산이 필요하다. Collision offset 설정은 적은 계산이 필요하지만 결과는 덜 정확하다. DCS는 현재 collision offset만을 제공한다.

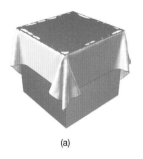 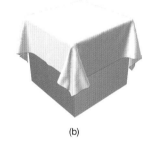 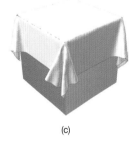

(a)   (b)   (c)

그림 7-21 Surface inversion 문제

5 Self Collision Handling

Self collision은 의복 내 충돌이다. Self collision handling의 실패 사례를 〈그림 7-17(b)〉에서 보여주고 있는데, 칼라, 미세 주름, 플리츠 등에서 종종 발생한다. Self collision 실패가 발생할 경우, layer-CHS에서 self-collision handling mode를 조절하여 그 상황을 호전시킬 수 있다(그림 7-19).

Self collision handling을 위한 세 가지 모드는 다음과 같다. Disabled, Discrete, Continuous이다.

· Disabled mode(Self Collision 이 체크되지 않았을 경우)에서는 self collision handling 이 전적으로 생략된다.

· Discrete mode에서는 불연속적 방법(중급의 정확도를 가짐; 공학적인 내용이므로 자세한 내용은 생략함)이 self collision handling을 위해 사용된다.

· Continuous mode에서는 연속적 방법(고급의 정확도를 가짐; 공학적인 내용이므로 자세한 내용은 생략함)이 self collision handling를 위해 사용된다.

Continuous mode의 self collision handling에는 상당한 양의 계산이 소요되기 때문에 필요한 경우에 한해 사용하는 것이 좋다.

Discrete mode의 self collision handling이 대부분의 경우 충분하다. 이렇게 시뮬레이션 해보고 self collision 실패가 발생하면, 모드를 Continuous로 전환한다. 더 이상 self collision 실패가 발생하지 않거나, self collision handling의 품질을 낮추고 대신 시뮬레이션 속도를 높이려면 모드를 Discrete나 Disabled로 전환한다.

6 Inter Garment Collision Handling

이번 Chapter에서는 의복 내에서 발생하는 self-collision과 의복과 object 사이에 발생하는 collision을 살펴보았다. 서로 다른 두 의복 간에 발생하는 collision handling은 Chapter 12에서 다룰 것이다.

LAB 7 Self Collision Handling의 품질 제어하기

1 DC-EDU/chapter07/continuousSelfCollision에서 프로젝트를 연 후, Dynamic Play를 한다.
  · Self collison 실패를 볼 수 있다(그림 7-22(a)).

2 Layer-CHS에서 self collision handling 모드를 Continuous로 전환한다.

3 Reset; Dynamic Play;
  · Self collison 실패가 사라진 것을 볼 수 있다(그림 7-22(b)).

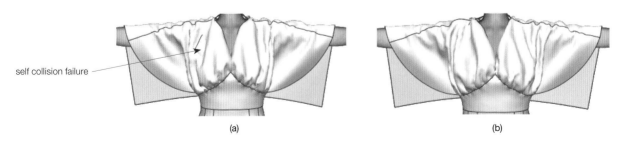

self collision failure

(a)   (b)

그림 7-22 (a) Self collision의 실패, (b) 수정 후

SECTION 10
접힘각 및 Z-Offset의 설정

접힘각(crease angle)은 외곽선이든 내부선이든 모든 선에 설정될 수 있다. 〈그림 7-23(a)〉는 그 가운데에 수평으로 내부선을 포함하고 있는 사각형 패널을 보여주고 있다. 패널의 위 가장자리는 3D 공간에 고정되었으며, 수직 아래 방향으로 중력을 받고 있다. 짧은 빨간색 선들은 normal 방향을 보여준다(즉, 왼쪽이 바깥쪽 방향이다). 〈그림 7-23(a)〉~(c)는 접힘각이 각각 0, +150, -150도인 경우를 보여 준다. + 접힘각은 돌출이 normal 방향 쪽으로 발생하도록 해 준다는 것을 기억해두면 좋을 것이다.

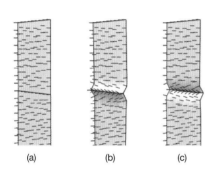

(a) (b) (c)

그림 7-23 접힘각 (a) 0, (b) +150, (c) -150

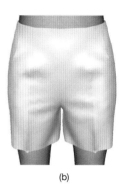

(a) (b)

그림 7-24 접힘각의 설정. (a) 전, (b) 후

LAB 8   접힘각 설정하기

■ 〈그림 7-24〉 (b) 에서 보여주는 것처럼 주름이 있는 팬츠를 생성할 수 있다.

1   DC-EDU/chapter07/creaseAngle/creaseAngle.dcp를 연 다음, Static Play를 하고, Pause 한다.

2   주름을 생성하기 위해 내부선을 3D-activate 한다.

3   Step 2의 내부선을 선택한다.

4   Attribute] Triangulation에서 Crease Angle을 150으로 설정하고, 정적 시뮬레이션을 실시해 그 결과를 살펴본다.

5   Crease Stiffness를 0.0~1.0 으로 설정하고 정적 시뮬레이션으로 그 결과를 살펴본다.
  • 필요한 경우 stiffness는 1.0보다 더 큰 값으로 설정해줄 수도 있다.

LAB 9 Z-Offset 설정하기

■ 턱(tuck)을 생성할 때 〈그림 7-25(b)〉처럼 얽힘 현상이 발생할 수 있다. Z-offset을 적절하게 설정하면 〈그림 7-25(c)〉에서 보는 것처럼 얽힘 현상을 줄여줄 수 있다.

1 DC-EDU/chapter07/zOffsetTuck/zOffsetTuck.dcp를 연 다음, Static Play를 한다.
  • 〈그림 7-25(b)〉와 유사한 결과를 얻게 된다.

2 〈그림 7-25(a)〉에서 파란색 선으로 보여지는 두 개의 내부선을 선택한다.
  • 이 선은 이미 3D-activate되어 있다.

3 Attribute] Triangulation에서 z-Offset을 -4로 설정한 다음 동적 시뮬레이션을 한다.
  • 마이너스[플러스] 값은 안쪽[바깥쪽]으로의 변위를 만들어 준다.

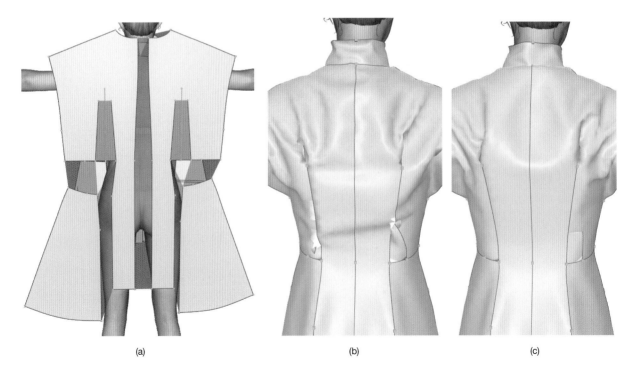

(a)　　　　　　　　　　　　(b)　　　　　　　　　　　　(c)

그림 7-25 z-offset 설정하기

LAB 10 패딩 베스트 구성하기

1 DC-EDU/chapter07/paddingVestANS/paddingVestANS.dcp를 연 다음, Dynamic Play를 한다.
   • 아래 과정들은 위의 프로젝트에 이미 완료되어 있다.

2 베스트의 내부선을 따라 crease angle을 -150도, z-offset을 -1로 설정한다.

3 Dyanamic Play;

■ 〈그림 7-26〉에서 보는 결과를 얻을 것이다.

그림 7-26 패딩 베스트의 구성

SECTION 11
직물 물성의 설정

1 개괄

직물이 디지털 클로딩 기술로 재현될 때 드레이핑(본 Chapter)과 표면 질감(surface detail, Chapter 9)은 전혀 다른 메커니즘으로 처리된다는 것을 이해할 필요가 있다. 시뮬레이터는 드레이핑을 재현하고 렌더러(renderer)는 표면 질감을 재현한다.

예를 들어, 엠보싱(embossing)된 직물을 재현할 경우, 시뮬레이션을 위해 내부적으로 사용되는 것은 두께가 0인 평평한 메시이다. 두께와 엠보싱 효과는 시뮬레이션 된 결과가 렌더링될 때 고려된다.

엠보싱은 실제 물리적 세계에서 드레이핑에 영향을 미치므로 원칙적으로 엠보싱과 드레이핑은 분리해서 다루어져서는 안 된다. 그러나 이 둘의 분리된 처리는 현재 컴퓨터 그래픽 기술로는 어쩔 수 없다. 사실 드레이핑-렌더링의 분리된 처리는 DCS를 포함한 모든 시뮬레이터에서 벌어지고 있고, 앞으로도 그럴 것이다.

2 DCS 직물 물성

사용자는 (1) 패널을 선택하고, (2) Attribute] Physical Parameters에서 매개변수 값을 설정함으로써 각 패널의 직물 물성(physical parameter)을 조절할 수 있다.

DCS는 직물의 물리적 속성(physical property)을 정의하기 위해 11개의 변수를 사용하며, 〈표 7-1〉에 요약되어 있다.

3 Preset Fabrics

DCS는 다음과 같은 직물(preset fabrics라 부름)에 대해 한 번의 클릭으로 직물 물성 값을 설정해 준다. 설정 값은 실험 결과를 참조하여 정해 주었다.

- **Preset Fabrics:** Thick Cow Leather, Cotton Span, Cotton Velvet, Cotton Twill, Wool, Silk Chiffon, Silk Satin
- 〈그림 7-27〉은 각 preset fabric의 드레이핑을 보여준다. 여기서는 표면 질감(Chapter 9 의 주제) 없이 오직 드레이핑만 보여준다. 표면 질감을 추가하면 결과는 더 극적으로 보일 수 있다.

여러분이 옷의 직물 물성 값을 설정해야 할 경우에는 위의 preset fabrics 중 하나에서 시작해서 원하는 드레이핑이 나올 때까지 변수 값을 미세하게 수정해 갈 수 있다.

(s = sec; gf = gram force; U = weft; V = warp)

Parameters	Unit	Appropriate Range (Default)	Meaning
Density(밀도)	g/cm^2	0.01 ~0.1(0.01)	직물 1cm^2 당 g 수
Stretch Stiffness (인장강연도, U와 V)	kg/s^2 ≒ 1.02 gf/cm	10 ~ 1000(100)	위사(U)와 경사(V) 방향을 따라 잡아 늘이는 데 힘이 더 드는 직물일수록 더 큰 값을 가짐
Shear Stiffness (전단강연도)	–	5 ~ 500(10)	대각선 방향을 따라 잡아 늘이는 데 힘이 더 드는 직물일수록 더 큰 값을 가짐. 이 값은 더 낮은 stretch stiffness(U와 V 중 더 작은)의 50%로 제한된다. 일반적으로 그보다 더 낮은 stretch stiffness(1/10~1/5)를 사용하는 것이 좋다.
Bend Stiffness (굽힘강연도)	kg*cm^2/s^2 = 1.02 gf · cm	10^{-5}~1.0(0.01)	굽히는 데 힘이 더 드는 직물일수록 큰 값을 가짐
Stretch Damping (인장감쇄도, U와 V)	kg/s ≒ 1.02 gf/cm · s	0 ~ 0.1(0.01)	인장변형 시 발생하는 감쇄의 정도
Bend Damping (굽힘감쇄도)	kg/s ≒ 1.02 gf/cm · s	0 ~ 0.01(0.001)	굽힘변형 시 발생하는 감쇄의 정도
Shear Damping (전단감쇄도)	kg/s ≒ 1.02 gf/cm · s	0 ~ 0.1(0.01)	전단변형 시 발생하는 감쇄의 정도
Rubber U	–	0 ~ 10(1)	U 방향의 중립상태에서의 길이 비율
Rubber V	–	0 ~ 10(1)	V 방향의 중립상태에서의 길이 비율
Air Drag^	–		이동 방향과 반대로 공기 저항을 생성함. 보통 0으로 설정. 바람의 영향을 생산하는데 사용될 수 있다.
Friction	–		마찰계수

표 7-1 DCS 직물 물성

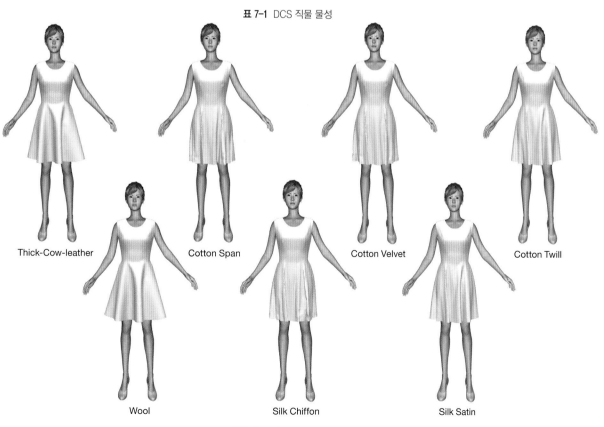

Thick-Cow-leather   Cotton Span   Cotton Velvet   Cotton Twill

Wool   Silk Chiffon   Silk Satin

그림 7-27 DCS preset fabrics

LAB 11   직물 물성 제어하기

1 DC-EDU/chapter07/simulation/simulation.dcp를 연 다음, Static Play 을 수행하는 동안 아래 과정들을 수행한다.

2 Select 〉 Select All Panels; then in Attribute] Physical Parameters,
   • DCS preset fabrics 인 Thick Cow Leather, Cotton Twill 등을 선택할 때 드레이프가 어떻게 변화하는지 살펴본다.

3 다음의 과정으로 새로운 직물을 만들어 본다.
   • Select 〉 Select All Panels;
   • Stretch Stiffness U와 V를 20 으로 바꾼다; Enter.
   • Bend Stiffness 를 0.001 로 바꾼다; Enter.

4 Pause.

5 Export DPP 아이콘 ▣을 클릭하여 현재 물성을 *.DPP (DCS Physical Parameters) 파일로 내보낸다.

6 Import DPP 아이콘 ▣을 클릭하여 Step 5 에서 내보낸 *.DPP 파일을 가져온다.

7 다른 직물 물성들을 실습해 본다.

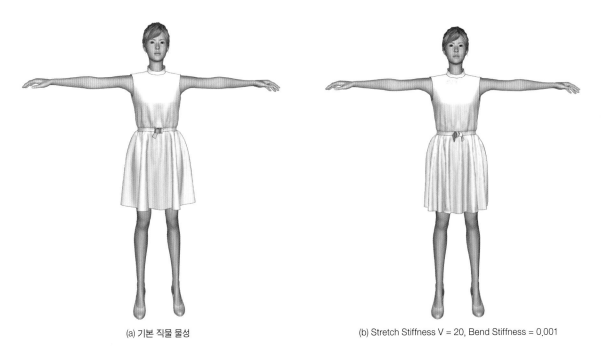

(a) 기본 직물 물성   (b) Stretch Stiffness V = 20, Bend Stiffness = 0.001

그림 2-28 직물 물성의 제어

4   KES에서 DCS로 전환하기^

직물 물성 설정은 원칙적으로 직물의 과학적인 측정을 기반으로 해야 할 것이다. 널리 보급된 직물 측량 시스템 중 하나가 KES(Kawabata Evaluation System)이다. 여기서 자연스럽게 떠오르는 질문 하나는 KES 측정을 DCS 직물 물성과 어떻게 연관지을 수 있을까 하는 것이다. 불행히도 이 둘 사이에는 서로 불일치하는 부분이 있다. 이 불일치는 (1) 시뮬레이터가 사용하고 있는 물리적 모델의 불완전함과, (2) 시뮬레이션에서 사용하는 일부 변수를 KES가 커버하지 못한 것에서 기인한다.

변수의 불일치에도 불구하고, 전적으로 시행착오에 의해 직물 물성을 설정하는 것보다는 어떻게든 KES 측량을 활용하는 것이 나을 수 있다. 이러한 생각에 착안해 이번 SECTION에서는 어떻게 KES에서 DCS로의 변수 변환이 이루어지는지를 설명한다.

① 기본 변수

KES

- **Density**: 단위 면적당 질량(mg/㎠)
- **Friction**: 마찰계수(무차원)

DCS

- **Density**: KES와 동일하지만 DCS의 단위는 g/㎠ 임. 즉, KES 단위의 1/1000.
- **Friction**: KES와 동일
- **Air Drag**: 이 변수는 KES에는 없지만 DCS는 옵션으로 0이 아닌 viscous damping을 줄 수 있도록 해 준다. 이 변수 값은 air drag(공기 저항) 계수를 의미한다. DCS 시뮬레이터에서 각 꼭지점은 공기 저항의 힘을 받는다. 이 힘의 방향은 꼭지점의 이동 방향과는 반대이며, 크기는 속도에 Air Drag(coefficient)와 꼭지점 normal의 cosine을 곱한 것이다. Air Drag의 기본값은 0이다. 0이 아닌 Air Drag(예를 들어, 바람으로 시뮬레이션 되는 옷)를 사용해야 할 경우에는 Property Editor] Physical Parameters에서 Air Drag에 그 값을 설정하면 된다.

② Stretch와 관련된 변수들

KES

- L을 샘플의 길이라 하자. F와 F′를 각각 인장과 수축 시의 힘이라 하고, F_m를 최대 부하라 하자. KES에서는 $F_m = 500$ gf/cm이다.
- ε를 샘플의 인장길이(인장된 부분만 포함)를 나타내는 변수라 하고 ε_m를 500gf/cm이 완전히 가해졌을 때의 최대 인장길이라 하자. KES는 다음 다섯 값을 계산한다.

$$EM = \varepsilon_m/L(\%)$$
$$WT = \int_0^{\varepsilon m} F d\varepsilon \qquad WT' = \int_0^{\varepsilon m} F' d\varepsilon \ (gfcm/cm^2)$$
$$WOT = 1/2 \ F_m \varepsilon_m$$
$$LT = WT / WOT$$
$$RT = (WT' / WT)$$

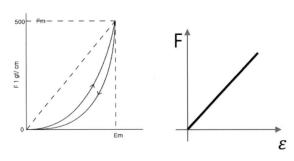

그림 7-29 KES vs. DCS: (a) KES 의 stretch, (b) DCS 의 stretch

DCS

- DCS는 현재 선형 탄성 모델(linear elastic model)을 사용하므로 EM, WT, WT´LT, RT는 DCS와 관련이 없다.
- 대신, 인장변형과 관련하여 DCS는 네 가지의 변수 즉, Stretch Stiffness U, Stretch Stiffness V, Stretch Damping U, Stretch Damping V를 사용한다.(여기서 U와 V는 각각 위사와 경사 방향을 나타낸다.)
- **Stretch Stiffness**: 선형 탄성 모델의 stiffness(기울기)를 나타낸다. KES 변수에 의거한다면, DCS는 Stretch Stiffness를 경사와 위사 방향 각각에 대해 2×WT/2로 계산한다.
- **Stretch Damping**: 직물의 인장/회복은 즉각 발생하지 않는다. DCS의 한 변수인 Stretch Damping은 인장/회복의 지체 정도와 관련이 있다. KES는 힘과 인장 사이의 함수관계를 곡선으로 그려주지만, 인장/회복이 그 곡선을 따라 얼마 만큼의 지체를 갖고 이루어졌는지는 알려주지 않는다. 그러나 직물의 움직임을 시뮬레이션하기 위해서는 그 지체 정도가 주어져야 한다. DCS는 인장/회복의 지체 정도를 소위 deformation rate damping으로 모델링한다. Vertex i 와 j의 속도가 각각 vi와 vj라면 deformation rate damping(DCS 에서는 Stretch Damping)은 (xi - x) 방향으로 국한해 -k(vi - vj)로 주어지는데, 여기서 k는 deformation rate damping의 계수이다. Stretch Damping과 관련될 수 있는 KES의 수치는 WT - WT이다. 이 값의 일부는 영구적이므로 deformation rate damping과 관련이 없다. 그러나 그 중 비영구적인 파트는 deformation rate damping과 관련이 있다. 몇 번의 실험 후 DCS는 Stretch Damping로 a(WT - WT/ 를 사용하며, a = xxx이다.

③ Shear와 관련된 변수들

KES

- 〈그림 7-30(a)〉에서 보여주는 것처럼 직물은 (원래의 직사각형 상태로부터) 각도 변위를 가질 수 있다. 이 각도 변위가 shear(전단)의 원래 정의이다. KES는 〈그림 7-30(b)〉에서처럼 force-angle 좌표계에서 shear 변형 그래프를 그려준다.

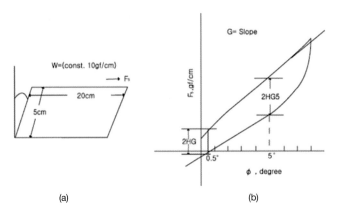

(a)   (b)

그림 7-30 KES shear 측정

- **Shear Stiffness(G):** G는 기본적으로 shear deformation plot(전단 변형 plot)의 평균 기울기이다. 구체적으로 G는 shear angle 범위[0.5, 5]에서의 평균 shear stiffness이다.
- **Shear Hysteresis(2HG):** Shear angle 0.5도에서의 shear hysteresis이다.
- **Shear Hysteresis(2HG5):** Shear angle 5도에서의 shear hysteresis이다.

DCS

- 위에서 설명한 본래의 shear 대신, DCS는 바이어스 방향으로 늘어나는 것(bias-directional stretch)을 shear deformation(전단 변형)으로 간주한다(그림 7-31). 이러한 가정은 KES와 재료과학에서 일반적인 통용되고 있지는 않다. 그러나 위의 가정(즉, bias-directional stretch를 shear라고 간주하는 것)이 종종 의복 시뮬레이터의 개발에 채택되는데, 그것은 계산을 단순화하는 데 도움을 주기 때문이다.

- **Shear Stiffness:** DCS의 변수인 Shear Stiffness는 KES 변수 G와 관련되어 있지만 같지는 않다. DCS는 바이어스 방향을 따라 직물의 stretch stiffness γ 측정한 다음, 그것을 Shear Stiffness로 사용한다. 그러므로 권장사항은 KES에서 바이어스 방향을 따라 stretch를 측정한 다음 γ로 2×WT/2을 사용하는 것이다. 이 내용은 KES의 표준 측정 내용은 아니다. 이러한 새로운 측정이 이루어질 수 없는 경우를 대비하여 다수의 직물 샘플에서 (G, γ)를 측정한 다음, 주어진 임의의 값 G에 상응하는 γ를 보간법(interpolation) 혹은 외삽법(extrapolation)으로 계산하도록 하였다. 사용자가 바이어스 방향의 stiffness를 설정해주지 않으면, DCS는 기본값으로 위의 보간법/외삽법에 의한 γ를 제공한다.

그림 7-31 대각선 방향

- **Shear Damping:** DCS는 stretch로 shear 변형을 해석하기 때문에, DCS는 shear에서의 deformation rate damping(계수) t를 Stretch Damping과 비슷한 방법으로 결정한다. t와 관련될 수 있는 KES 수치는 2GH와 2GH5이다. 실험을 통해, DCS는 t의 값으로 b × (2GH + 2GH5)/2을 사용하는데, b = xxx이다.

④ Bending과 관련된 변수들

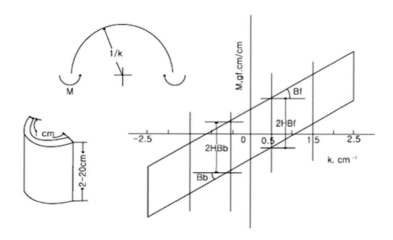

그림 7-32 KES bending 측정

KES

- Bending Stiffness B
- Bending Hysteresis 2HB

DCS

- **Bend Stiffness:** DCS parameter Bend Stiffness는 KES의 bending stiffness B와 동일하다. Bend Stiffness는

curvature-moment(곡률-모멘트) 좌표계에 그려진 〈그림 7-32〉의 bending deformation plot의 기울기이다.

- KES의 bending hysteresis 2HB를 나타내는 변수는 DCS에는 없다.
- **Bend Damping**: DCS의 Bend Damping I는 bending deformation(굽힘 변형)의 지체 정도를 나타낸다. DCS의 Bend Damping은 KES의 2HB와 다르다. 2HB는 시간과 관련되지 않은 반면, Bend Damping은 시간에 관련된 측면이다. Bend Damping의 추가 설명은 bending deformation을 나타내는 물리전 모델에 대한 깊이 있는 이해를 요구하므로 이 책에서는 생략한다. KES 측정으로부터 Bend Damping을 설정하는 명확한 방법은 없다. I와 관련될 수 있는 KES 수량은 2HB일 것이다. 실험을 통해, DCS 는 I 로 d × 2HB 를 사용하는데, d = xxx이다.

⑤ 최종 코멘트

KES를 DCS 직물 물성으로 바꾸는 것은 위에 소개된 아이디어에 따라 진행되고 있으며 이후 업데이트에 포함될 것이다. 이번 section 에서 이루어진 분석은 이후의 시뮬레이터 개발에 다음의 내용을 시사한다. (1) 시뮬레이터의 물리적 모델은 비선형(non-linearity), 비탄성(non-elasticity), 이방성(anisotropy) 등을 포함하도록 업그레이드 될 필요가 있으며, (2)직물의 측정은 시뮬레이터에서 필요로 하는 요구사항을 커버할 수 있는 더 포괄적인 데이터를 측정하도록 확장될 필요가 있다.

5 Rubber 변수

패널은 rubber-u와 rubber-v 변수를 설정함으로써 고무처럼 수축되도록 할 수 있다. 〈그림 7-33(a)〉에 있는 아홉 조각의 패널들(DC-EDU/chapter07/rubberBasic)이 모두 rubber-u = 1과 rubber-v = 1로 시뮬레이션되면 하나의 큰 정사각형을 시뮬레이션한 것과 같은 결과를 준다. 한편, 노란색 조각들의 rubber-u[rubber-v]를 0.5로 설정하면 u-방향[v-방향]의 중립 길이는 패널상 길이의 절반으로 줄어들게 된다. 그 결과, 〈그림 7-33(b)〉[그림 7-33(c)]에서 보여주는 것과 같은 수축효과를 만들어 낸다.

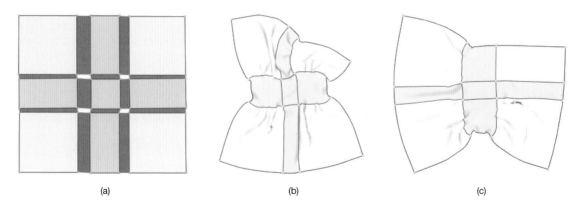

| (a) | (b) | (c) |

그림 7-33 Rubber 변수의 제어. (a) 9 조각의 패널 구성, (b) rubber-u = 0.5, rubber-v = 1.0, (c) rubber-u = 1.0, rubber-v = 0.5

1 DC-EDU/chapter07/rubber/rubber.dcp를 연 다음 Static Play를 한다.
   • 〈그림 7-34(a)〉에서 보여주는 것처럼 허리 밴드 패널이 너무 길어 스커트가 아래로 흘러내린다.

2 허리 밴드 패널을 선택한다.

3 Attribute] Physical Parameters에서 Rubber U 값을 0.5로 설정한다.

4 Reset; Static Play;
   • 〈그림 7-34(b)〉에서 보여주는 것처럼 문제가 수정되었다.

(a)   (b)

그림 7-34 Rubber U 제어하기

SECTION 12
시뮬레이션 속성의 설정

1 직물 물성 vs. 시뮬레이션 속성

직물 물성과 시뮬레이션 변수를 구별해서 이해할 필요가 있다.

• 직물 물성은 각 패널(직물)의 물리적 속성을 나타내는 반면,
  시뮬레이션 속성(simulation parameter)은 의복을 어떻게
  시뮬레이션 할 지에 대한 세부 사항들을 정해 준다.
• 시뮬레이션 속성은 layer setting dialog에서 설정할 수 있
  다. 3D 의복 레이어에서 설정하고자 하는 레이어를 선택
  한 후 레이어 브라우저의 edit 아이콘 🖼을 선택하면 layer
  setting dialog(그림 7-35)가 나타난다.

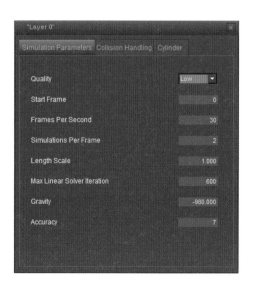

그림 7-35 시뮬레이션 속성 설정하기

2 DCS 시뮬레이션 속성

다음은 각 시뮬레이션 속성의 의미와 적절한 사용법에 대한 설명이다. 시뮬레이션 속성이 영향을 미치는 범위는 전체 프로젝트가 아니고 현재 의복(즉, 선택된 3D 레이어의 의복)에 국한됨을 주지하기 바란다.

Start Frame
- 예를 들어, 시뮬레이션의 시작 프레임을 10 으로 설정하면 현재 의복의 시뮬레이션은 10프레임에서 시작한다.

Frames per Second(FPS)
- 1초 동안의 시뮬레이션 결과로 보여주는 프레임의 수로 기본 값은 30이다. FPS는 시뮬레이션 결과를 파일로 저장해서 재생할 경우의 프레임 속도이다.
- 그러므로 FPS는 real-time FPS(화면에서 관측되는 프레임 속도)와 다를 수 있다. FPS가 30일 때, real-time FPS는 시뮬레이터와 디스플레이 장치의 작동 속도에 따라 30보다 더 클 수도 있고 작을 수도 있다.
- Real-time FPS와 극명한 대비가 필요할 때에는 FPS를 recorded FPS로 부르기로 한다.

Simulations per Frame(SPF)
- 한 프레임을 위해 수행되는 시뮬레이션의 횟수
- 예를 들어, 시뮬레이션이 30 FPS와 2 SPF로 수행되면 시뮬레이션을 위한 시간간격 Δt는 1/60초이며, 디스플레이는 매 두 번마다 한 번만 이루어진다.
- 시뮬레이션 정확도는 SPF × FPS에 비례한다.

Length Scale
- 이 속성은 거대한(예: 일반인의 약 10배) 또는 작은 캐릭터의 의복을 구성할 때 사용된다.
- 사용 방법은 다음과 같다. (1) 일반인의 크기로 패턴 메이킹과 의복구성을 한다. (2) Length Scale = 10으로 시뮬레이션을 한다. (3) Step 2의 결과를 x, y, z 방향으로 모두 10배로 스케일 해주면 거인에 대해 물리적으로 옳은 드레이핑이 된다.
- 작은 캐릭터를 위해 의복을 구성할 때는 Length Scale을 1보다 작은 값으로 설정해 비슷한 방법으로 진행한다.

Max Linear Solver Iteration
- 선형시스템을 풀기 위한 최대 반복 수이다.

Gravity
- 중력 상수. 기본값은 −980 cm/sec2 이다.
- 이 값을 0으로 설정하면 무중력 상태에서의 드레이핑을 계산한다.

Accuracy
- 선형 시스템 해결의 정확도이다. n이 정확도이면 드레이핑 시뮬레이션의 수치 에러는 10-n 이하로 유지된다.
- 정확도는 15가 가장 정확한 경우이며 [5, 15] 범위에 있는 정수로 설정한다.

Quality
- SPF, Max Linear Solver Iteration, Accuracy를 결합해 공학적인 지식 없이도 시뮬레이션의 품질을 조절할 수 있도록 해준다. 예를 들어, Quality를 Medium으로 설정하면 내부적으로는 위의 세 가지 속성을 각각 3, 800, 8로 설정해준다.

3 시뮬레이션 속성 조절에 대한 최종 코멘트

SPF는 처음에 2로 설정되는데, 그것은 드레이핑의 빠른 미리보기에 좋다. 그러나 높은 품질의 결과를 생성하려면 2는 너무 거칠다. 그런 경우 SPF를 5 정도로 사용하는 것이 좋다. (Quality로는 Very High를 사용한다.)

Accuracy는 처음에 7로 설정되어 있는데, 이것 역시 거칠다. 높은 품질의 결과를 생성하려면 10~12를 사용한다. (Quality로는 Very High를 사용한다.)

SECTION 13
3D에서의 선택 모드

DCS에서는 3D에서 object의 선택을 위한 다양한 방법을 제공한다. 〈그림 7-36〉은 3D window 》 Select의 메뉴들을 보여 준다.

1 선택 제어를 위한 토글

점, 선, 패널, 다트, 솔기의 선택을 제어하기 위한 토글 기능이 있다. Enable Point Selection, Enable Line Selection, Enable Panel Selection, Enable Dart Selection, Enable Seam Selection이다. 위의 메뉴들을 primitive selection toggle 메뉴라 부르는데, 이들은 각각 켜고 끌 수 있다.

Primitive selection toggle 기능은 서로 배타적이지 않다. 이들의 모든 조합을 켜거나 끌 수 있다.

Primitive selection toggle 메뉴의 일반적인 사용법은 다음과 같다. 대부분의 상황에서는 위의 다섯 가지 선택을 활성화한 상태에서 DCS를 사용한다. 작은 조각 패널 또는 짧은 솔기들이 복잡하게 들어 있는 부분을 작업할 경우 마우스를 클릭/드래그하면 원치 않는 primitive가 선택될 수 있다. 이런 경우 일시적으로 일부 primitive의 선택을 비활성화하면 작업이 더 쉬워질 수 있다.

그림 7-36 The selection menus

2 선택 제어를 위한 모드들

DCS가 선택 모드일 때 여러분은 primitive를 선택할 수 있었다. 이제 여러분은 그 때 더 구체적으로는 primitive selection mode에 있었음을 배워야 할 때이다. 여러분이 선택 모드( )에 있을 때 실제로는 다음 세 가지 selection sub-mode 중 하나에 있다.

- **Primitive Selection Mode**: 여러분의 (마우스의 클릭이나 드래그로의) 선택에 의해 점, 선, 패널, 다트, 솔기가 선택된다.
- **Vertex Selection Mode**: 여러분의 선택에 의해 메시 꼭지점이 선택된다.
- **OBJ Selection Mode**: 여러분의 선택에 의해 OBJ가 선택된다.

Primitive selection toggle 메뉴와는 대조적으로, 위의 세 가지 selection sub-mode는 서로 배타적이다. 어떤 순간에도 DCS는 selection sub-mode 중 하나의 모드에 있으며, 두 모드에 동시에 있지는 않다. (이 책에서는 "모드"를 이러한 배타적인 상황을 의미하기 위해 사용한다.)

DCS는 처음에 primitive selection mode에 있다. DCS가 vertex selection mode로 전환된 상태에서 primitive selection mode에서만 가능한 메뉴를 선택하면, DCS는 자동으로 primitive selection mode로 전환한다

3 Select All * 메뉴

DCS는 같은 종류의 primitive를 모두 선택하기 위한 메뉴를 제공한다. Select All Points, Select All Lines, Select All Panels, Select All Merging Seams, Select All Attaching Seams이다. DCS는 현재 프로젝트의 모든 primitive를 (primitive 종류에 상관 없이) 선택할 수 있는 Select All도 제공한다.

4 Select Same * 메뉴

DCS는 같은 종류의 primitive들 중에서도 동일 속성을 가지는 primitive를 선택하기 위한 메뉴를 제공한다. 패널 P가 선택되었다고 가정하자. 예를 들어, Select 〉 Select Same Panel 〉 Same Textile은 P에 현재 적용된 텍스타일과 동일한 텍스타일이 적용된 패널을 모두 선택한다. 비슷한 방법으로, 같은 텍스처, 색, 이름을 가진 패널을 선택할 수 있다.

선에 관해서도 같은 스프라이트(예: 스티치)가 적용된 모든 선을 Select Same Line 〉 Same Stitch로 선택할 수 있다. 또한 점에 관해서도 같은 스프라이트(예: 버튼)가 적용된 모든 점을 Select Same Point 〉 Same Button으로 선택할 수 있다.

SECTION 14
Constraint의 생성

1 DCS에서의 Constraint

〈그림 7-37〉에서 보여주는 것처럼 시뮬레이션 동안 의복이 흘러내리는 경우가 발생할 수 있다.

이런 경우 Constraint를 생성함으로써 그런 상황을 피해갈 수 있다.

DCS는 두 가지 방식의 constraint를 제공한다.

- Attach constraint
- Fixed constraint

선택된 메시 꼭지점에 attach constraint가 생성되면 그 꼭지점은 그 순간부터 바디에 부착된다.[8](더 정확히 말하면, 메시 꼭지점의 바디로부터의 상대 변위가 그대로 유지된다.) 제약된 꼭지점을 제외한 나머지 꼭지점은 정상적으로 시뮬레이션된다. 〈그림 7-37〉과 같은 경우는 attach constraint를 써서 방지될 수 있다.

선택된 메시 꼭지점에 fixed constraint가 생성되면 그 꼭지점은 그 순간부터 그 때의 3D 위치에 고정된다. 다른 꼭지점들은 정상적으로 시뮬레이션된다.

그림 7-37 의복의 네크라인이 너무 넓어 흘러내리는 경우

---

8 메시 꼭지점에 attach constraint가 생성될 때, 바디 그림면에 가장 가까운 점을 constraint reference라 부르고, constraint reference에 대한 메시 꼭지점의 상대 변위(relative displacement)를 constraint goal이라 부른다. Fixed constraint의 경우에는, 메시 꼭지점이 제약되는 3D 위치가 constraint goal이 된다.

LAB 13 Constraint 생성하기

1 DC-EDU/chapter07/constraint/constraint.dcp를 열고 Dynamic Play를 한다.

2 의복의 네크라인이 더 이상 내려가지 않아야할 할 프레임에 시뮬레이션을 일시정지한다. 그 다음, Cache 〉 Truncate Cache를 수행한다.

3 Select 〉 Vertex Selection Mode, 혹은 Vertex Selection Mode 아이콘 ☒을 3D 툴 박스에서 클릭하면 메시 꼭지점을 작은 정육면체들로 보여준다.

4 Ctrl을 누른 상태에서 네크라인을 따라 꼭지점을 선택하면 (incremental selection) 선택된 꼭지점들을 노란색으로 보여준다(그림 7-38(a)).

5 제약할 꼭지점들을 모두 선택했으면 RMB를 클릭하고 Create Attach Constraint를 선택한다(그림 7-38(b)).
   • Attach-constraint되는 꼭지점은 파란색으로 보여진다.
   • Create Attach/Fixed Constraint를 하려면 꼭지점을 먼저 선택해야 한다.

6 Select 〉 Primitive Selection Mode;
   • Primitive selection mode로 전환된다.

7 Dynamic Play;

■ Step 4에서 꼭지점을 하나씩 선택하기에는 번거로울 것이다. 복수의 꼭지점을 동시에 선택하는 방법을 다음 subsection에서 소개한다.

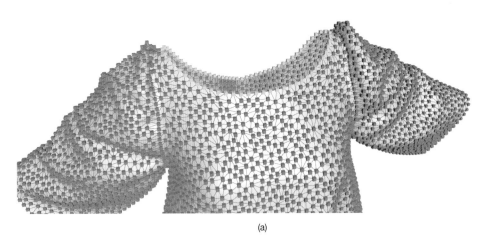

(a)　　　　　　　　　　　　　　　　　　　　　(b)

그림 7-38 네크라인을 따라 attach constratint 생성하기

2 복수 꼭지점의 동시 선택

Constraint를 생성함에 있어, DCS는 복수의 메시 꼭지점을 (Vertex Selection Mode에서) 동시에 선택하기 위한 다음의 다섯 가지 메뉴를 제공한다.

· Select Panel Vertices: 메시 꼭지점이 하나 선택된 후에 사용되는 이 메뉴는 동일 패널에 속하는 모든 꼭지점을 선택한다 (그림 7-39(a)).
· Select Border Vertices: 메시 꼭지점이 하나 선택된 후에 사용되는 이 메뉴는 그 패널에 속한 경계선의 모든 꼭지점을 선택한다(그림 7-39(b)).
· Select Line Vertices: 선상에 놓인 메시 꼭지점이 하나 선택된 후에 사용되는 이 메뉴는 그 선에 속한 모든 꼭지점을 선택한다(그림 7-39(c)).
· Select Attach-Constrained Vertices: 이 메뉴는 attach-constraint된 꼭지점을 모두 선택한다.
· Select Fixed-Constrained Vertices: 이 메뉴는 fixed-constraint된 꼭지점을 모두 선택한다.

그림 7-39 동시에 복수의 꼭지점 선택하기

LAB 14　복수의 메시 꼭지점 선택하기

1　이전 LAB에서 계속해서 실습한다.

2　네크라인이 목에 고정되어야 할 프레임으로 이동한다. 그 다음, Cache 〉 Truncate Cache를 수행한다.

3　Select 〉 Vertex Selection Mode;

4　Show 〉 Avatar로 아바타의 디스플레이를 끈다.

5　Ctrl를 누른 채 다음 과정을 수행한다.
- 네크라인에 있는 메시 꼭지점을 선택한다; Contextual menu; Select Line Vertices; (그림 7-40)
- 전체 네크라인을 선택하기 위해서 다른 세 개의 선에 대해 위를 반복한다.

6　Contextual menu; Create Attach Constraint;
- Attach-constraint되는 꼭지점들이 파란색으로 보여진다.

7　Select 〉 Primitive Selection Mode;

8　Dynamic Play;

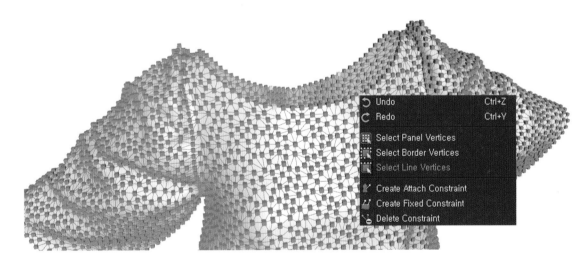

그림 7-40　Select Line Vertices 메뉴를 사용하여 네크라인 선택하기

3 Constraint의 제어

DCS에서는 시뮬레이션되는 동안 다음의 과정으로 attach constraint와 fixed constraint를 설정/수정할 수 있다(시뮬레이션이 일시 정지된 상태에서 수행하는 것을 권장함).

1 Vertex Selection: 메시 꼭지점을 선택한다(Vertex Selection Mode).

2 Vertex Translation: 선택된 메시 꼭지점의 위치를 설정/수정한다.
   - Translate와 Rotate 툴 또는 Constraint 〉 Drag Vertex를 사용할 수 있다.
   - Translate, Rotate, Drag Vertex는 시뮬레이션이 일시정지된 프레임에서 자유롭게 수행될 수 있다. 시뮬레이션이 진행 중일 때도 수행될 수 있다. 그러나 일시정지된 프레임에서 이 기능을 수행하는 것을 더 권장한다. Translate/Rotate를 Drag Vertex보다 더 권장한다.

3 On/Off Control: Constraint를 생성, 활성화, 비활성화, 삭제한다.
   - Constraint 〉 Create Attach[Fixed] constraint; 선택된 꼭지점은 attach-constraint[fixed-constraint]가 되는데, Step 2에서 지정한 위치가 constraint goal이 된다. Attach-[fixed-] constraint된 꼭지점들은 파란색[빨간색]으로 보여진다. 이 constraint 생성은 일부 꼭지점들에 이미 constraint가 존재하고 있어도 그것을 덮어 쓰며 생성해 준다.
   - Constraint 〉 Activate[Deactivate] Selected Constraints는 선택된 꼭지점의 constraint를 활성화[비활성화]해 준다. Constraint가 생성되어 있지 않은 꼭지점의 경우, 이 메뉴는 아무런 효과가 없다.
   - Constraint 〉 Delete Constraint는 선택된 꼭지점의 constraint를 삭제한다.
   - Constraint 〉 Delete All Constraints는 프로젝트에 있는 모든 constraint를 삭제한다.

그림 7-41 Constraint의 제어

■ 이전 LAB에서 계속해서 실습한다.

1　70프레임으로 이동한다. Cache 〉 Truncate Cache.

2　Vertex Selection Mode;

3　〈그림 7-42〉에서 보여주는 것처럼 스커트의 아래-오른쪽 메시 꼭지점을 선택한 다음 바깥쪽으로 이동한다. 아래-왼쪽 꼭지점도 비슷한 방법으로 이동한다. Dynamic Play;
　　• 꼭지점들이 원래 위치로 돌아가 버릴 것이다.

4　Steps 3의 이동을 다시 수행한다; Contextual menu; Create Fixed Constraint; Dynamic Play;

5　Dynamic play 동안에 Constraint 〉 Drag Vertex를 수행한다;
　　• 3D 윈도에서 메시 꼭지점을 드래그하면 그 꼭지점과 인접한 꼭지점이 시뮬레이션되는 동안 드래그된다.

6　Activate/Deactivate Selected Constraints 메뉴를 실습해 본다. Delete Constraint 와 Delete All Constraints도 실습해 본다.
　　• 위 메뉴들은 메시 꼭지점을 먼저 선택해야 한다.

그림 7-42 시뮬레이션 도중 Constraint 제어하기

⌐ LAB 16 Fixed Constraint 생성하기

1 DC-EDU/chapter07/fixedConstraintBasic/fixedConstraintBasic.dcp를 연다(그림 7-43(a)).

2 Vertex Selection Mode에서 파란색 패널의 메시 꼭지점을 선택한 다음, 〈그림 7-43(b)〉에서 보여주는 것처럼 Fixed Constraint를 생성한다. 또한 빨간색 패널의 위-왼쪽 코너의 꼭지점, 노란색 패널의 위-오른쪽 코너 꼭지점, 빨간색 패널의 오른쪽 가장자리의 꼭지점을 fixed-constraint 한다. 그 다음, Static Play를 수행한다.
   • 예상대로, 〈그림 7-43(c)〉에서 보여주는 결과를 얻게 된다. 여기서 파란색 패널은 참조용으로 사용되었다.

3 Reset; 노란색 패널의 왼쪽 가장자리를 fixed-constraint한다(그림 7-43(d)). 그 다음 Static Play를 수행한다.
   • 〈그림 7-43(e)〉에서 보여주는 결과를 얻게 된다.

■ 〈그림 7-43(e)〉에서 보여주는 것처럼 fixed constraint된 두 꼭지점이 서로 봉제되었을 때는 그 둘의 가운데로 제약된다.

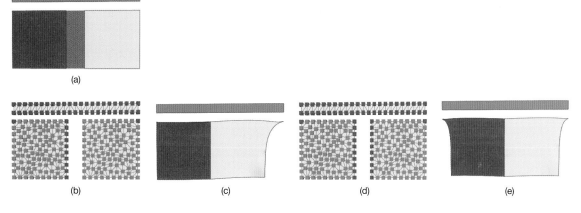

(a)

(b)　　　(c)　　　(d)　　　(e)

그림 7-43 Fixed constraint 생성 실험

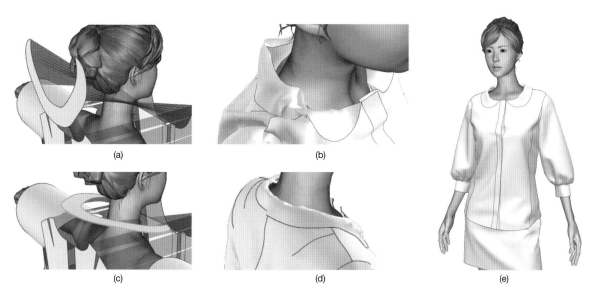

(a)　　　　　　(b)

(c)　　　　　　(d)　　　　　　(e)

그림 7-44 플랫 칼라의 생성

LAB 17 플랫 칼라와 셔츠 칼라 생성하기

- 그림 7-44(e)에서 보여주는 것처럼 블라우스의 플랫 칼라를 생성한다.

1 DC-EDU/chapter07/flatCollar/flatCollar.dcp를 연다.
   - 칼라는 〈그림 7-44(a)〉에서 보여준 것처럼 배치되어 있다.
   - Static Play 하면 〈그림 7-44(b)〉에서 보여준 것처럼 드레이프된다.

2 Reset;

3 Step 1과는 달리 이번에는 다음을 실행해 본다:
   - Translate와 Rotate 툴을 사용해 〈그림 7-44(c)〉에서 보여준 것처럼 칼라 패널을 배치한다.
   - Dynamic Play; 〈그림 7-44(d)〉와 (e)에서 보여지는 결과를 얻을 수 있다.

- 요약하면, 칼라 패널을 그 패널이 궁극적으로 가야할 위치에 가깝게 배치하는 것은 칼라 패널이 시뮬레이션되는 과정에서 다른 패널과 교차되는 상황을 줄일 수 있기 때문에 도움이 된다. A-포즈로 드레이핑 시뮬레이션을 수행하는 것 또한 도움을 준다. 칼라와 라펠(lapel)의 드레이핑은 T-포즈로 수행할 경우 좋지 않은 결과가 나올 수 있다.

- 어떤 경우에는(그림 7-45에서 하나의 예를 보여줌), 칼라의 생성을 위해 패널이 manual wrap될 필요가 있다(상황에 따라 Reverse 방향으로). 아래 프로젝트로 셔츠 칼라를 생성해 본다.

4 DC-EDU/chapter07/shirtCollarANS/shirtCollarANS.dcp를 연다.
   - 〈그림 7-45(a)〉에서 보여준 것처럼 칼라 패널을 manual wrap한다.
     - 이 과정은 위 프로젝트에 이미 적용되어 있다.
   - Dynamic Play를 수행한다.

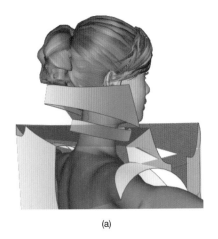
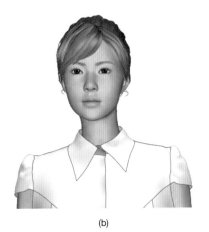

(a)   (b)

그림 7-45 셔츠 칼라의 생성

SECTION 15
패널의 몰드 기능

Reset 아이콘을 클릭하면 시뮬레이션은 home position(모든 패널이 FPPP/BPPP나 의복 레이어에 위치하는 처음 프레임)으로 리셋된다. Flat configuration(평평한 배치)이나 cylindrical configuration(실린더 배치)에서 시뮬레이션을 시작하는 대신, molded configuration(몰드된 배치)에서 시뮬레이션을 시작해야 하는 상황이 있을 수 있다.

LAB 18 라펠 생성하기

■ 〈그림 7-46〉에서 보여주는 것처럼 이번 LAB에서는 라펠 생성을 실습하는데, 이 실습에는 패널을 몰드(mold)하는 과정이 포함된다. 이번 LAB은 이 책에서 가장 어려운 LAB 중 하나가 될 수 있다. 참고로, 완료된 프로젝트인 moldPanelANS.dcp가 DC-EDU/chapter07 에 들어 있다. 이번 LAB이 너무 어렵다면 더 쉬운 vest.dcp로 연습해 본다. 완료된 vestANS.dcp도 같은 폴더 안에 들어 있다.

1 DC-EDU/chapter07/moldPanel/moldPanel.dcp를 연다.

2 40번째 프레임까지 Dynamic Play한다.
   • 〈그림 7-46(a)〉에서 보는 것처럼, 오른쪽 라펠이 접혀지지 않는다.
   • 이 프로젝트는 Continuous 모드로 self-collision handling이 되어야 한다.

3 Reset; 오른쪽 라펠을 포함한 패널을 선택한 다음, Select 〉 Vertex Selection Mode;
   • 패널을 선택한 후 Vertex Selection Mode를 수행함으로써 해당 패널만 vertex selection mode로 보여지는 반면, 다른 패널은 primitive selection mode로 보여진다(그림 7-46(b)).

4 다음의 과정으로 라펠 부분(날카로운 삼각형 모양)의 모든 꼭지점을 선택한다.
   • 라펠선에 있는 꼭지점을 선택한다.
   • Contextual input; Select Line Vertices.
   • Ctrl 키를 누른 채 드래그나 클릭으로 라펠에 해당하는 모든 꼭지점을 선택한다.

5 Rotate와 Translate 툴을 사용해 〈그림 7-46(b)〉와 (c)에서 보여주는 것처럼 라펠 부분을 접혀진 위치로 움직여 준다.
   • 적절한 위치로 라펠을 배치하는 것은 성공적인 결과를 얻는 데 중요하다. 이 과정은 숙련된 사용자에게도 시간이 좀 걸릴 수 있다.

6 Select 〉 Primitive Selection Mode;

7 몰드할 패널(즉, Step 3 에서 선택된 패널)을 선택한 다음, Panel 〉 Mold Panel을 수행한다.
   • Mold Panel을 수행하기 전에 먼저 패널을 선택하는 것을 잊지 말아야 한다.

8 Reset;
  • 이번 Reset은 〈그림 7-46(e)〉에서 보여준 것처럼 (Steps 4~5 에서 작업했던) 패널을 몰드한 형태로 보여준다.

9 Clear Cache; Dynamic Play;

10 팔이 A-포즈(약 50프레임)가 될 때까지 기다린다. 칼라가 〈그림 7-46(f)〉에서 처럼 안쪽으로 파고든다면, 시뮬레이션을 일시정지하고 그 칼라 패널을 선택, Translate 툴을 사용해 위쪽으로 올린 다음 Static Play를 한다. 〈그림 7-46(g)〉는 문제가 해결된 모습을 보여 준다.

11 〈그림 7-46(h)〉에서 보여주는 것과 같은 결과를 얻기 위해 사용자는 시뮬레이션 동안에 Translate, Rotate, Drag Vertex 등을 사용해야 할 수도 있다.
  • 시뮬레이션 도중의 제어에 있어 문제적 상황을 해결하는 데는 종종 Static Play가 Dynamic Play보다 더 효과적이다. 문제가 해결되면 Dynamic Play를 다시 시작할 수 있다.

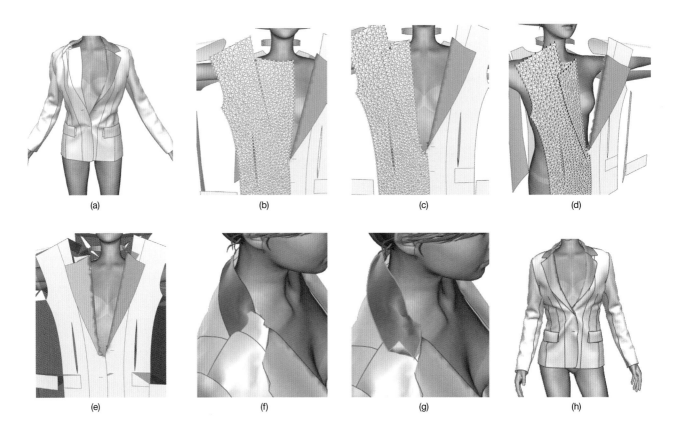

(a)　　　　　(b)　　　　　(c)　　　　　(d)

(e)　　　　　(f)　　　　　(g)　　　　　(h)

그림 7-46 라펠의 생성

LAB 19 티어드 스커트 구성하기

■ 〈그림 7-47(b)〉에서 보여주는 것처럼 이번 LAB에서는 티어드 스커트(tiered skirt)를 구성한다. 〈그림 7-47(a)〉는 사용되는 패널을 보여주는데, 패널 P, Q, R 은 S와 봉제돼야 한다. 구체적으로 말하자면, A', B', C'는 각각 A, B, C와 각각 봉제되어야 한다. P는 Q의 바깥쪽에 드레이프되므로 home position에서 Q보다 더 바깥쪽에 배치해야 한다. 여기서 문제는 P의 길이가 Q의 길이보다 더 짧다는 것이다.(Q 와 R 사이에도 같은 문제가 있다.)

■ 메시 꼭지점의 이동과 (manual wrap과 함께) 패널 몰딩(molding)을 사용하여 이 문제를 해결할 수 있다. 〈그림 7-47(c)〉은 패널 P가 어떤 지점에서 늘려져있는 것을 보여주는데, 그것은 선택된 메시 꼭지점을 이동한 다음 몰드하여 얻은 것이다.

1 DC-EDU/chapter07/tieredSkirt/tieredSkirt.dcp를 연다.

2 〈그림 7-47〉 (d)에서 보여준 것처럼 manual wrap으로 패널 R을 배치한다.
   • 몰드할 패널(즉, R)을 선택하고 Panel 〉 Mold Panel을 수행한다.

3 〈그림 7-47〉 (c)~(d)에서 보여준 것처럼 패널 Q를 배치한다.
   • Select 〉 Vertex Selection Mode; Manual Wrap과 Translate 툴을 사용한다.
   • Q 를 선택한 다음, Panel 〉 Mold Panel을 수행한다.
   • 유사한 방법으로 패널 P를 배치한다.

4 솔기를 생성하고 Dynamic Play한다;

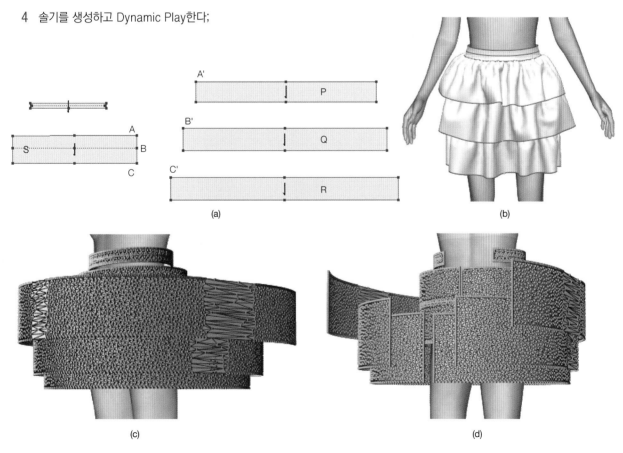

그림 7-47 티어드 스커트의 구성

SECTION 16
패널의 두께 제어

LAB 20   패널 두께 제어하기

1   DC-EDU/chapter07/simulation/simulation.dcp를 연다.

2   Select 〉 Select All Panels;

3   Attribute] Thickness에서 패널 두께를 1.0으로 설정한다.
　　• Border Smoothness를 4로 설정한다.
　　• Border Smoothness는 절단면(cut plane)의 모양을 컨트롤한다. 2는 평편한 형태의 컷 (flat cut), 3은 삼각형 형태의 컷(triangular cut), 4~9 는 곡면 컷(curved surface cut)이다. 〈그림 7-48〉은 Border Smoothness = 3으로 얻은 결과이다.

■   패널의 두께는 시뮬레이션이 완료된 후에 설정하는 게 좋다.

그림 7-48 패널 두께 설정하기

CHAPTER 8

의복의 동기적 구성

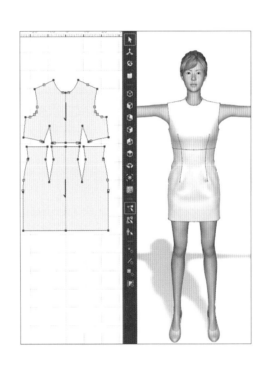

SECTION 1
개괄

Chapter 7에서 설명한 것처럼, 2D 윈도의 패널은 3D 윈도로 동기화(sync)될 수 있는데 이 경우 2D와 3D의 패널은 같은 것을 나타낸다. 만약 사용자가 2D 패널을 선택/수정한다면, 3D 패널 역시 선택/수정되며 그 반대도 마찬가지이다. 동일한 패널이 2D 윈도와 3D 윈도에 동시에 보여지는 DCS의 이러한 정책을 Homomorphism이라 부른다. Homomorphism의 구현에 중요 필요 조건은 동기화이다. 2D에서 생긴 변화는 3D로 동기화되어야 하며, 그 반대도 마찬가지이다.

DCS는 의복이 시뮬레이션 되고 있을 때도 지속적으로 동기화를 수행함을 주지하기 바란다. 예를 들어, 〈그림 8-1〉는 의복이 정적 시뮬레이션 되는 동안 사용자가 2D 윈도에서 스커트 길이를 짧게 조정하는 것을 보여준다(그림 8-1(a)). 2D 윈도에서의 변화는 더 이상 패널 배치나 솔기 생성 없이 3D 윈도에 즉시 반영된다(그림 8-1(c)). DCS의 이러한 기능을 동기적 구성(synced-construction)이라 부른다. 동기적 구성의 핵심 아이디어는 사용자의 포커스가 3D 윈도로 일단 옮겨지면 주된 포커스는 3D 윈도에 남아 있고, 2D 윈도는 의상 편집기로서 사용하는 것이다.

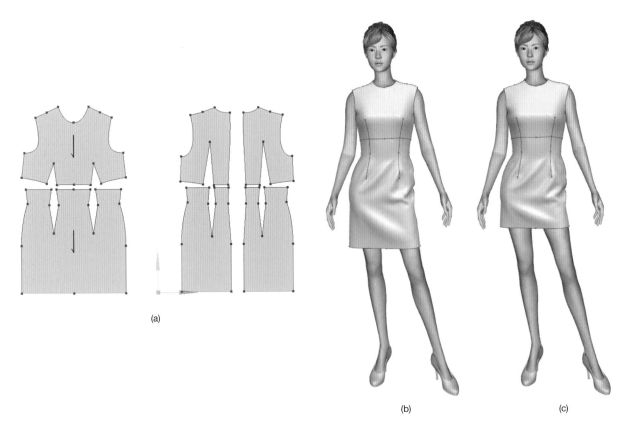

(a)

(b)   (c)

그림 8-1 원피스의 동기적 구성

⌐ LAB 1 스커트 길이 바꾸기

1 DC-EDU/chapter08/onepiece/onepiece.dcp를 연다.

2 Static Play;

3 〈그림 8-1(a)〉에서 보여주는 것처럼 2D 윈도우에서 스커트 패널의 front와 back의 밑단선을 모두 선택한다(Ctrl 키를 누른 상태로).

4 Translate (단축키 = W); Contextual input; dy = 10;
   • 3D 윈도우에서도 스커트 길이가 10cm 줄어든 것을 볼 수 있다.
   • 사용자가 원하는 결과를 얻을 때까지 스커트 길이를 더 조정할 수 있다.

5 스커트의 밑단선에 Dart 〉Create Dart로 다트를 생성해 본다;

6 DC-EDU/chapter08/onepieceSymmetric/onepieceSymmetric.dcp를 연다.
   • 동기적 구성을 연습하기 위해 이 프로젝트는 front와 back 모두 대칭 패널을 사용한다.

7 Static Play;

8 2D 윈도우에서 front와 back 스커트 패널의 밑단선을 모두 선택한다(오른쪽 절반 패널만).
   • 이 프로젝트에서 패널은 대칭이기 때문에 한쪽만 작업한다.

9 Translate; Contextual input; dy = 10;
   • 3D 윈도우에서도 스커트 길이가 10cm 줄어든 것을 볼 수 있다.
   • 사용자가 원하는 결과를 얻을 때까지 스커트 길이를 더 조정할 수 있다.

10 오른쪽 front 스커트 패널의 밑단선에 Dart 〉Create Dart로 다트를 생성해 본다.
   • 〈그림 8-2〉에서처럼 다트가 반대편에도 생성된 것을 볼 수 있다.

그림 8-2 동기적 구성 중 다트 생성하기

동기적 구성 메뉴의 분류

동기적 구성을 하는 동안, 사용자는 여러분은 패널에 모든 2D 메뉴와 3D 메뉴를 수행할 수 있다. 그러나 자세히 들여다보면, DCS 메뉴 중 다음 메뉴만이 동기적 구성과 직접적인 관련이 있음을 알 수 있다.

- Create Seam, Delete Seam, Pull Line, Divide Line, Cut Panel, Merge Line, Replace Contour, Create Dart, Create Interior Point/Line

1 솔기의 잔존

동기적 구성을 하는 동안 기존에 존재하는 솔기에 영향을 주지 않는 메뉴가 어떤 방식으로 동작해야 할 지는 자명하다. 그러나 기존 솔기에 영향을 주는 메뉴를 실행할 때는, 그 솔기를 그대로 유지해야 하는지 아니면 삭제해야 하는지가 결정되어야 한다.[1] 다음은 동기적 구성 메뉴를 수행할 때 솔기의 잔존에 관한 기본 원칙이다.

- 어떤 메뉴가 솔기선을 수정하지 않거나 그것을 나누는 것 없이 길이만 수정한다면 솔기는 잔존한다.(길이의 변화에 따라 그 메뉴는 개더를 생성할 수도 있다.)
- 어떤 메뉴가 기존의 솔기선에 (기존 솔기의 의미가 불확실해질 정도로) 극적인 변화를 가져올 때, DCS는 자동으로 그 솔기를 삭제한다.

2 동기적 구성 메뉴의 분류

패널에 어떤 메뉴를 수행하면 기존 솔기에 말썽이 발생할 수 있는데, 앞에서 설명한 것처럼, 말썽이 심각할 경우에는 DCS는 그 솔기를 삭제한다. 이 책은 말썽의 정도에 따라 동기적 구성 메뉴를 다음 네 개의 카테고리로 분류한다. 즉, (1) simple(간단한), (2) clear(분명한), (3) troublesome(문제 있는) (4) postponed(연기된)이다.

Simple Menu
- 예: Pull Line, Create Dart
- 이 메뉴는 솔기선이 늘어나거나 줄어드는 것 외에는 기존의 솔기에 어떠한 말썽도 야기시키지 않는다.

---

[1] 메뉴를 수행한 후에 솔기가 잔존하는지는 3D 윈도에서 솔기면을 살펴봄으로써 확인할 수 있다.

Clear Menu

- 예: Create Seam, Delete Seam, Divide Line, Cut Panel
- 이 메뉴는 기존의 솔기에 말썽을 일으키지만 해결책이 분명하다.
  - Divide Line: 솔기선이 나눠질 때 (1) 원래 솔기는 삭제되고, (2) 다른 쪽 솔기선도 나누어지며, (3) 두 개의 솔기가 생성된다.
  - Cut Panel: 패널이 잘려질 때, 두 가지의 경우가 발생한다. 자를 선(cutting line)이 어떤 솔기와도 만나지 않으면 (Case A), 새로운 솔기는 잘린 선을 따라 생성된다. 잘린 선이 솔기선과 교차할 때는 (Case B), Case A에 가해진 처리에 더불어 Divide (seam) Line 에 적용된 처리가 가해진다.(현재 Cut Panel은 동기적 구성에서 사용할 수 없다.)

Troublesome Menu

- 예: Replace Contour, Merge Line
- 이 메뉴들이 수행되는 선이 완전히 봉제 상태에 있거나 완전히 봉제가 안 되어 있는 상태에 있는 경우는 간단히 처리될 수 있다. 그러나 위의 메뉴들이 수행되는 선이 부분적으로 봉제되어 있고, 동시에 부분적으로 봉제되어 있지 않으면 처리하기가 애매해서 DCS는 기존의 솔기를 삭제한다.
- 애매함 때문에 솔기가 삭제되었을 경우, 여러분은 솔기선을 적절하게 수정하여(예: 나누어서 솔기를 생성해) 이 상황을 해결할 수 있다.

Postponed Menu

- 예: Create Interior Point/Line
- 내부점/선이 생성될 때, 어떤 경우에는 그 내부점과 내부선이 시뮬레이션에 영향을 미치지 않는다. 그런 이유 때문에 DCS는 3D-activate될 때까지 이들의 동기화를 미룬다.

SECTION 3
Pull Line(선 끌기) 메뉴

패널의 수정을 위한 가장 다재다능한 메뉴로 Pull Line이 있다. 〈그림 8-3(a)〉는 원래 패널을 보여주는데 네 모서리를 A~D라 칭하기로 한다. 옆선 AB와 CD의 중간에 각각 곡선점 E와 F가 있다.

아래에서 다양한 모드로 아래선 BC에 Pull Line 메뉴를 적용해볼 것이다. 〈그림 8-3(b)〉는 메뉴가 수행되는 동안에 contextual input dialog를 보여주는데, (1) point-pull(점 끌기)이 선택되고, (2) pull neighbor(연결선 끌기) 옵션이 선택되었으며, (3) extend neighbor(연결선 연장) 옵션은 선택해지된 상태이다.

Point-Pull vs. Line-Pull

- 〈그림 8-3(c)〉와 (d)에서 보여주는 것처럼 point-pull은 점을 당기는 것이다. 〈그림 8-3(c)〉는 점을 끌기 위해 끝점 B가 선택되어진 경우를 보여주는데, 그 결과 선이 늘어나거나 줄어든다. 〈그림 8-3(d)〉는 BC의 끝이 아닌 중간 지점이 point-pull을 위해 선택되어진 경우를 보여주는데, 이런 경우 DCS는 클릭된 지점에 곡선점을 생성하고 마우스 드래그에 따라 그 곡선점이 이동됨에 의해 선 변형이 생긴다.
- 〈그림 8-3(f)〉~(h)에서 보여주는 것처럼 line-pull은 선을 당기는 것이다. 〈그림 8-3(f)〉, (g), (h)는 선이 각각 아래-왼쪽, 아래, 아래-오른쪽으로 당겨진 경우를 보여준다. 그림에서 보는 것처럼, line-pull은 전체 선을 이동하며 선의 형태는 그대로 유지된다.

Pull Neighbor 옵션

- Pull Line 메뉴에서 AB와 CD는 BC의 연결선(neighbor)이다. Pull Neighbor 옵션은 사용자가 BC를 끌 때 AB와 CD도 같이 끌리도록 할 것인지에 대한 옵션이다. 〈그림 8-3(j)〉, 〈그림 8-3(l)〉는 원래 패널에서 시작해 점[선]이 Pull Neighbor 옵션이 선택해지된 채 왼쪽으로 끌렸을 때 어떻게 되는지를 보여준다. Pull Neighbor 옵션은 연결선의 곡선점(E와 F)의 이동과 관련이 있다. Pull Neighbor 옵션이 체크되었을 때 그 곡선점들은 비례적으로 움직인다(그러므로 직선은 직선으로 남음). 이 옵션을 선택하지 않은 경우, 곡선점들은 원래 위치에 고정된 채로 남아 있다.

Extend Neighbor 옵션

- Extend Neighbor 옵션을 체크하면 끝점 B 와 C 는 연결선을 연장하거나 줄이는 방향으로만 이동하도록 제한된다. 〈그림 8-3(n)〉, 〈그림 8-3(p)〉와 (q)는 point-pull[line-pull]이 이 옵션으로 B[BC]에 적용된 결과를 보여준다. 〈그림 8-3(p)〉는 끝점이 접선 방향으로 연장되는 것을 보여주고 〈그림 8-3(q)〉는 연결선을 따라 끝점이 이동해 연결선이 원래보다 짧아지는 것을 보여준다. Point-pull이 끝점이 아닌 곳에 수행될 때 Extend Neighbor 옵션은 무관하므로 무시된다.

Pull Line 메뉴에서 위의 옵션은 가능한 모든 방법(8가지)으로 결합될 수 있다. Pull Line은 당길 선(위의 예시에서는 BC)이 직선이든 곡선이든 상관없이 작동된다.

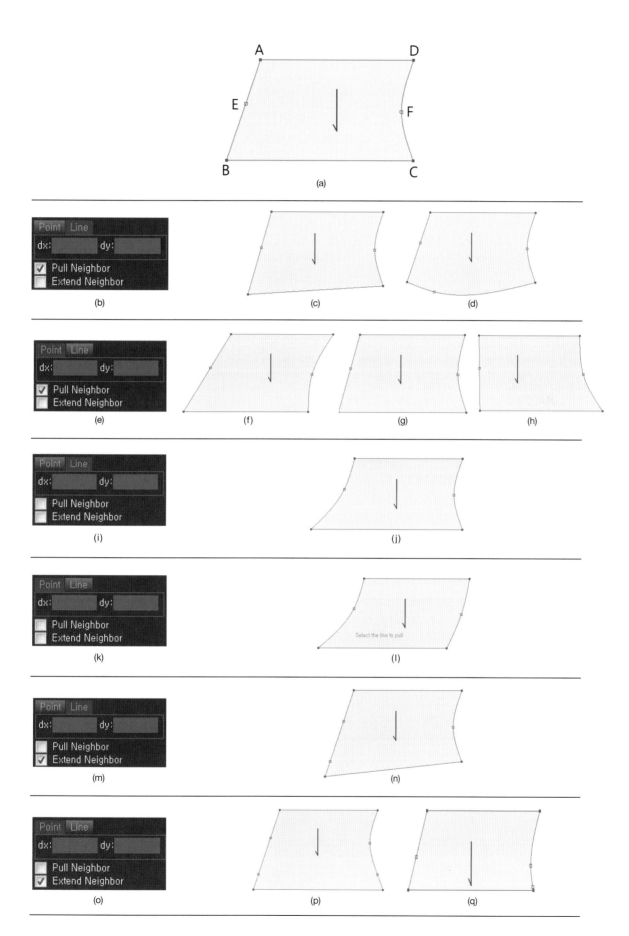

그림 8-3 Pull Line 메뉴

⌐ LAB 2 Pull Line 메뉴 실습하기

1   DC-EDU/chapter08/pullLineBasic/pullLineBasic.dcp를 연다.

2   패널의 아래쪽 선을 선택한다.

3   선택된 선에 Pull Line 을 실습한다.
  • 가능한 모든 옵션을 실습해 본다.

4   DC-EDU/chapter08/pullLineOnepiece/pullLineOnepiece.dcp를 연다.

5   Static Play; Pause

6   선택된 선에 Pull Line을 실습한다.
  • 이 메뉴를 사용할 때, (1) 선을 먼저 선택해야 하고, (2) 사용자가 당기고 싶은 곳을 빨간색 원이 나타날 때까지 클릭한 다음 누름을 지속하고, (3) 그 원을 드래그한다. (2)와 (3) 사이에 (마우스의) 누름을 놓지 않아야 함을 주지하기 바란다.
  • 위의 주의사항은 정적 시뮬레이션 중에 이 메뉴를 사용하고자 할 때 특히 중요한데, 그 이유는 시뮬레이션 계산에 의해 반응속도가 느려질 경우 사용자가 혼란을 느낄 수 있기 때문이다.
  • Pull Line을 수행하는 동안에 시뮬레이션을 일시정지하는 것을 더 권정한다.[2]
  • 모든 가능한 옵션을 실습해 본다.

■ 대칭축에 이웃한 외곽선 부분을 axis adjacency라 부른다(그림 8-4). Pull Line은 현재 axis adjacency에는 허용되지 않는다. 이것을 DC-EDU/chapter08/onepieceSymmetric/onepieceSymmetric.dcp에서 확인해 볼 수 있다.

■ Pull Line은 한 번에 하나의 선에만 적용될 수 있다. 그러므로 이 메뉴는 LAB 1에서 실습했던 방식으로는 사용될 수 없다.

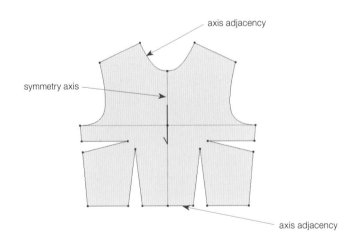

그림 8-4 대칭 패널로 패널 전환하기

---

2 Pull Line 메뉴는 마우스 포인트 위치의 빈번한 피드백을 수반한다. 컴퓨터가 연산 부하를 수용할 수 없다면, 시뮬레이션이 진행하는 동안에 사용하는 Pull Line은 심각한 속도 둔화를 발생시킬 수 있다.

SECTION 4
동기적 구성 메뉴의 실습

LAB 3 　동기적 구성 메뉴 실습하기

1　DC-EDU/chapter08/onepiece/onepiece.dcp를 연다.

2　정적 시뮬레이션을 수행한다.

3　다음의 simple menu를 실습해 본다:
　 • Pull Line, Create Dart

4　다음의 clear menu를 실습해 본다:
　 • Create Seam, Delete Seam, Divide Line, (Cut Panel)

5　다음의 troublesome menu를 실습해 본다:
　 • Replace Contour, Merge Line

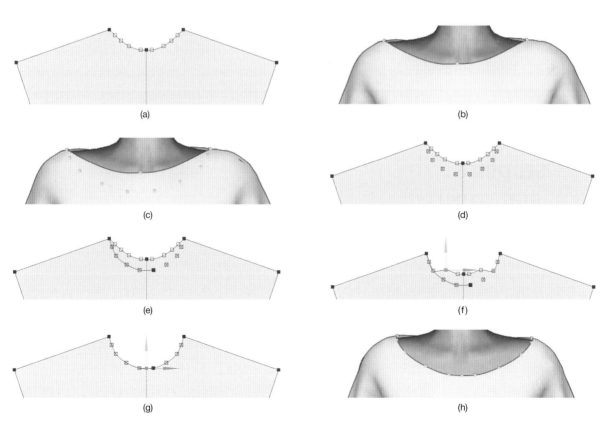

그림 8-5 네크라인 디자인 수정하기

LAB 4 네크라인 조정하기

1 DC-EDU/chapter08/correspondentDesignEdit/correspondentDesignEdit.dcp를 연다.
   - 원래 네크라인 디자인의 2D와 3D를 〈그림 8-5(a)〉와 (b)에서 보여주고 있다.

2 3D window 〉〉 Panel 〉 Create Interior Point;
   - 〈그림 8-5(c)〉에서 보여준 것처럼 오른쪽 절반에서 네크라인을 따라 4개의 점을 클릭한다.
     – 오른쪽 절반에 4개의 곡선점이 있기 때문에 여기에 4개의 점을 마크해주는 것이다.
   - Front 패널은 대칭이기 때문에 위의 내용이 왼쪽에 복사된다.
   - 위에서 3D에 마크된 점은 2D에 내부점으로 생성됨을 주지하기 바란다(그림 8-5(d)).
   - 여러분은 contextual input에서 마크된 점이 3D-activate되어야 할 것인지를 결정할 수 있다.

3 〈그림 8-5(e)〉에서 보여준 모양을 만들기 위해서 기존의 네크라인을 변형해 본다. 이 곡선을 그리는 것이 아님에 주의하라. 〈그림 8-5(f)〉~(g)에서 보여준 것처럼 2D 윈도에서 Translate 툴을 사용해 스냅 모드로 Step 2에서 마크했던 점에 네크라인의 곡선점을 이동하고 스냅하면 된다.
   - 유사한 방법으로 중심에 있는 점도 이동해 본다.
   - 곡선점을 이동하는 방법을 사용하면 솔기가 원래대로 유지되기 때문에 Cut Panel이나 Replace Contour을 사용하는 것보다 좋다.

4 〈그림 8-5(h)〉는 위의 방법에 따라 얻은 최종 디자인을 보여준다.
   - 가슴부분에서 surface inversion(표면 반전) 문제가 발생할 수 있다. 이것은 네크라인의 업데이트로 인해 top front 패널이 re-meshing됨에 의해 야기된 것이다.
   - 이 문제는 Static이나 Dyanamic Play를 수행하면 사라진다.

■ 디자인을 수정하기 위해 2D와 3D 간 대응 관계를 이용하는 위의 방법을 correspondent design edit라 부른다.

SECTION 5
최종 코멘트

동기적 구성은 기존의 의복 구성과는 확연히 다르다. 디지털 클로딩 기술만이 가능케 하는 마법같은 기능이다. 디지털 클로딩 기술이 더 성숙함에 따라 더 놀라운 동기적 구성 기능들이 나올 것으로 기대한다.

CHAPTER 9

표면 질감 설정과 렌더링

SECTION 1
개괄

인체의 움직임에 대한 의복의 드레이핑과 더불어 직물 표면(fabric surface)의 시각적 질감(detail)은 의복을 판단하는 데 중요한 요소이다. 본 Chapter에서는 직물 표면 질감을 어떻게 시각화 하는지를 소개한다.

1 렌더링이란?

렌더링(rendering)은 여러분에게 생소한 용어일 수 있다. 드로잉이 손으로 그려서 이미지를 생성하는 것에 반해(그림 9-1(a)), 렌더링은 컴퓨터 하드웨어나 소프트웨어로 각 픽셀의 색을 계산함으로써 이미지를 생성한다(그림 9-1(b)). 렌더링을 담당하는 프로그램 모듈을 렌더러(renderer)라 한다. 렌더러는 3D 장면의 시각화를 위해 광원, 그림자, 그리고 투광성, 반사성을 포함한 표면 특성에 의거해 각 픽셀의 색을 계산한다.

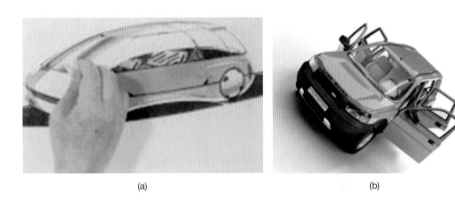

(a)   (b)

그림 9-1 드로잉 vs. 렌더링

2 렌더링 기술의 분류

디지털 클로딩에서 사용된 렌더링 기술은 렌더링이 하드웨어에 의해 이루어지는지, 소프트웨어에 의해 이루어지는지에 따라 다음 세 가지로 분류될 수 있다.(다음에서 OpenGL 렌더링과 GLSL 렌더링은 모두 하드웨어 렌더링이다.)

- **OpenGL 렌더링**: OpenGL은 Open Graphics Library를 의미한다. 이 하드웨어 렌더링 기술은 가장 기본적인 그래픽 하드웨어를 사용하므로 모든 컴퓨터에서 실시간에 동작한다. OpenGL 렌더링의 사실성은 세 가지 분류 중 최하이다. 〈그림 9-2(a)〉는 OpenGL 렌더링의 한 예를 보여주고 있다. 명시적으로 표면에 쉐이더(SECTION 3)를 적용하지 않으면 DCS는 OpenGL 렌더러로 렌더링한다.
- **GLSL 렌더링**: GLSL은 OpenGL Shading Language를 의미한다. 이것 역시 하드웨어 렌더링 기술이지만 OpenGL 렌더링에 비해 최근 GPU 기술을 활용한다. 그러므로 GLSL 렌더러는 이 렌더링 기능을 지원하는 GPU를 갖추지 않은 컴퓨터에서는 실행되지 않을 수 있다. 렌더링 품질은 OpenGL 렌더링보다 더 좋다. GLSL 렌더러는 실시간에 작

동하지만 OpenGL 렌더러에 비해 약간 느릴 수 있다. 의복에 쉐이더를 적용하는 경우, DCS는 GLSL 렌더러로 의복을 렌더링한다. 예를 들어, 〈그림 9-2(b)〉에서 보여주는 사틴 원피스 드레스는 GLSL 렌더러로 렌더링했는데 아바타는 OpenGL 렌더러로 렌더링되었다.[1]

- **소프트웨어 렌더링**: 소프트웨어 렌더링은 소프트웨어를 실행해 이미지를 생성하는데 세 가지 렌더링 기술 중 최상의 사실성을 가진다. 소프트웨어 렌더링으로 만들어낸 한 예를 〈그림 9-2(c)〉에서 보여준다. 소프트웨어 렌더링은 비실시간으로 동작한다. 매우 높은 품질의 시각화는 보통 소프트웨어 렌더러로 이루어지는데, 하나의 이미지를 생성하는데 수 시간이 걸릴 수 있다. DCS는 소프트웨어 렌더러를 포함하고 있지 않다. 대신 상용화된 소프트웨어 렌더러들이 많이 나와 있다. 여러분은 DCS에서 만들어낸 드레이프 결과를 다른 소프트웨어 렌더러로 내보냄으로써 그 렌더러에서 소프트웨어 렌더링을 실시할 수 있다.

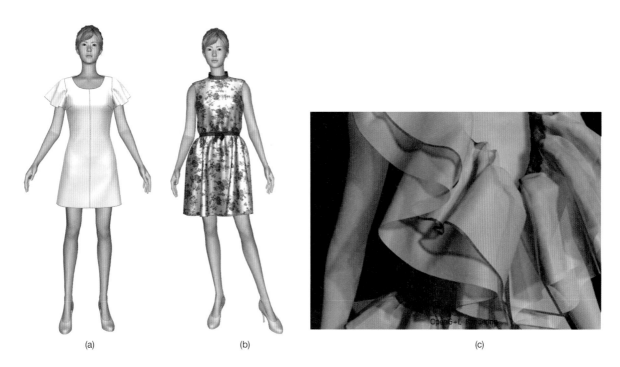

(a)   (b)   (c)

그림 9-2 (a) OpenGL 렌더링, (b) GLSL 렌더링, (c) 소프트웨어 렌더링

3 표면 질감 지정하기

렌더러의 개발은 컴퓨터 그래픽 엔지니어의 고유 영역에 속한다. 의복 전문가가 렌더러의 개발에 대해서는 할 수 있는 것이 별로 없다.

그러나 표면 질감의 지정(specification)은 의류 전문가에 의해 수행 되어야 하는 부분이다. 렌더러는 지정해 준 대로 표면을 시각화해 준다. 그러므로 질감을 적절하게 지정하지 않으면 렌더러가 아무리 좋아도 원하는 결과를 얻을 수 없다.

사용자가 표면의 질감을 제어할 수 있는 요소는 텍스타일, 텍스처, 쉐이더이다. 다음 SECTION들에서 이 주제들을 자세히 다루었다.

---

1   장면을 시각화하는 데 복수의 GLSL 렌더러가 사용될 수 있다. 예를 들어, 머리카락은 직물을 렌더링하기 위해 사용된 것과는 다른 GLSL 렌더러로 시각화되곤 한다.

SECTION 2
텍스타일의 제어

1 개괄

Chapter 1에서 실습한 것처럼 텍스타일을 패널에 적용하는 것은 텍스타일 브라우저에서 텍스타일을 클릭함으로써 이루어질 수 있다. 본 SECTION에서는 텍스타일 적용에 대해 추가적인 내용을 다룬다. 즉, 본 SECTION에서는 〈그림 9-3〉에 보여주고 있는 텍스타일 브라우저(스프라이트 브라우저 안)와 스프라이트 편집창(속성 편집창 안)에 대해 자세히 살펴볼 것이다.

그림 9-3 텍스타일 브라우저와 스프라이트 편집창

2 스프라이트란?

스프라이트(sprite)는 물체의 표면에 맵핑할 수 있는 이미지이다. 스프라이트는 보통의 이미지와는 다음과 같이 다를 수 있기 때문에 이 책에서는 스프라이트란 용어를 사용한다. (1) 스프라이트에서는 opacity[2] (불투명도)가 이미지의 부분에 따라 다를 수 있고, (2) 스프라이트 이미지는 텍스타일, 텍스처, 버튼, 스티치 등의 다양한 의복 구성 요소를 나타내는 데 사용된다.[3] 스프라이트로는 다음 이미지 형식들이 사용될 수 있다. JPEG, TIFF, PNG(이 형식은 반투명 가능), TGA 24bit, TGA 32bit, BMP 16bit, BMP 24bit, BMP 32bit 등이 있다.

---

[2] 픽셀의 opacity는 [0, 1] 사이의 값을 가지는데 0은 완전히 투명한 경우이다.
[3] Primitive가 점, 선, 패널, 다트, 솔기를 포함하듯이, 스프라이트는 텍스타일, 텍스처, 버튼, 스티치를 포함한다.

DCS에는 스프라이트의 제어를 위한 두 개의 창 스프라이트 브라우저(sprite browser)와 스프라이트 편집창(sprite editor)이 있다. 스프라이트를 DCS의 primitive에 적용하려면 그 스프라이트가 스프라이트 브라우저에 들어있어야 한다. 스프라이트 브라우저는 새로운 스프라이트를 불러오거나 이미 들어있는 스프라이트를 삭제할 수 있도록 해 준다. 〈그림 9-3〉에서 보여주는 것처럼 스프라이트 브라우저에는 네 개의 탭이 있는데 각각을 클릭했을 때 활성화된다. 이 탭을 각각 텍스타일 브라우저(textile browser), 텍스처 브라우저(texture browser), 스티치 브라우저(stitch browser), 버튼 브라우저(button browser) 라 부른다.

3 텍스타일 브라우저의 제어

텍스타일을 패널에 적용하기 위해서는 그 텍스타일 이미지가 텍스타일 브라우저에 있어야 한다. 사용자는 텍스타일 이미지를 브라우저에[에서] 추가[삭제]할 수 있다.

텍스타일 이미지 추가하기
1. 텍스타일 브라우저의 아래-오른쪽 코너에 Add 아이콘 🖼️을 클릭한다.
2. 텍스타일 이미지가 있는 폴더로 이동한다.
3. 가져올 파일을 선택한다. 복수의 파일을 선택하려면 Shift나 Ctrl 키를 사용한다.

텍스타일 이미지 삭제하기
1. 먼저 텍스타일 브라우저에서 삭제할 텍스타일 이미지를 선택한다.
2. Delete 아이콘 🖼️을 클릭한다.

텍스처, 스티치, 버튼 브라우저는 기본적으로 텍스타일 브라우저와 같은 방식으로 제어된다. 스프라이트 브라우저에 있는 모든 이미지는 프로젝트에 저장된다. 프로젝트의 크기가 무한정 커지는 것을 방지하려면, 사용하지 않는 스프라이트들은 삭제하는 것이 좋다.

텍스타일 이미지 리로드(reload)하기
텍스타일이 패널에 이미 적용되어 있다고 가정하자. 이후 텍스타일 브라우저에서 사용자는 같은 이름을 가진 새로운 이미지로 그 텍스타일 이미지를 교체할 수 있다. 이 경우 새로운 텍스타일 이미지가 적용되기 위해서는 Reload 아이콘 🔄만 클릭하면 된다. 리로드 기능은 새로운 텍스타일 이미지를 다시 적용하고 맵핑을 수정하는 수고를 덜어준다.

Color Only	Original	Repeat	Fill Vertical/Horizontal
텍스타일이 적용되지 않고 패널은 지정된 색으로 채워진다.	텍스타일 이미지가 원래 크기로 중앙에 오고 나머지는 지정된 색으로 채워진다.	텍스타일 이미지가 전체 패널을 채우기 위해 수직과 수평으로 반복된다.	텍스타일 이미지가 원래의 종횡비(가로 세로 비율)를 유지하면서 수직 또는 수평 길이를 채우도록 조정된다.

표 9-1 텍스타일 적용 방식

4 텍스타일 적용 모드

여러분은 이미 (1) 패널을 선택하고, (2) 텍스타일 브라우저에서 이미지를 클릭함으로써 텍스타일을 적용할 수 있음을 알고 있을 것이다. 그런데 텍스타일 적용 모드로는 〈표 9-1〉에 정리된 것처럼 다섯 가지가 있다. 텍스타일 적용 모드는 Property Editor] Sprite] Mode에서 설정할 수 있다.

⌐ LAB 1   텍스타일 적용 모드 실습하기

1 DC-EDU/chapter09/simpleDress/simpleDress.dcp를 연다.

2 모든 패널을 선택한다.

3 Color only 모드를 실습해 본다.
   • Sprite] Mode] Color Only; 그 다음 Color box를 클릭한다.
   • 원하는 색을 선택하면 그 색이 패널에 적용된 것을 볼 수 있다.

4 Original 모드를 실습해 본다.
   • Textile browser에서 텍스타일 이미지를 선택한다.
   • Sprite] Mode] Original;
   • Original 모드로 텍스타일이 패널에 적용된 것을 볼 수 있다.

5 다른 모드들을 실습해 본다.
   • Repeat, Fill Vertical, Fill Horizontal 모드를 실습해 본다.

6 Opacity 를 실습해 본다.
   • 슬라이더 바를 움직여서 opacity가 텍스타일에 어떻게 영향을 미치는지 살펴본다.

그림 9-4 Repeat 모드에서 텍스타일 적용하기

5 텍스타일의 정렬

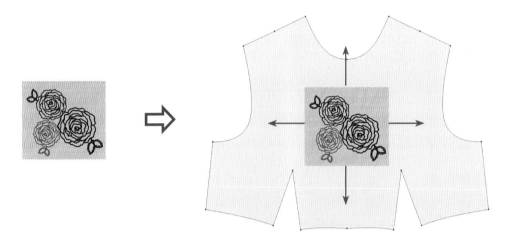

그림 9-5 텍스타일의 첫 번째 반복은 패널의 중앙에 정렬됨

    텍스타일 이미지가 패널에 (original, repeat, fill vertical, fill horizontal 모드로) 맵핑되는 경우, 그 이미지는 다음의 규칙으로 정렬된다.
- **위치**: 〈그림 9-5〉에서 보여주는 것처럼 패널의 (더 정확히는 패널을 둘러싸는 직사각형의) 중심에 온다.
- **방향**: 텍스타일의 방향은 식서방향을 따라 정렬된다.

    Repeat 모드에서는 위의 규칙에 따라 중심에서 한 번 정렬된 후, 나머지는 반복해 채워진다.

    위의 규칙은 텍스타일의 첫 적용 시 (즉, 텍스타일 이미지가 텍스타일 브라우저에서 클릭될 경우) 기본 위치 및 방향에 대한 것이다. 계속해서 사용자가 위치와 방향을(Sprite] Mapping Control에서) 수정할 경우, 이 규칙은 더 이상 유효하지 않다.

6 텍스타일의 편집

DCS에서는 텍스타일의 편집을 위한 다음의 기능을 제공한다.
- Translation(이동)
- Scaling(배율)
- Rotation(회전)
- Flipping(반전)

LAB 2 텍스타일 편집하기

1 DC-EDU/chapter09/ribbonDress/ribbonDress.dcp를 연다.

2 텍스타일을 이동하기 위해 패널을 선택한다.

3 이동을 실습해 본다.
   • Sprite] Mapping Control] Translate에서 슬라이드 바를 움직이거나 숫자를 입력한다. H와 V는 각각 수평 (horizontal)과 수직(vertical)을 의미한다.

4 배율을 조절해 본다.
   • Scale 코너에서 슬라이드 바를 움직이거나 숫자를 입력한다. H와 V 사이의 체크란을 체크하면 수평과 수직 배율 이 동일하게 유지된다.

5 회전과 반전을 실습해 본다.
   • Rotate 코너에서 다이얼을 회전해 본다.
   • Flip X와 Flip Y 아이콘을 클릭해서 텍스타일을 반전해 본다.

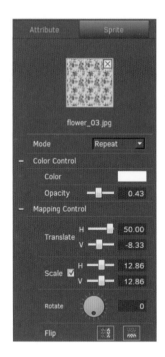

그림 9-6 스프라이트 편집창

7 Sibling Panel

동일한 텍스타일/텍스처/칼라가 적용된 패널이나 동일한 이름을 가지는 패널을 sibling panel이라 부른다.
더 자세히 말하면, 같은 텍스타일 [텍스처] [칼라] 가 적용된 패널들을 textile-sibling [texture-sibling] [color-sibling]
이라 부른다. 같은 이름을 가진 패널들은 name-sibling이라 한다.

⌐□ LAB 3   Sibling 패널들의 동시 수정하기

- Sibling 패널들은 동시에 수정될 수 있다. 본 LAB에서는 textile-sibling 패널들을 동시에 수정하는 실습을 수행해 본다.

1 DC-EDU/chapter09/ribbonDress/ribbonDress.dcp를 연다.

2 텍스타일이 적용된 패널을 하나 선택한다.

3 Select 〉 Select Same Panel 〉 Same Textile;
   - 모든 textile-sibling 패널들이 선택된다.

4 텍스타일을 수정하거나 교체할 수 있으며, 이 수정/교체는 모든 textile-sibling 패널에 동시에 적용된다.

- 위의 과정과 유사하게, texture-sibling, color-sibling, name-sibling 패널들에 적용되어 있는 스프라이트는 동시
  에 수정되거나 교체될 수 있다. 사실, 위의 동시 수정은 스프라이트 외에 다른 속성으로도 확장할 수 있다. 예를 들
  어, sibling 패널을 선택한 후에 쉐이더를 적용하면 그 쉐이더는 모든 sibling 패널들에 적용된다. 쉐이더 자체에 수정
  을 가하면 그 수정된 내용이 모든 sibling 패널에 적용된다.

LAB 4 패널 보기 모드

■ 3D 윈도에서 패널은 다음 여섯 가지 모드로 볼 수 있다.

1   Show 〉 Panel Mode 〉 Wire Frame;
  • 패널이 메시 형태로 보여진다.

2   Show 〉 Panel Mode 〉 Textile;
  • 패널에 텍스타일이 적용된 상태로 보여진다.

3   Show 〉 Panel Mode 〉 Default Color;
  • 패널이 기본 패널 색으로 보여진다.

4   Show 〉 Panel Mode 〉 3D Layer Color;
  • 패널이 〈그림 9-7(b)〉처럼 3레이어 색으로 보여지며 원래 색이나 텍스타일은 무시된다. 이 layer-color 모드의 렌더링은 다른 의복과 색으로 확연하게 구별할 수 있기 때문에, 복수의 의복을 시뮬레이션할 때 편리하다.

5   Show 〉 Panel Mode 〉 Strain;
  • 패널에 strain analysis가 보여지는데 자세한 내용은 Chapter 7의 SECTION 7에서 설명하였다.

6   Show 〉 Panel Mode 〉 Distance;
  • 패널에 distance analysis가 보여지는데 자세한 내용은 Chapter 7의 SECTION 7에서 설명하였다.

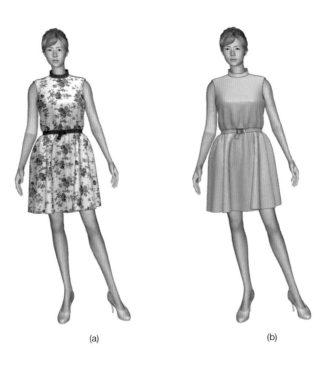

(a)   (b)

그림 9-7 (a) 텍스타일, (b) 3D 레이어 색으로 패널 보기

SECTION 3
쉐이더의 제어

1 쉐이더란?

텍스타일이 패널에 적용되었을 때, DCS는 아주 최소한의 쉐이딩을 해주면서 패널 표면을 텍스타일 이미지로 맵핑해 준다. 여기에서 쉐이딩(shading)이란 들어오는 광선이 (직물의 표면 속성에 따라) 표면에서 어떻게 산란되는지를 계산하는 것을 의미한다.

특정 직물(예: 무광택의 면)의 경우에는 위의 간단한 텍스타일 맵핑으로도 충분히 좋을 수 있다. 그러나 일반적으로 텍스타일 맵핑 단독으로는 스웨이드, 벨벳 등의 독특한 느낌을 재현할 수 없다.

스웨이드/벨벳의 사진을 텍스타일 이미지로 사용하는 것은 어떨까 하고 궁금해하는 사람이 있을 것이다. 이 방법은 좋은 결과를 주지 않는다. 왜냐하면 (아바타 모션 때문에 생기는) 직물 표면방향의 변화와 보는 방향의 변화가 제대로 고려되지 않기 때문이다.

위의 문제에 대한 DCS의 해결책은 쉐이더(shader)라는 소프트웨어 모듈을 사용하는 것이다. 쉐이더란 직물의 표면에 입사하는 광선이 어떻게 산란되는지를 렌더러에게 알려주는 컴퓨터 프로그램 모듈이다. 쉐이더는 특정 직물의 표면 질감을 제대로 재현하기 위한 필수 요소이다. 렌더러는 텍스타일과 텍스처의 효과를 쉐이더의 효과와 결합해 3D 윈도에서 최종 결과를 보여준다.

여러분은 DCS에서 표면 질감을 다음의 과정으로 제어한다. (1) 먼저 쉐이더를 선택한 다음, (2) 쉐이딩 속성을 조절한다.

- **쉐이더의 선택**: DCS는 사용자가 선택할 수 있도록 몇 개의 쉐이더를 제공한다. 현재 DCS는 두 개의 쉐이더 즉, Phong 쉐이더와 Micro-Facet 쉐이더(MF 쉐이더)를 제공한다. 미래에는 또 하나의 쉐이더(Weave-Control 쉐이더)가 추가될 예정이다.
  - Phong[4] 쉐이더는 원래 직물을 위한 것은 아니다. 플라스틱 느낌을 내는 데 적합한 것으로 알려졌다. 그럼에도 불구하고 DCS에서는 3D 윈도에서 패널을 그려주는 기본 쉐이더로 (사용자가 MF 쉐이더로 교체하기 전까지) Phong 쉐이더를 사용한다. 왜냐하면 구성과 관련된 내용(예: 패널의 드레이프가 되지 않은/드레이프가 된 기하학적 모습과 내부점/선, 솔기면 등)을 보여주는 데는 Phong 쉐이더가 더 효과적이기 때문이다.
  - MF 쉐이더는 표면을 직물처럼 보이도록 하기 위해 사용하는 쉐이더이다.
- **쉐이딩 변수의 조절**: 각 쉐이더 내에서 여러분은 쉐이더 변수를 조절할 수 있다.
  - MF 쉐이더의 변수들을 조절함으로써 leather(glossy), leather(matte), satin, silk, suede, velvet, vinyl을 포함한 다양한 직물의 느낌을 만들어낼 수 있다.
  - Phong 쉐이더도 변수들을 조절할 수 있다.

---

4 Phong이란 이름은 이 쉐이딩 알고리듬을 발명한 연구자의 이름에서 유래되었다.

LAB 5 쉐이더 사용하기

- 쉐이더가 만들어내는 시각적 효과에 비해 그것의 사용은 매우 간단하다. 여러분은 (1) 쉐이더를 선택한 다음, (2) 쉐이더 변수를 조절하기만 하면 된다.

1 DC-EDU/chapter09/simpleDress/simpleDress.dcp를 연다.

- 쉐이더 선택하기

2 텍스타일이 적용된 패널을 선택한 후 Attribute] Shader에서 쉐이더를 선택한다.
   - DCS는 선택할 수 있는 쉐이더로 basic, cotton, leather(glossy), leather(matte), satin, silk, suede, velvet, vinyl 을 열거하고 있지만, DCS에는 두 개의 쉐이더 즉, Phong 쉐이더와 MF 쉐이더만 있다는 것을 명심하자.
   - Basic 쉐이더는 사실 Phong 쉐이더로 쉐이딩된다. Basic 쉐이더를 선택하면 〈그림 9-8(a)〉에서처럼 DCS는 basic 쉐이더에 대한 변수의 리스트와 그 값을 보여준다.
   - 위에 나열된 모든 직물들(basic은 제외)은 MF 쉐이더로 쉐이딩된다. 목록에서 cotton을 선택해 보라. 〈그림 9-8(b)〉에서처럼 DCS는 cotton에 대한 변수의 리스트와 그 값을 보여준다. 변수의 종류와 개수가 Phong 쉐이더와는 다르다. 여러분이 cotton을 선택하면 DCS는 내부적으로는 MF 쉐이더를 선택하고, cotton 느낌을 내는 (미리 설정해둔) 변수 값들로 쉐이더를 예시화(instantiate)한다. 이것(즉, 미리 설정한 cotton 변수 값으로 MF 쉐이더를 예시화한 것)을 cotton 쉐이더라 부른다. 이러한 명명규칙은 다른 직물의 경우에도 적용되며, 예시화된 쉐이더들을 총체적으로 프리셋(preset) 쉐이더라 부르기로 한다.
   - 이제 vinyl을 선택해 본다. 변수 값들은 다르지만 vinyl도 cotton과 같은 종류의 변수를 사용하는 것을 볼 수 있다. 이것은 cotton과 vinyl이 같은 쉐이더(즉, MF 쉐이더)로 쉐이딩되었기 때문이다.

- 쉐이더 변수 조절하기

3 프리셋 쉐이더를 선택한 즉시 DCS는 프리셋 변수 값들을 사용하여 패널을 렌더링한다. 사용자가 쉐이더 변수를 조절하면, 그 효과를 3D 윈도에서 즉각적으로 볼 수 있다.
   - 각 쉐이더 변수의 의미는 다음 SECTION에서 설명한다.

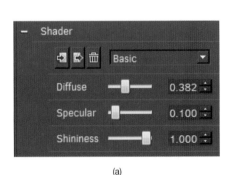
(a)

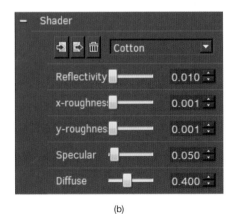
(b)

그림 9-8 (a) Phong 쉐이더와 (b) 직물 쉐이더의 변수 제어하기

2 쉐이딩에 사용되는 변수

쉐이더를 원하는 대로 제어할 수 있으려면 여러분은 DCS 쉐이더가 어떻게 작동하는지를 이해할 필요가 있다. 이 메커니즘을 설명하는 것은 쉬운 일은 아니다. 이 설명에는 불가피하게 몇 개의 수학적 변수와 방정식들이 사용된다.

임의의 표면 점 P 가 Phong 쉐이더와 직물 쉐이더로 어떻게 쉐이딩되는지를 설명해도 일반성을 잃지 않을 것이다. 그 전에 먼저 렌더링을 위한 기하학적 상황을 설명하고 몇 가지 변수를 정의한다.

- l_i : DCS는 3개의 광원을 사용한다. l_i 는 P 로부터 i 번째 광원 L_i (i=1, 2, 3)로 향하는 단위 벡터이다.
- $L_d = (L_{dr}, L_{dg}, L_{db})$: 광원의 diffuse color(비광택색)를 보여주는 벡터이다. DCS는 3개의 광원을 사용하고 3개의 광원은 동일한 비광택색을 가지고 있다고 가정한다. 이것의 위치만 다를 뿐이다. 이 벡터의 각 요소는 적색, 녹색, 파란색을 나타내며 Environment 〉 Light Setting에서 설정할 수 있다.
- $L_s = (L_{sr}, L_{sg}, L_{sb})$: 광원의 specular color(광택색)를 나타내는 벡터이다.
- $L_a = (L_{ar}, L_{ag}, L_{AB})$: 광원의 ambient color(주변색)를 나타내는 벡터이다. Diffuse, specular, ambient color의 의미는 용어 자체로는 쉽게 이해되지 않을 수 있다. 여러분은 광원의 색이 diffuse, specular, ambient로 나뉜다는 것조차 받아들이기 쉽지 않을 것이다. 이 의미는 다음 SECTION에서 좀 더 명확해 질 것이다. 결국, 위의 광원색 분해는 쉐이딩 결과에 더 많은 제어를 제공하게 된다.
- n : P에서의 surface normal(표면에 수직인 단위 벡터)(그림 9-9 참조).
- r_i : Reflection vector. 이것은 n 에 대하여 l_i 의 거울 반사 방향이다(단위 벡터).
- v : Viewing vector. P 에서 시점으로 향하는 단위벡터이다.

3 Phong 쉐이더의 제어

Phong 쉐이더는 다음 방정식으로 동작한다. 즉, $-v$ 방향(그림 9-9)으로부터 봤을 때의 P의 RGB를 각 광원에서의 공헌을 합산함으로써 계산한다.

이 방정식에서 $I_{d,i}$ 와 $I_{s,i}$ 는 L_i의 diffuse(비광택) 요소와 specular(광택) 요소를 각각 나타내며, 그 계산법도 보여준다. K_d, K_s, α 는 사용자가 조절할 수 있는 계수이다.

$$I = \sum_{i=1}^{lights}(I_{d,i} + I_{s,i}) = \sum_{i=1}^{lights}\{K_d L_d(\mathbf{n} \cdot \mathbf{l}_i) + K_s L_s(\mathbf{n} \cdot \mathbf{r}_i)^\alpha\} \quad (1.1)$$

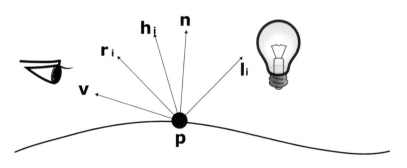

그림 9-9 쉐이딩을 위한 광원과 시점의 설정

LAB 6   Phong 쉐이더 변수 제어하기

1   DC-EDU/chapter09/simpleDress/simpleDress.dcp를 연다.

2   모든 패널을 선택한 후 Attribute] Shader에서 Basic 쉐이더를 선택한다.
   • DCS 변수의 Diffuse, Specular, Shininess는 앞의 Phong 쉐이딩 방정식에서 각각 Kd , Ks, α에 해당한다.
   • (0.382, 0.100, 1.0)는 프리셋 Phong 쉐이더인 Basic 쉐이더에 사용된 (Diffuse, Specular, Shininess)의 값이다.

3   [0, 1] 범위에서 Diffuse와 Specular를 조절해 본다. 두 값들이 모두 작을[클] 때 물체는 어둡게[밝게] 보인다. Diffuse가 Specular보다 작을[클] 때 물체는 광택[무광택]으로 보인다. 〈그림 9-10〉은 Shininess = 0.5로 고정하고, Diffuse와 Specular 변수 값을 변경해서 얻은 쉐이딩 결과를 보여준다.

4   Shininess를 조정해 본다. Shininess는 [0, 1] 범위의 값을 가지며, 1이 가장 반짝이는 경우를 나타낸다.[5]
   • 〈그림 9-11〉은 Diffuse와 Specular를 Diffuse = 0.5와 Specular = 0.5로 고정하고, Shininess 값을 변경해 얻은 쉐이딩 결과를 보여준다.

5   사용자가 프리셋 쉐이더를 변경하는 경우, DCS는 그 쉐이더를 Custom 쉐이더로 들고 있다. 후속 작업에서 그 쉐이더를 다시 불러올 수 있도록 다음과 같이 내보내기/가져오기 기능을 제공한다.
   • Export DSP 아이콘 ▣을 클릭해 Custom 쉐이더를 *.DSP (DC Shader Parameter) 파일로 저장할 수 있다.
   • Import DSP 아이콘 ▣을 클릭하여 *.DSP 파일을 불러올 수 있다.

---

5   Phong 쉐이딩 방정식(Eq 9.1)으로 설명하자면 DCS는 Phong 변수 α가 [1, 20] 범위를 갖도록 했는데, 이 범위를 DCS의 Shininess 변수 범위가 [0, 1]이 되도록 비례적으로 맵핑하였다. 이러한 맵핑은 모든 쉐이더 변수들이 [0, 1]의 표준범위를 갖도록 하기 위해 도입하였다.

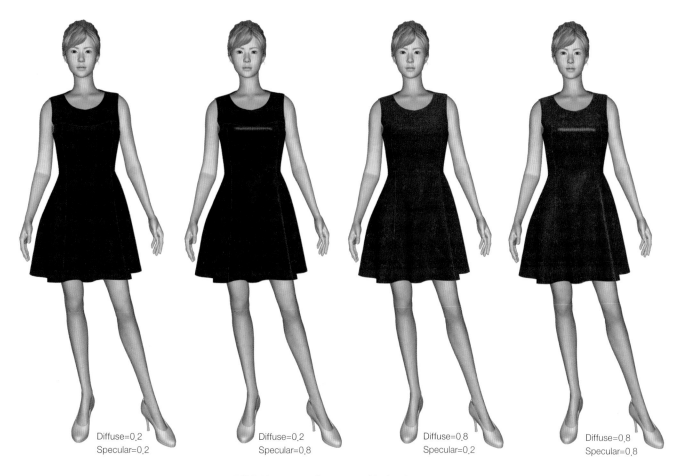

Diffuse=0,2
Specular=0,2

Diffuse=0,2
Specular=0,8

Diffuse=0,8
Specular=0,2

Diffuse=0,8
Specular=0,8

그림 9-10 Diffuse프와 specular 변수의 효과

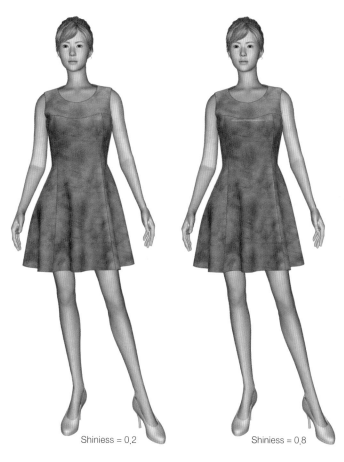

Shiniess = 0,2

Shiniess = 0,8

그림 9-11 Shininess 변수의 효과

4   MF 쉐이더 제어하기

DCS는 MF 쉐이더를 갖추고 있으며, 다음 직물들을 위한 프리셋 쉐이더를 제공한다. Cotton, Leather(Glossy), Leather(Matte), Satin, Silk, Suede, Velvet, Vinyl이다. 〈그림 9-12〉는 위의 프리셋 쉐이더로 생성된 예들을 보여준다. DCS에서는 직물 쉐이더를 제어하기 위해 다음의 변수들을 사용한다.

- **Reflectivity**: 광선이 직물 표현에 정방향(직각)으로 들어올 때 입사 강도 대비 반사 강도의 비율([0,1] 범위)이다.
- **x-roughness**: x 방향의 roughness(표면 거칠기. [0, 1] 범위 값을 가짐).
- **y-roughness**: y 방향의 roughness([0, 1] 범위 값을 가짐). x와 y roughness를 조절함으로써 satin과 같은 이방성 직물의 느낌을 만들어낼 수 있다.
- **Diffuse**: 이 변수는 Phong 쉐이더에서와 같은 의미를 갖는다.
- **Specular**: 이 변수는 Phong 쉐이더에서와 같은 의미를 갖는다.

┌□ LAB 7   MF 쉐이더 변수 제어하기

1   DC-EDU/chapter09/simpleDress/simpleDress.dcp를 연다.

2   모든 패널을 선택한 후 Attribute] Shader에서 Cotton 프리셋 쉐이더를 선택한다.

3   각 변수들을 조정해보고 그 효과를 3D 윈도에서 살펴본다.
- 이방성 직물의 느낌을 표현하기 위해 x-roughness와 y-roughness에 서로 다른 값들을 줘 보고, 보는 시각에 따른 영향을 관찰하기 위해 뷰를 바꿔 본다.

4   다른 프리셋 MF 쉐이더로 위의 step 2~3을 반복해 본다.

■ 사용자가 프리셋 쉐이더의 변수를 바꾸면, DCS는 후속 작업에서 그것을 (export와 import로) 다시 사용할 수 있도록 Custom 쉐이더로 갖고 있다.[6] 자세한 내용은 LAB 6을 참조한다.

---

6   다른 프리셋 쉐이더를 변경하면 그것이 다시(새로운) Custom 쉐이더가 된다.

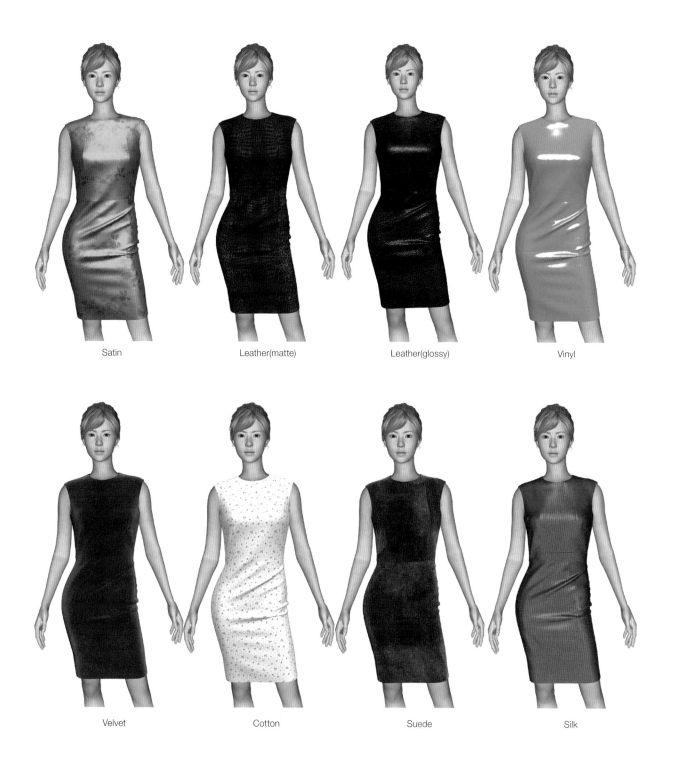

| Satin | Leather(matte) | Leather(glossy) | Vinyl |

| Velvet | Cotton | Suede | Silk |

그림 9-12 DCS 프리셋 직물 쉐이더 결과

5 직물 쉐이더의 고급 사용

쉐이더와 텍스타일의 일치

렌더러는 텍스타일 이미지의 효과와 쉐이더의 효과를 결합한다. 쉐이더와 텍스타일 간 적용의 순서(즉, 쉐이더 적용 후 텍스타일 적용, 또는 텍스타일 적용 후 쉐이더 적용)는 차이를 만들지 않는다. 직물 쉐이더의 효과는 〈그림 9-12〉에서 보여주는 것처럼 적용된 텍스타일 이미지가 현재 쉐이더와 부합할 때 극대화된다. 〈그림 9-13(a)〉~(b)〉는 같은 쉐이더이지만 두 개의 다른 텍스타일 이미지가 적용된 결과를 보여준다. 〈그림 9-13(a)〉는 쉐이더와 텍스타일이 부합하지 않는 경우이고, 〈그림 9-13(b)〉는 비교적 잘 부합하는 경우이다.

쉐이더와 텍스타일이 부합하기 위해서는 텍스타일 이미지의 선택도 중요하지만, 그 이미지의 배율(scale) 또한 적절해야 한다. 예를 들어, 〈그림 9-13(c)〉~(d)〉에서처럼 Leather 쉐이더 사용에 있어 텍스타일 이미지의 배율에 따라 같은 쉐이더를 사용했음에도 다른 느낌의 결과를 가져온다.

프리셋 쉐이더 조정하기

현재 여덟 개의 프리셋 직물에 대한 변수 값들은 실험을 통해 신중하게 설정되었다. 그러므로 대부분의 경우 변수의 추가 조정은 필요 없다. 그러나 (1) 현재 프리셋 값이 이론적 최적 값이 아니며, (2) 예를 들어, 같은 cotton에서도 각 케이스마다 직물 표면에 미묘한 차이가 있음을 이해할 필요가 있다. 따라서 현재 프리셋 값들은 필요에 따라 조절될 수 있다. 프리셋 직물 쉐이더가 의도된 직물을 불만족스럽게 표현할 경우, 더 나은 결과를 얻기 위해 여러분이 직접 변수들을 조절할 수 있다.

새로운 쉐이더 생성하기

DCS의 현재 여덟 개의 프리셋 쉐이더는 사실 쉐이더 변수들을 어떤 특정 값으로 설정함에 의해 얻은 것인데, 그것은 변수를 조절함으로써 추가적인 프리셋 쉐이더를 얻을 수 있음을 암시한다. 〈그림 9-14〉는 변수를 조절함으로써 새로이 얻어진 쉐이더의 예를 보여준다(의도한 직물의 느낌을 내기 위해 적절한 텍스타일을 사용하였음). (Reflectivity, x-roughness, y-roughness, Specular, Diffuse)의 값은 (a)~(c)에서 각각 (0.017, 0.041, 0.910, 1.0, 0.102), (0.306, 0.347, 0.286, 0.163, 0.408), (0.143, 0.286, 0.143, 0.102, 0.143)이다.

DCS MF 쉐이더의 본질적인 한계

MF 쉐이더의 개발에 사용한 쉐이딩 모델은 직조 패턴(weave pattern)을 표현할 수 없다. 따라서 사용자가 직물을 아무리 가까이서 봐도 직조 패턴은 보이지 않는다. DCS는 직물의 직조 패턴을 보여줄 수 있는 소위 Weave-Control 쉐이더를 추후 추가로 개발할 계획이다.

직물 표면 질감재현의 어려움

다른 전문적인 렌더러를 사용해 직물의 (직조 패턴을 포함한) 고급 렌더링을 시도할 수 있다. 그러나 저자는 이를 그리 추천하지는 않는다. 왜냐하면 만족스러운 결과를 만들어내는 것은 컴퓨터그래픽 분야의 렌더링 전문가에게조차 어렵기 때문이다. 한 렌더러가 일부 직물에 대해 놀라운 결과를 만들어낼 수 있지만, 그 렌더러가 다른 직물에서도 그러한 품질을 낼 수 있는 것이 보장되는 것은 아니다. 또한 하나의 이미지를 생성하는 데 수 시간이 걸릴 수 있는데 이러한 상황은 영화산업에서는 받아들여질 수 있으나 일반적으로 의류산업에서는 받아들이기 어렵다.

디지털 클로딩 기술로 생성된 의복이 제대로 의미를 갖기 위해서는 렌더링이 사진과 같은 품질로 되어야 할 것이다. 그러나 현재 실시간 렌더링 기술이 만들어낼 수 있는 품질은 확실히 그런 수준에는 못 미친다. 종종 CEO나 한 그룹의 의사결정자는 기술적 한계를 모르기 때문에 만족스런 렌더를 갖춘 시스템을 찾아오라고 직원들을 밀어붙이는 경향이 있는데, 쉽사리 몇 달의 시간이 헛되이 소비될 수 있다. 여러분의 시간과 노력을 절약하기 위해 저자는 본 SECTION에서 보여준 품질이 (사용법을 마스터하는 데 걸리는 시간과 어려움을 고려할 때) 실질적으로 시장에서 구할 수 있는 가장 좋은 품질 중 하나임을 말해둔다. 직물 렌더링에 관해서는 현실적으로 가용한 최적의 기술을 활용하는 것이 현명하다.

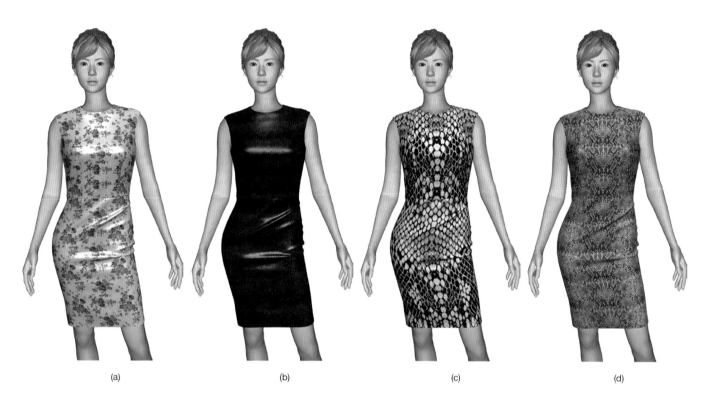

그림 9-13 텍스타일 맵핑의 불일치와 일치

그림 9-14 새로운 직물의 쉐이더. (a) Gabardine, (b) Damask, (c) Velvet + Embroidery

SECTION 4
텍스처의 제어

1 텍스처의 제어

DCS는 〈그림 9-17〉의 블라우스와 재킷에서 보여주는 것처럼 패널의 표면에 텍스처를 적용할 수 있다. 텍스처의 컨트롤은 〈그림 9-15〉와 〈그림 9-16〉에서 보여준 것처럼 텍스처 브라우저와 스프라이트 편집창을 사용해 이루어진다.

　텍스처의 적용은 기본적으로 텍스타일의 적용 방법과 동일하게 수행된다. 텍스처를 적용할 패널을 선택한 다음 텍스처 이미지를 지정한다. 스프라이트 편집창의 상단 부분(그림 9-16)은 현재 텍스처 뷰어(current texture viewer)와 현재 텍스타일 뷰어(current textile viewer)로 이루어진다. 이 뷰어를 둘러싼 노란색 상자는 활성화된 뷰어(즉, Sprite) Mapping Control에서 조절할 때 수정의 대상)를 나타낸다. 클릭함으로써 뷰어 중 하나를 또는 둘 다를 활성화할 수 있다. 텍스처에 대해서는(텍스타일과는 달리) 색과 opacity는 조절할 수 없지만, 대신 텍스처의 깊이(texture depth)를 조절할 수 있다.

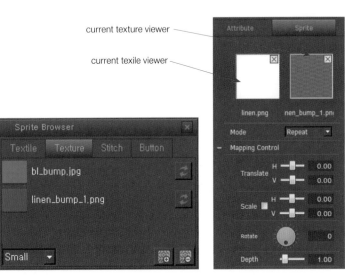
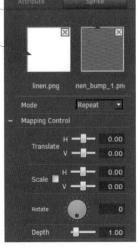

current texture viewer
current texile viewer

그림 9-15 텍스처 브라우저　**그림 9-16** 스프라이트 편집창　**그림 9-17** 텍스처 적용하기

2 텍스처 이미지의 해부학

텍스타일 이미지처럼 텍스처 이미지는 픽셀로 이루어져 있으며, 각 픽셀은 (R, G, B)로 표현된다. 그러나 (R, G, B)의 의미는 다르다. 텍스처 이미지는 normal map이다. Normal map에서 각 픽셀의 (R, G, B)는 그 위치에서 표면 normal을 나타낸다. 〈그림 9-18(a)〉는 x, y, z 축을 넣은 직사각형의 표면을 보여준다. 표면은 울퉁불퉁하다. 빨간색 화살표는 표면의 특정 위치에서 표면 normal(표면에 수직인 단위벡터)을 나타낸다. 표면이 완전히 평평할 경우, 표면 normal은 사방

이 (0, 0, 1)이었을 것이다. 이러한 경우에 텍스처 이미지는 완전히 파란색으로 보였을 것이다.[7] 〈그림 9-18(b)〉는 평평하지 않은 텍스처의 한 예를 보여준다.

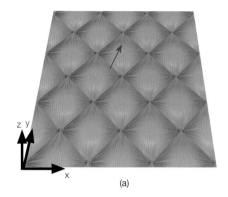

그림 9-18 텍스처 이미지의 정의. (a) 3D 표면, (b) 표면의 텍스처

⌐ᴰ LAB 8   텍스처 적용하기

1 DC-EDU/chapter09/texture/texture.dcp를 연다.

2 블라우스의 front 패널을 선택한다.

3 텍스타일 브라우저에서 bl_f.png를 적용한다.

4 텍스처 브라우저에서 bl_bump.jpg를 적용한다.

5 Property Editor] Sprite;

6 현재 텍스타일 뷰어(왼쪽)를 클릭한다.(스프라이트 편집창은 텍스타일 맵핑을 제어하게 된다.)

7 현재 텍스처 뷰어(오른쪽)를 클릭한다.(스프라이트 편집창은 텍스처 맵핑을 제어하게 된다.)

8 Shift 를 누른 상태에서 현재 텍스타일 뷰어와 현재 텍스처 뷰어를 클릭함으로써 양쪽 뷰어를 모두 활성화할 수 있다.(스프라이트 편집창은 텍스타일과 텍스처 맵핑을 동시에 제어하게 된다.)

9 현재 텍스타일/텍스처 뷰어에서 ×를 클릭하면 텍스타일/텍스처는 적용되지 않는다.

10 Show 〉 Sprite 〉 Textile [Texture] [Stitch] [Button]은 장면 전체의 텍스타일[텍스처] [스티치] [버튼]의 시각화를 on/off할 수 있다. Step 9에서 텍스타일/텍스처 제거와는 다르다.

---

7 사실 normal을 저장함에 있어서 각 x, y, z는 [−1.0, 1.0] 이 [0, 1]로 맵핑되어 저장된다.

⌐° LAB 9　새로운 텍스처 생성하기

- 원하는 텍스처가 DCS에 없다면, Adobe Photoshop에서 텍스처 이미지를 만들어 DCS로 가져올 수 있다.

- 위는 Adobe Photoshop를 위한 텍스처 툴 플러그인이 여러분의 컴퓨터에 설치되어 있을 경우에만 가능한데, 그것은 NVIDIA의 사이트 https://developer.nvidia.com/nvidia-texture-tools-adobe-photoshop에서 구할 수 있다.

1　Photoshop을 시작한 다음 텍스처 이미지로 변환할 RGB 이미지를 연다.
   - 본 LAB을 위해 DC-EDU/chapter09/novelTextureCreation/rgbSampleImage.jpg의 샘플 이미지를 사용한다 (그림 9-19(a)).

2　Filter 〉 NVIDIA Tool 〉 NomalMap Filter;
   - Height Generation에서 Scale을 10으로 설정하는데, 이는 텍스처의 높이를 조정한다. 시간이 될 때 다른 옵션도 실험해보기 바란다.

3　위의 과정은 〈그림 9-19(b)〉에서 보여주는 푸르스름한 이미지를 생성한다.

4　결과를 JPEG 이미지로 저장한다.

5　이제 DCS에서 작업한다.
   - Step 4의 JPEG 이미지를 텍스처 브라우저로 가져온다.

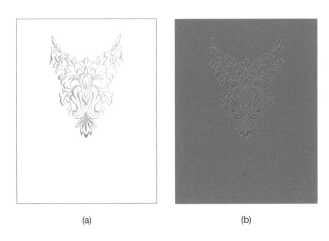

(a)　　　　　　　　　　(b)

그림 9-19 새로운 텍스처의 생성

3　텍스타일, 쉐이더, 텍스처의 상호작용

렌더러가 직물을 시각화할 때 텍스타일, 쉐이더, 텍스처의 효과를 모두 결합해 보여준다. 텍스타일, 쉐이더, 텍스처는 각각 독립적으로 제어될 수 있다. 이들의 어떤 조합도 적용될 수 있으며, 그 결과는 적용 순서와는 상관이 없다.

LAB 10 가방 구성하기

■ 가방은 아바타가 포함되지 않는 것을 제외하고는, Chapter 6에서 의복을 구성했던 방법과 유사한 방법으로 구성할 수 있다. 이번 프로젝트에서는 〈그림 9-20(a)〉에서 보여준 패널로 〈그림 9-20(c)〉~(h)와 같은 가방을 구성해 본다.

1 DC-EDU/chapter09/bag/bag.dcp에서 프로젝트를 연다.
 • 솔기는 이미 생성되어 있다.

2 Reset; Dynamic Play;
 • 가방은 주어진 패널을 봉제해 얻어진 결과임을 확인할 수 있다(그림 9-20(b)).
 • 의류 프로젝트에서 사용된 직물 패널과 비교하여 이번 프로젝트에 사용된 패널은 0이 아닌 thickness, 높은 stretch, shear, bending stiffnesses를 가진다(Attribute] Physical Parameters에서 설정함).

3 Show 〉 Panel Mode 〉 Textile;
 • 〈그림 9-20(d)〉에서 보여준 것처럼 텍스타일이 적용되어 있는 가방을 볼 수 있다.
 • Front 패널을 선택한 다음 Select 〉 Select Same Panel 〉 Same Textile을 수행한다;
 • 텍스타일 브라우저에서 텍스타일을 snake.jpg로 전환한다. 〈그림 9-20(e)〉에서 보여준 결과를 만들어 낸다.

4 Sprite] Mode] Color Only; 〈그림 9-20(c)〉에서 보여준 결과를 만들어 낸다.

5 Attribute] Shader] Vinyl; 〈그림 9-20(f)〉에서 보여준 결과를 만들어 낸다.

6 Sprite Browser] Texture에서 leather_b.jpg를 선택한다.

7 스프라이트 편집창에서 현재 텍스처 뷰어를 활성화한다.(즉, 클릭한다.)

8 텍스처의 깊이를 조정하고 결과를 살펴 본다. 〈그림 9-20(g)〉에서 보여준 결과를 만들어내는 데는 Depth = 0.25를 사용했다.

9 현재 텍스타일 뷰어를 활성화한다.

10 Sprite] Color Control] Color에서 원하는 색을 설정하면 〈그림 9-20(h)〉에서 보여준 결과를 만들어 낸다.

■ 장식적 스티치의 생성은 Chapter 13에서 다루어질 것이다.

그림 9-20 가방 구성

SECTION 5
의복 스타일 브라우저의 사용

여러분은 종종 DCS로 만든 작품을 다른 사람에게 발표하거나 보여주고 싶은 경우가 있을 것이다. 디지털 클로딩 기술의 장점 중 하나는 한 소스로부터 다양한 결과를 보여줄 수 있다는 것이다.

DCS는 같은 구성의 의복을 다른 텍스타일, 텍스처, 쉐이더, 물성을 적용해 보여줄 수 있도록 해 준다. 텍스타일/텍스처/쉐이더/물성 교체의 과정을 모두 보여준다면, 일부 뷰어는 지루해 할지도 모른다. 의복 스타일 브라우저(garment style browser)는 그런 경우에 사용될 수 있다.

(모든 맵핑 제어 변수 값들과 함께) 텍스타일, 텍스처, 쉐이더, 물성이 적용된 의복이 있다고 가정하자. 이 경우, (텍스타일, 텍스처, 쉐이더, 물성의) 이름과 변수 값들을 총칭해 의복 스타일(garment style)이라 부른다. 의복 스타일은 구성된 의복을 확정해주는 정보의 집합이며, 그 의복을 고유의 룩(look)으로 보여준다.

LAB 11 의복 스타일 브라우저 제어하기

1 DC-EDU/chapter09/bagStyles/bagStyles.dcp를 연다.

2 3D 레이어 브라우저에서 가방에 해당하는 레이어를 선택한다.

3 〈그림 9-21(a)〉에서 빨간색 원으로 표시된 Style Browser 아이콘을 클릭한다.
   • 〈그림 9-21(b)〉에서 보여지는 것처럼 (의복) 스타일 브라우저가 열릴 것이다.
   • 스타일 브라우저는 각 3D 레이어에 대해 존재한다.

4 스타일 브라우저의 항목들을 클릭하고 3D 윈도에서 해당 스타일을 살펴본다.
   • 이 프로젝트의 스타일 브라우저는 〈그림 9-20〉에서 보여준 스타일들을 요약하고 있다.

5 스타일 브라우저에서 스타일을 추가, 삭제, 업데이트해 본다.

■ 스타일 브라우저의 사용을 본 LAB에서는 가방으로 보여줬지만, 이 브라우저는 의복에서도 사용될 수 있다.

(a)

(b)

그림 9-21 의복 스타일 브라우저

SECTION 6
3D 환경의 설정

LAB 12   3D 윈도의 배경 설정하기

- ■ 〈그림 9-22〉에서 보여주는 것처럼 특정 색 또는 이미지로 3D 윈도의 배경을 설정할 수 있다.

1   DC-EDU/chapter09/puttingBackground/puttingBackground.dcp를 연다.

2   Environment 〉 Background Setting;

3   RGB 색이나 이미지로 배경을 설정해 본다 .
   - DC-EDU/chapter09/puttingBackground/background의 배경 이미지를 사용해 본다.
   - Show 〉 Shadow 〉 Enable Shadow에서 그림자를 끔으로써 그림자를 제거할 수 있다.

그림 9-22 3D 윈도의 배경 제어하기

⌐ LAB 13 바닥 설정하기

■ 지금까지 사용자는 기본 바닥이 있는 상태에서 작업했는데, 그것은 높이 0에 있는 흰색의 무한평면이다. Room OBJ
또는 stage OBJ로 기본 바닥을 교체함으로써 〈그림 9-23〉에서처럼 여러분은 아바타가 방 또는 무대 위에 있는 것처
럼 연출할 수 있다.(현재 DCS의 버전은 room/stage OBJ를 원래의 품질로 보여주지 못할 수 있다.)

1 이전 LAB의 프로젝트에서 계속 실습한다.

2 Environment 〉 Delete Floor;
   • 3D 윈도 안의 임의의 점을 클릭하면 기본 바닥이 삭제된다. 사용자는 그림자를 살펴봄으로써 그 사실을 확인할 수
     있다.

3 Environment 〉 Import Floor OBJ
   • 방이나 무대로 삼을 OBJ를 가져온다.
   • DC-EDU/chapter09/stage 에 있는 OBJ로 실습해 본다.
   • 복잡한 OBJ의 경우 가져오는 데 시간이 꽤 걸릴 수 있다.

4 Environment 〉 Restore Default Floor
   • 3D 윈도 안의 한 점을 클릭한다.
   • 기본 바닥이 복원된다.

5 Show 〉 Floor
   • 이 메뉴는 바닥의 디스플레이를 토글해 준다.

그림 9-23 무대 가져오기

LAB 14 광원 제어하기

■ DCS는 세 개의 광원을 사용한다. 단순화를 위해 DCS는 그것들의 위치(앞에 하나, 옆에 하나, 뒤에 하나)를 고정하고 세 광원이 동일한 색을 갖도록 하고 있다.

■ DCS에서는 사용하는 광원의 적색, 녹색, 청색 성분을 제어할 수 있다. 광원의 ambient, diffuse, specular 요소는 각각 독립적으로 제어할 수 있다. 위의 색 제어는 세 개의 광원에 동시에 적용된다.

1 Environment 〉 Light Setting;

2 Ambient, diffuse, specular 요소의 적색, 녹색, 청색 요소를 제어하고 결과를 살펴본다.

3 Reset 버튼을 클릭하면 처음(흰색) 조명으로 되돌아갈 수 있다.

■ 위의 Step 2에서 제어한 색들이 바로 SECTION 3에서 소개했던 $L_a = (L_{ar}, L_{ag}, L_{AB})$, $L_d = (L_{dr}, L_{dg}, L_{db})$, $L_s = (L_{sr}, L_{sg}, L_{sb})$ 이다.

■ 색 $O = (O_r, O_g, O_b)$ 를 가진 대상은 조명 $L = (L_r, L_g, L_b)$ 하에서 볼 때, 일반적으로 $O \otimes L = (O_r L_r, O_g L_g, O_b L_b)$ 로 보여진다.

■ 물체색과 광원색이 동시에 제어되면 그 결과가 혼란스러울 수 있다. 그러므로 한번에 물체색 또는 광원색 중 하나만 제어하기를 권장한다. 물체색/광원색 제어를 위한 몇 가지 지침이 있다.
  • 가장 권장하는 상황은 흰색(현재 DCS 의 기본 조명 색상) 조명 하에 물체색을 제어하는 것이다 .
  • 물체의 텍스타일/텍스처/쉐이더 설정이 완료된 후에 필요하다면 극적인 효과를 위해 광원색을 제어할 수 있다. (광원 제어는 자주 사용하는 기능은 아니다.)

CHAPTER 10

다트의 생성

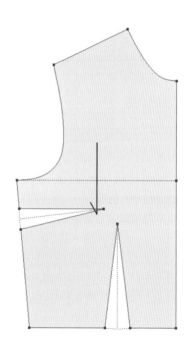

SECTION 1
개괄

다트는 가슴에서처럼 3차원 보디에 더 잘 피트되도록 평면 패널을 수정하는 방법이다.

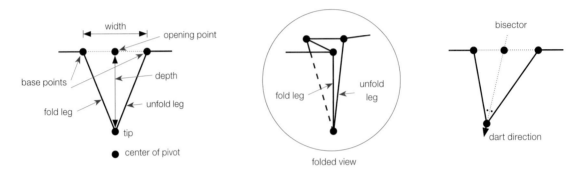

그림 10-1 다트와 관련된 용어들

1 다트의 해부학

〈그림 10-1〉을 참조하며, 이 책은 다트와 관련된 용어를 다음과 같이 정의한다.

- **Opening Point:** 다트의 opening point는(다트가 아직 정의되지 않았을 때) 외곽선 위의 점으로서 그 점을 기준으로 다트의 폭과 깊이가 정의된다. 기하학적으로 opening point는 다트 이등분선과 원래 외곽선의 교차점이다.
- **Base Point:** Base point는 다트의 입구에 있는 두 개의 점이다.
- **Width:** 다트의 폭은 두 base point 사이의 거리이다.
- **Depth:** 다트의 깊이는 opening point와 tip 사이의 거리이다.
- **Fold/Unfold Leg:** 다트는 두 개의 선(leg)을 가지며, 실제 의복을 구성할 때 천은 leg 중 하나를 따라 접혀지며 다른 쪽은 펼쳐진 상태로 남아 있다. 접혀진 선은 fold leg라 하고, 다른 선은 unfold leg라 한다.
- **Tip:** Tip은 두 선이 교차하는 점이다.
- **Pivot Point:** 다트가 회전할 때의 중심. Pivot point는 tip과 동일할 필요는 없다.
- **Bisector:** Bisector는 다트 각도를 두 개의 동일한 각도로 분할하는 선이다.
- **Dart Direction:** 다트 방향은 opening point에서 tip으로 향하는 방향이다.

2 등록되지 않은 다트 vs 등록된 다트

이전 Chapter에서 여러분은 이미 〈그림 10-2(a)〉에서 보여주는 것과 같은 등록되지 않은 다트(unregistered dart)를 접했다. 등록되지 않은 다트의 경우, 사용자는 두 개의 선을 봉제해야 한다.

반면, Create Dart 혹은 Lines to Dart 메뉴를 사용할 경우에는 등록된 다트(registered dart)를 생성해 준다. 〈그림 10-2(b)〉에서 보는 것처럼 등록된 다트는 등록되지 않은 다트와는 약간 다른 형태를 하고 있다. 점선이 다트 입구와 중심에 추가되어 있다.

등록된 다트의 경우 (1) DCS가 두 선 사이의 솔기(intra-dart seam)를 자동 생성해 주며, (2) 다트에 특화된 다양한 수정 메뉴들을 적용할 수 있다.

등록된 다트의 중심을 가로지르는 선(그림 10-2(b))을 다트의 중심선(center line)이라 한다. 등록된 다트의 선택은 다트의 중심선을 클릭하여 이루어진다.

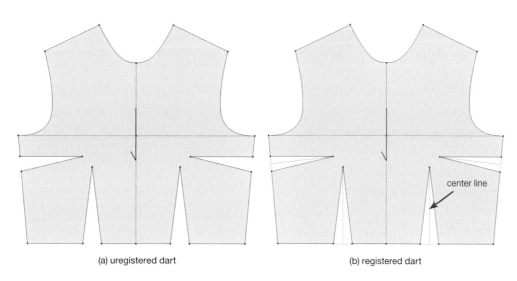

(a) uregistered dart   (b) registered dart

그림 10-2 등록되지 않은 다트 vs. 등록된 다트

SECTION 2
다트의 생성

다트의 생성은 다음 두 가지 방법으로 이루어질 수 있다.

- Dart 〉 Create Dart: Opening point, width, depth 등을 입력하여 다트를 생성한다.
- Dart 〉 Lines to Dart: Unregistered dart의 두 선을 선택함으로써 이 메뉴는 등록되지 않은 다트를 등록된 다트로 전환시켜 준다.

LAB 1   다트 생성하기

1 DC-EDU/chapter10/creatingDart/creatingDart.dcf를 연다.

2 Dart 〉 Create Dart;

3 다트를 생성할 외곽선을 선택한다.
   - 본 LAB에서는 밑단선을 선택한다.

4 오른쪽 끝에서부터 8.5cm에 opening point를 정해주고, width = 4cm, depth = 14.5cm로 설정한다.
   - 이 과정은 contextual input(그림 10-3)에서 수행할 수 있다. Contextual input에서 사용자는 솔기의 유형을 설정할 수 있다. 솔기 유형은 초기에 merging seam으로 설정되어 있기 때문에, 사용자가 따로 설정하지 않으면 DCS는 자동으로 두 선 사이의 솔기를 merging seam으로 생성한다.

5 다트의 fold leg를 선택한다.
   - 선택되지 않은 선은 unfold leg가 된다.

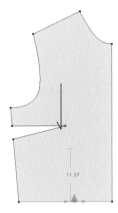

그림 10-3 Create Dart의 contextual input

LAB 2 두 선으로 다트 생성하기

1 이전 LAB에서 계속 실습한다.

2 Dart 〉 Lines to Dart;

3 이제 다트의 두 선을 선택한다.
   • 먼저 fold leg를 선택한 다음 unfold leg를 선택한다.

4 Enter를 누른다.

LAB 3 다트 삭제하기

1 이전 LAB에서 생성된 결과로 계속 실습한다.

2 Select 모드에서 삭제하려는 다트를 선택한다.
   • 다트의 선택은 중심선을 클릭해 선택한다.

3 Delete 키를 누른다.
   • 다트가 삭제된 것을 볼 수 있다(그림 10-4). 다트의 두 선은 남아 있지만, 다트는 더 이상 등록된 상태가 아니다.

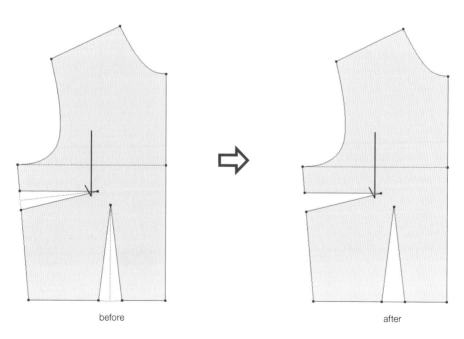

before   after

그림 10-4 다트 삭제하기

SECTION 3
다트의 수정

1 다트 끝점의 수정

다트의 Tip은 〈그림 10-5〉에서 보여주는 것처럼 다음 두 가지 방식으로 이동될 수 있다.

- **Unconstrained**: 이 모드에서는 Tip의 이동이 임의의 방향으로 이루어진다. 사용자는 자유롭게 Tip을 임의의 위치로 드래그할 수 있다.(스냅 모드에 있을 경우 Tip은 기존의 점에 스냅될 수 있다.)
- **Directional**: 이 모드에서는 Tip 이동이 현재 다트 방향으로만 제한된다.

LAB 4   다트 끝점 수정하기

1 이전 LAB에서 계속 실습한다.

2 Dart 〉 Edit Dart Tip;

3 Tip을 이동하려는 다트를 선택한다.

4 Contextual input; 다음과 같이 실습해 본다.
   - Directional을 선택하고 마우스를 드래그하여 방향적 제약을 경험해 본다.
   - Unconstrained를 선택하고 새로운 Tip의 위치를 설정하기 위해 mouse input과 contextual input을 모두 사용해 본다. 스냅 기능도 실습해 본다.
   - Straighten Leg가 체크되면 선은 곧게 펴진다.

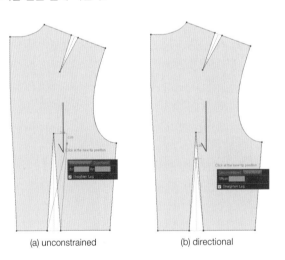

(a) unconstrained   (b) directional

그림 10-5 다트 끝점 수정의 두 가지 모드

2 다트선 모양의 수정

다트선은 직선이 아닐 수 있다. 다트선 모양을 수정하는 것은 Pull Line 메뉴와 유사하게 행해질 수 있다. 다트선 모양은 다음 세 가지 모드에서 수정될 수 있다.

- **Symmetric**: 한쪽 선에 수행된 모양의 변화가 다른 쪽 선에 대칭으로 적용된다(그림 10-6(a)).
- **Equal**: 한쪽 선에 수행된 모양의 변화가 다른 쪽 선에 똑같이 적용된다(그림 10-6(b)).
- **Separate**: 한쪽 선에 수행된 모양의 변화가 다른 쪽에는 적용되지 않는다. 즉, 각 선의 모양은 별개로 제어된다(그림 10-6(c)).

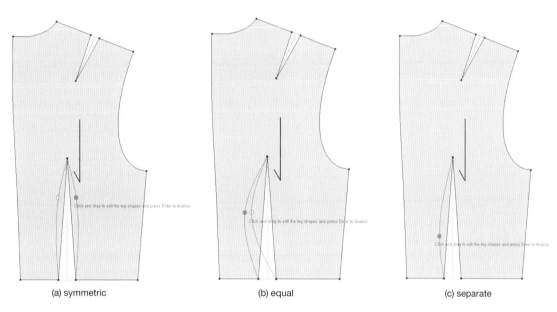

그림 10-6 다트선 모양 편집의 세 가지 모드

LAB 5 다트선 모양 수정하기

1 이전 LAB의 결과로부터 계속 실습한다.

2 Dart 〉 Edit Dart Leg Shape;

3 다트선 모양을 수정해 본다(Pull Line 방식으로).

4 Contextual input;

5 세 가지 모드로 다트선 모양을 수정해 본다.

3 다트의 회전

패널에 존재하는 다트는 〈그림 10-7〉에서 보여주는 것처럼 한 점(회전의 중심이라 한다) 주위로 회전될 수 있다. 이 기능을 다트 회전(dart pivoting)이라 부른다. 회전하기 전과 후의 총 다트 각도는 동일하게 유지된다. DCS에서 다트 회전은 원래 다트의 끝점을 중심으로 수행된다.

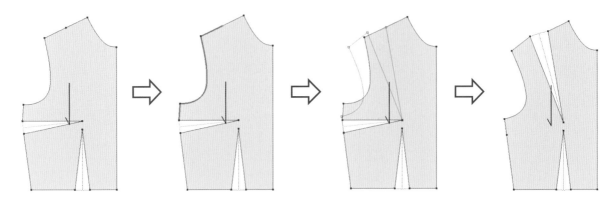

그림 10-7 다트 회전하기

┌┐ LAB 6 다트 회전하기

1 이전 LAB의 결과로부터 계속 실습한다.

2 Dart 〉 Pivot Dart; Pivot 할 다트를 선택한다.

3 다트가 이동될 목표지점(점이나 선)을 선택한다.
   • 선을 클릭하면 그 선 위의 한 점을 추가적으로 지정해야 한다.
   • 회전을 확정하기 위해 Enter를 누른다.

4 회전하기 전의 상태로 되돌아가기 위해 Ctrl + Z를 누른다.

5 Contextual input; 이 메뉴와 관련된 다양한 옵션을 보여 준다(그림 10-8).
   • 회전 후에 사용자는 네 가지 옵션으로 다트 끝점을 수정할 수 있다:
     – No Tip: 〈그림 10-9(c)〉에서 보여주는 것처럼 다트를 생성하지 않고 완료한다.
     – Current Tip: 원래 tip을 사용한다.
     – Select Point: 기존의 점 중 선택한 점을 새 tip으로 삼는다.
     – New Tip: 현재 tip을 드래그하여 새로운 tip의 위치를 정한다.
   • Step 3에서 선을 선택하는 경우, Opening Distance는 선의 시작에서부터 변위를 지정하여 opening point를 정한다.
   • Pivot Direction은 회전을 시계방향으로 될지 반시계방향으로 할지 여부를 지정한다.
   • Pivot Ratio는 회전할 비율을 지정한다. 100보다 작을 경우 나머지는 원래 위치에 남게 된다.

- Create Dart가 체크 해제되었을 경우 Pivot Dart는 등록되지 않은 다트를 생성한다.

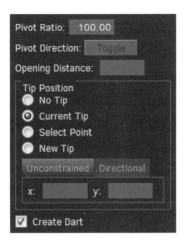

그림 10-8 회전을 위한 contextual input

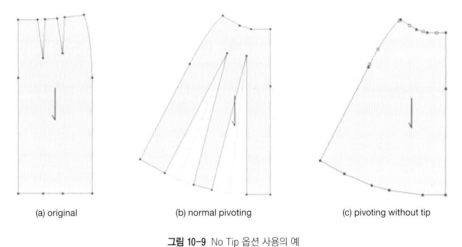

| (a) original | (b) normal pivoting | (c) pivoting without tip |

그림 10-9 No Tip 옵션 사용의 예

┌ LAB 7 다트선 길이 맞추기

■ 몇 차례 수정으로 다트선의 길이가 일치하지 않을 수 있다.

1 이전 LAB의 결과로부터 계속 실습한다.

2 Dart 〉 Equalize Dart Legs;

3 Contextual input; 다음 두 가지 옵션을 실습해 본다.
   - To One Leg: 두 선 중 하나를 선택한다. 선택되지 않은 선은 선택된 쪽에 맞추어 짧아지거나 길어진다(그림 10-10(b)).

- To Average: 다트의 두 선은 그 둘의 평균에 맞추어 길어지거나 짧아진다(그림 10-10(c)).

■ 선 길이를 맞추는 것은 다트 생성/수정의 마지막 단계, 다트 주변 외곽선(dart closure) 수정 전에 수행하는 것이 좋다.

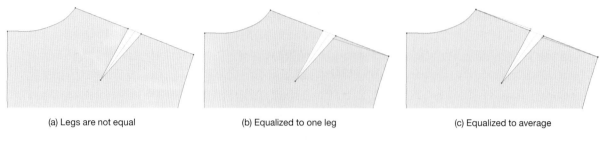

(a) Legs are not equal   (b) Equalized to one leg   (c) Equalized to average

그림 10-10 다트선 길이 맞추기

⌐¬ LAB 8 다트 회전하여 디자인 수정하기

■ 이번 LAB에서는 주어진 디자인(그림 10-11(a))으로부터 다트를 회전하여 (그림 10-11(c))에서 보여준 결과를 만들어 낸다.

4 DC-EDU/chapter10/pivotOp.dcf를 연다.

5 Dart 〉 Pivot Dart;

6 〈그림 10-11(b)〉에서 보여준 것처럼 두 개의 다트를 회전한다.

7 Dynamic Play;

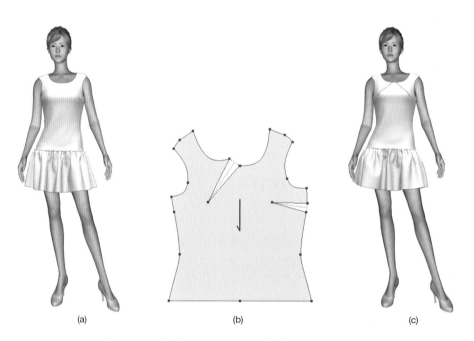

(a)   (b)   (c)

그림 10-11 다트 회전하여 디자인 수정하기.(a) 전,(b) 다트 회전하기,(c) 후

4 다트 외곽선의 수정

다트가 봉제되었을 때 〈그림 10-12(b)〉에서 보여주는 것처럼 다트가 봉제된 후 다트 입구의 외곽선(closure)이 각이 진 모양일 수 있다. 다트 외곽선의 수정을 위한 세 가지 옵션이 있다:

- **No modification**: 〈그림 10-12(b)〉에서처럼 각이 진 외곽선에 어떤 수정도 하지 않는다.
- **Straight Closure**: 〈그림 10-12(c)〉에서처럼 직선 외곽선을 생성한다.
- **Curved Closure**: 〈그림 10-12(d)〉에서처럼 곡선 외곽선을 생성한다.

위의 결과를 얻은 후, 자유롭게 곡선점을 이동해 추가로 외곽선의 모양을 수정할 수 있다.

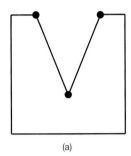 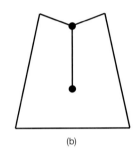 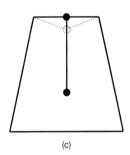 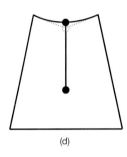

(a)   (b)   (c)   (d)

그림 10-12 다트 외곽선 편집을 위한 옵션들. (a) 봉제되지 않은 상태, (b) 수정하지 않음, (c)직선 외곽선, (d) 곡선 외곽선

LAB 9 다트 외곽선 수정하기

1 DC-EDU/chapter10/creatingDart/creatingDart.dcf를 열고 다트를 생성한다.

2 Dart 〉 Edit Dart Closure;

3 외곽선을 수정하려는 다트를 선택한다.

4 DCS는 다트 외곽선을 보여준다.

5 Contextual input에서 다트 외곽선 수정을 위한 다음의 옵션을 선택할 수 있다.
- Straight Closure
- Curved Closure
  - 곡선 외곽선에서는 외곽선의 모양을 수정할 수 있다.

6 다음 옵션으로 Edit Dart Closure를 수행해 본다.
- 어깨와 옆선의 경우 Straight Closure 옵션을 사용한다.
- 허리선의 경우 Curved Closure 옵션을 사용한다.

CHAPTER 11

플리츠 및 개더의 생성

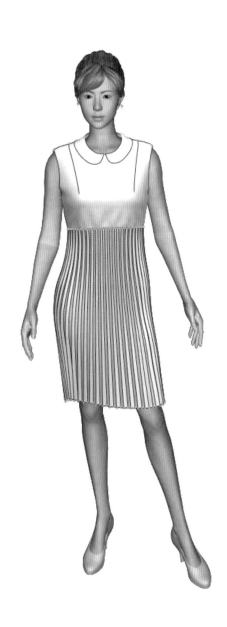

개괄

〈그림 11-1〉에서 보여주는 것처럼 서로 다른 길이의 솔기선이 접힌[접히지 않은] 솔기에 의해 결합되어 플리츠 혹은 개더를 생성할 수 있다.

플리츠의 생성은 이미 존재하는 패널에 해야 한다. 이미 존재하는(플리츠가 없는) 패널을 original panel이라 부르고, 〈그림 11-2(b)〉처럼 플리츠가 전개된 패널을 pleated panel이라 부른다.

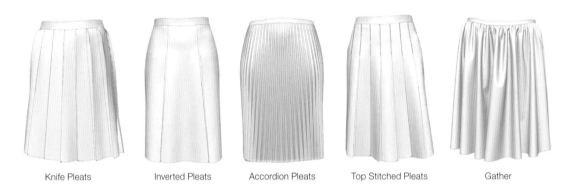

| Knife Pleats | Inverted Pleats | Accordion Pleats | Top Stitched Pleats | Gather |

그림 11-1 플리츠와 개더의 다양한 형태

1 플리츠의 합동 규칙

〈그림 11-2(a)〉는 original panel[1], (b)는 플리츠가 전개된 패널, (c)는 패널이 플리츠의 생성을 위해 어떻게 접히는지를 각각 보여준다. (d)는 플리츠가 접혀지고 intra-pleats seam이 적용된 최종 pleats-folded panel(플리츠가 접힌 패널)을 보여준다.

플리츠 생성에는 하나의 규칙이 있다. 플리츠 생성은 해당 패널의 "내부적인" 문제로 머물러야 한다. 〈그림 11-2(a)〉와 〈그림 11-2(d)〉에서 보여준 것처럼, pleats-folded panel의 외곽선은 original panel의 것과 동일해야 한다. 그 결과, pleats-folded panel의 관점에서 보면 original panel과 그와 인접한 패널 사이의 솔기는 플리츠를 만든 후에도 그대로 유효하다. 위의 규칙을 post-pleating congruence constraint(플리츠 생성 후 합동 규칙)라 한다.

개더를 생성할 때도 패널을 수정하게 되지만 여기에는 합동 규칙이 없다. 개더를 생성할 때는 플리츠에서와 같은 제약은 없지만 접힘 주름을 고려할 필요가 없다는 것을 제외하고는 생성 과정은 플리츠와 유사하다. 개더 생성은 플리츠의 생성보다 "쉬우므로" 본 Chaper의 대부분은 플리츠 생성에 할애될 것이다.

---

1 본 Chapter에서 '레이어'는(2D 레이어가 아닌) 3D 레이어를 의미한다.

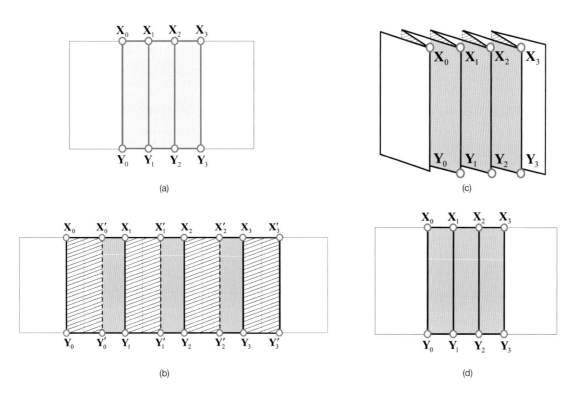

그림 11-2 Post-pleating congruence constraint: (a) original panel, (b) pleated panel, (c) 플리츠가 접혀지는 방법, (d) 플리츠가 접힌 패널

2 플리츠 전개의 개괄

Original panel이 주어지면(그림 11-3(a)), 플리츠 생성을 위해 (그림 11-3(b))에서처럼 Side 1과 Side 2를 선택해 플리츠가 될 영역을 지정해주어야 한다. 그 다음, (1) stationary side(고정할 쪽, 그림에서 》로 보여짐), (2) slash line(자르는 선)의 수(그림 11-3(c)), (3)depth(깊이)등을 지정한다. 그러면 DCS는 플리츠를 확장한다(그림 11-3(d)). 다음으로 DCS는 인접한 패널과 봉제될 수 있도록(post-pleating congruence constraint에 따라) intra-pleats seam을 자동으로 생성한다.

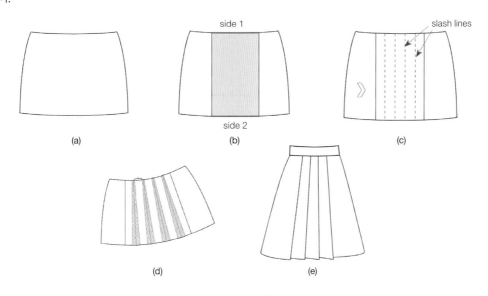

그림 11-3 플리츠 생성 과정

본 책에서는 플리츠와 관련해 다음의 용어를 사용한다.

Stationary side는 플리츠를 전개할 때 고정할 쪽을 말한다. Stationary side는 다음의 의미를 갖는다. Side 1과 Side 2의 플리츠의 깊이가 동일하지 않을 때 식서 방향이 stationary side에서는(플리츠 전개 전과 비교해서) 동일하게 유지되지만, stationary side가 아닌 쪽에서는 달라진다.

플리츠 방향은 플리츠가 전개되는 방향을 말한다. Stationary side에서 stationary side가 아닌 쪽을 향하는 방향이다. 이 책은 플리츠 방향을 나타내기 위해 아이콘(플리츠 방향 포인터라 부름)을 사용할 것이다. 이 책에서는 stationary side에 이 아이콘을 넣기로 한다.[2]

Side line은 플리츠된 영역을 정의해주는 Side 1과 Side 2를 말한다.

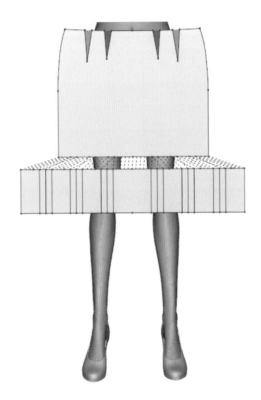

그림 11-4 플리츠 관련 그림을 보는 규칙

3 플리츠 관련 그림을 보는 규칙

플리츠와 개더의 생성을 설명하기 위한 그림에서 패널이 등장할 경우, 보디가 보여지는지의 여부와 상관 상관없이 〈그림 11-4〉에서처럼보다는 그 패널 뒤에 있다고 가정한다. 즉, 우리가 패널의 바깥쪽을 보고 있는 것으로 가정한다.

---

2 이 책에서 사용된 플리츠 방향 포인터는 그 모양과 보여지는 위치에서 DCS에서 사용된 것과 다르다. DCS는 stationary side의 반대쪽에 포인터를 둔다.

4 플리츠의 해부학

〈그림 11-5(a)〉의 original panel에 〈그림 11-5(b)〉에서 보여주는 것처럼 플리츠를 생성하는 것을 가정해 보자. 플리츠는 original panel의 건너편에 들어 있는 부분임을 주목하자. 〈그림 11-5(b)〉의 경우 플리츠는 B와 C가 아닌, A와 B에 의해 정의된 빨간색 부분이다.

- **In-fold와 Out-fold**: 〈그림 11-5(c)〉와 (d)에서처럼 접힌 가장자리가 original panel 건너편에 있는 경우 in-fold라 부른다. In-fold는 플리츠의 blade(날)라고 부르기도 한다. 〈그림 11-5(c)〉와(d)에서처럼 접힌 가장자리가 바깥에서 보일 경우 out-fold라 부른다.
- **플리츠의 시작과 끝**: Stationary side 와 플리츠 방향은 플리츠의 시작과 끝을 정의할 수 있도록 해 준다. 그림 〈11-5(c)〉와 (d)를 보면, stationary side에서 플리츠 방향으로 진행하며 플리츠가 시작하고 끝나는 지점을 확인할 수 있다. 이들을 각각 pleat start와 pleat end라 부른다.
- **플리츠의 깊이**: 〈그림 11-5(b)〉에서 A(또는 B)의 길이를 플리츠의 depth라 한다.

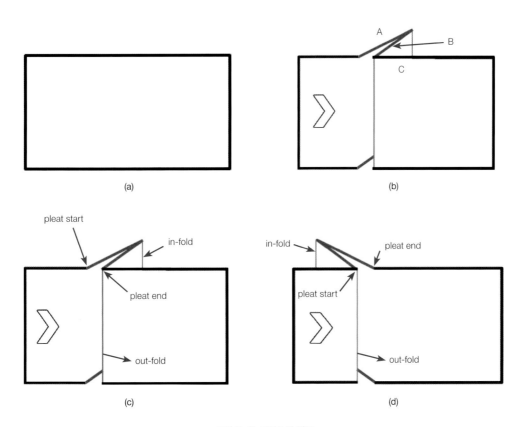

그림 11-5 플리츠의 해부

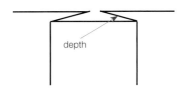

그림 11-6 Box pleats의 깊이

5 플리츠의 분류

플리츠를 활용한 다양한 종류의 의류 디자인이 있지만, 다음 다섯 가지 플리츠로 모두를 커버할 수 있다는 것은 흥미로운 사실이다.

- **Forward Knife Pleats**: 플리츠를 칼로 보면 그것의 blade(즉, in-fold)가 플리츠 방향으로 향할 경우, 그 플리츠는 forward를 향하고 있다고 한다. 〈그림 11-7(a)〉의 예에서 blade는 플리츠 방향을 향한다. 그러므로 이러한 플리츠를 forward knife pleats라 부른다.
- **Backward Knife Pleats**: 〈그림 11-7(b)〉에서는 blade가 플리츠 방향과 반대로 향하고 있는데, 이를 backward knife pleats라 한다.
- **Box Pleats**: Box pleats에서는 〈그림 11-7(c)〉에서 보여주는 것처럼 knife pleats가 서로 마주본다. 이 책에서는 〈그림 11-7(d)〉에서 보여주는 것처럼 두 개의 인접한 box pleats가 0이 아닌 간격을 가질 수 있다고 가정한다. Knife pleats의 depth는 〈그림 11-5(b)〉에서 A(또는 B)의 길이로 정의되는 반면, box pleats의 depth는 〈그림 11-6〉에서처럼 정의된다.
- **Inverted Pleats**: Inverted pleats는 〈그림 11-7(e)〉에서처럼 box pleats의 반전된 형태를 취한다. Box pleats에서처럼 인접한 inverted pleats는 간격이 있을 수 있다(그림 11-7(f)).
- **Accordion Pleats**: 다른 플리츠와 accordion pleats의 주요한 차이는 pleated panel이 인접한 패널과(개더처럼) fold 없이 봉제된다는 것이다. 그러나 in-fold와 out-fold에 모두 접힘주름이 있는 채로 봉제된다. Accordion pleats (그림 11-7(g))는 〈그림 11-7(h)〉에서처럼 고전적 복식에서 볼 수 있는 다수의 얕은 플리츠를 재현하는 데 사용된다.

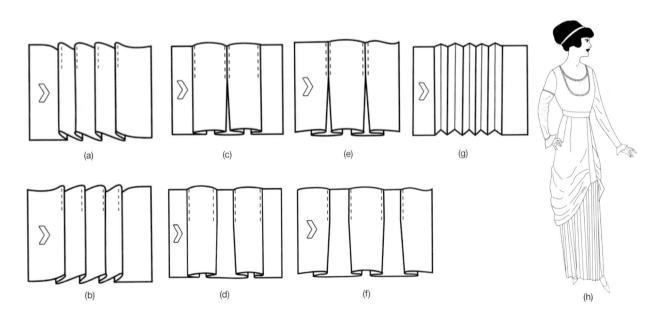

그림 11-7 플리츠의 분류

1 Array vs. Individual Pleats

〈그림 11-8(a)〉에서처럼 동일한 형태와 깊이의 플리츠를 다수 생성하는 경우가 있다. 이런 방식으로 생성된 플리츠를 array pleats라 한다. DCS에서 array pleats는 Create Pleats 메뉴로 생성한다.

대조적으로 〈그림 11-8(b)〉에서 보여주는 것처럼, 플리츠를 개별적으로 하나씩 생성할 수 있다. 이런 방식으로 생성된 플리츠를 individual pleats라 한다. 각 individual pleat는 다른 형태와 깊이를 가질 수 있다. DCS에서 individual pleat는 Create Pleat 메뉴로 생성한다.

(a)   (b)

그림 11-8 Array pleats와 Individual pleats

2 Array Pleats와 Individual Pleats 생성 과정

Array pleats는 SECTION 2에서 소개된 과정으로 생성한다. Individual pleats는 다음 과정으로 생성한다.

1. 〈그림 11-9(b)〉에서 보여주는 것처럼 individual pleats를 생성하려는 패널에 원하는 개수의 slash line을 생성한다.
2. Create Pleat 메뉴로 각 slash line에 플리츠를 생성한다(그림 11-9(c)).
3. 〈그림 11-9(d)〉에서 보여주는 것처럼 인접한 패널에 솔기를 생성한다.

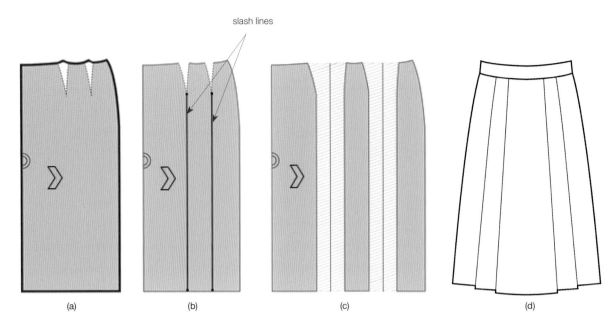

slash lines

그림 11-9 Individual pleats 생성과정: (a) original panel, (b) slash line의 생성, (c) 플리츠로 확장, (d) 인접한 패널과 봉제

3 Pleated Panel의 봉제

Intra-Pleats Seam

플리츠가 생성된 패널을 인접한 패널과 봉제하기 위해서는, 플리츠를 접고 봉제하는 작업이 패널 내부에서 먼저 완료되어야 한다. 이런 변환에 필요한(인접 패널과의 봉제는 제외한) 봉제를 intrapleats seam 이라 부르는데, 이는 매우 복잡할 수 있다. Intra-pleats seam을 만들도록 DCS를 조작하면(다음의 LAB에 그 방법이 소개됨), DCS는 자동으로 intra-pleats seam을 생성해 준다.

Exo-Pleats Seam

이제 pleats-folded panel(즉, intra-pleats seam이 적용된 패널)을 인접 패널과 봉제해야 한다. 이 봉제를 exo-pleats seam이라 부른다. 〈그림 11-2(d)〉에서(exo-pleats seam이 위에 생성될 경우), AX_0, X_0X_1, X_1X_2, X_2X_3, X_0B를 exo-pleats seam line fragments라 부른다.

Exo-pleats seam을 생성할 경우, 결국 인접한 패널과 exo-pleats seam line fragments를(다중 봉제 등을 사용해) 봉제해야 한다. 이런 상황에서 DCS는 exo-pleats seam을 생성하기 위한 간편한 방법을 제공한다. 즉, 솔기를 생성할 때 DCS는 마치 하나의 솔기선인 것처럼 전체 $AX_0 + X_0X_1 + X_1X_2 + X_2X_3 + X_0B$를(Create Merging/Attaching Seam의 contextual input에서 Auto Select 옵션을 선택하면) 선택할 수 있다.

LAB 1   Forward Pleats 생성하기

1 DC-EDU/chapter12/pleatsExercise/pleatsExercise.dcf를 연다.

2 2D window 》 Pleats 〉 Create Pleats;

3 Side 1과 Side 2를 선택한다.
  • 스커트 패널의 위쪽 선을 Side 1로 선택한 다음 Enter를 누른다. 스커트 패널의 아래쪽 선을 Side 2로 선택한 다음 Enter를 누른다.

4 플리츠 방향을 결정하기 위해 stationary side를 클릭한다.
  • Stationary side 쪽의 임의의 점을 클릭한다. 〈그림 11-10(a)〉에서 보여주는 것처럼 DCS는 플리츠 방향을 보여줌으로써 여러분에게 피드백을 준다.

5 LMB를 클릭하여 slash line의 수를 늘릴 수 있다. 그러나 이 책에서는 〈그림 11-10(b)〉에서 보여주는 것처럼 contextual input으로 전환하여 다음의 플리츠 변수들을 입력할 것을 권장한다.
  • Number of slash line = 3
  • Type = Forward Knife
  • Depth: Side 1 = 2.0, Side 2 = 3.0.
  • Merge Side Lines 옵션은 side line을 병합할지를 묻는다.
    – Side line이 하나의 선으로 구성된 경우, 이 옵션은 아무런 차이를 만들어내지 않는다.
    – Side line이 복수의 선으로 구성된 경우, 이 옵션을 선택하면 DCS는 이 선들을 플리츠 생성 전에 하나의 선으로 병합하는데, 이것은 side line 모양에 약간의 변형을 가져올 수 있다.
    – 이 옵션을 체크하는 것은 Create Pleats를 시작하기 전에 Merge Lines 메뉴를 수행하는 것과 동일하다. Merge Side Lines 옵션은 단지(Merge Lines를 먼저 했어야 했는데 하지 않고 Create Pleats를 수행했을 경우를 대비해) 여러분의 편의를 위해 들어 있는 것이다.
  • Seam 옵션 중 하나를 체크하면 DCS는 자동으로 intra-pleats seams을 생성해 준다.
    – Side 1, Side 2: 체크하면 side line을 따라 intra-pleats seams을 생성한다.
    – Slash Line: 체크하면 〈그림 11-7(a)〉~(f)에서처럼 slash line을 따라 스티치를 생성해 준다. 이 경우 Length는 intra-pleats seam이 생성된 Side 1과 Side 2 중 하나에서 시작하여 slash line을 따라 잰 길이를 의미한다.

6 모든 필요 사항을 채운 다음(contextual input 팝업이 열려 있는 동안에) Enter를 누르면 플리츠가 전개된 것을 확인할 수 있다(그림 11-7(c)).

7 〈그림 11-7(d)〉에서 보여주는 것처럼 스커트와 허리 패널을 3D로 동기화한다.
  • Intra-pleats seam은 플리츠가 생성된 패널이 3D로 동기화됐을 때 이미 생성되어 있다. 그러므로 3D에서 바로 exo-pleats seam만 생성하면 된다.

8 3D window 》 Create Merging Multi Seam;
  • 허리 패널의 아래선을 클릭한 다음 Enter를 누른다(multi-seam 모드에 있기 때문에). 스커트 패널의 위쪽 선을 클릭하고 다시 Enter를 누른다.
  • Exo-pleats seam은(contextual input에서) Auto Select 옵션이 체크되었기 때문에 위에서 두 번의 클릭만으로 간단히 생성될 수 있었다.
  • 간단한 드레이핑 테스트를 위해 〈그림 11-7(e)〉에서 보여주는 것처럼 허리 패널의 위쪽선에 fixed constraint를 생

성한다.

9 Static Play;
   • 〈그림 11-7(f)〉에서 보여주는 결과를 얻을 수 있다.
   • Contextual input의 Angle에서 플리츠의 접힘각을 설정할 수 있다. In-fold와 out-fold의 접힘각을 각각 제어할 수 있다. 각도를 지정하지 않으면 DCS는 다음의 기본값을 사용한다: Out-Fold = 150, In-Fold = −150.

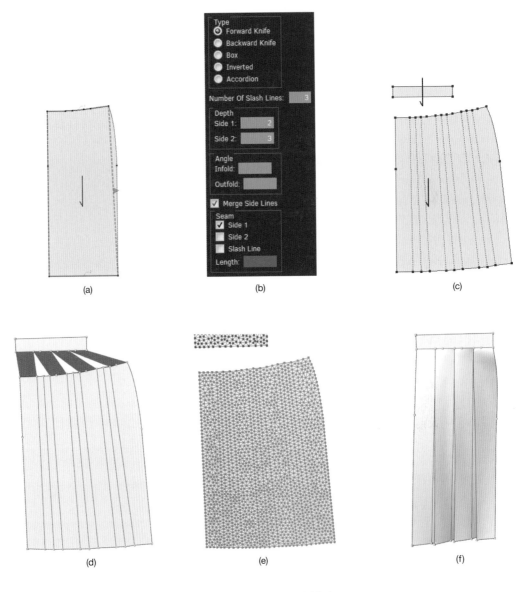

(a) (b) (c)

(d) (e) (f)

그림 11-10 Array pleats 생성하기

LAB 2　다양한 종류의 플리츠 실습하기

1　DC-EDU/chapter11/pleatsBasic/pleatsBasic.dcf를 연다.

2　⟨그림 11-11(a)⟩의 아래쪽 패널에 대해 Pleat ⟩ Create Pleats로 ⟨그림 11-11(b)⟩~(e)에서 보여주는 것처럼 다양한 종류의 플리츠를 생성해 본다.
- 플리츠 방향: 오른쪽
- Slash line의 개수 = 3
- Depth = Side 1과 Side 2 모두에서 3.0
- 3D로 동기화한 후 Seam ⟩ Create Merging Multi Seam으로 솔기를 생성한다.
  - 허리 패널의 아래선을 클릭한 다음, Enter를 누른다(multi-seam 모드에 있기 때문에). 스커트 패널의 위쪽 선을 클릭한 다음 Enter를 누른다.
- 허리 패널의 모든 꼭지점에 Create Fixed Constraint 한다.
- Static Play;

3　Accordion pleats를 생성하기 위해 ⟨그림 11-11(f)⟩에서 보여주는 것처럼, 허리 패널을 x 방향을 따라 50%로 확장한다. 그 다음, ⟨그림 11-11(g)⟩에서 보여주는 결과를 얻기 위해 Step 2의 과정을 수행한다.

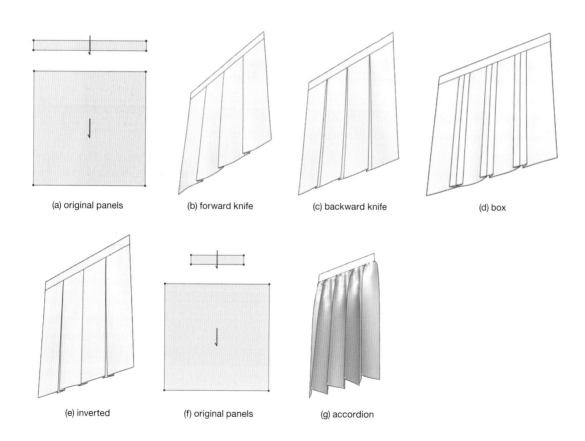

(a) original panels　　(b) forward knife　　(c) backward knife　　(d) box

(e) inverted　　(f) original panels　　(g) accordion

그림 11-11 플리츠의 다양한 종류 생성하기

LAB 3 플리츠 스커트 구성하기

1 DC-EDU/chapter11/pleatsOp/pleatsOp.dcf를 연다.

2 이전의 LAB에서 했던 것처럼 front/back 스커트 패널에 플리츠를 전개한다.

3 3D 로 동기화한다.

4 패널을 배치한다.

5 누락된 솔기를 생성한다(상의와 스커트 사이에).
   - 3D window 》 Seam 〉 Create Merging Multi Seam.
   - Contextual input; 체크가 해지되어 있으면 Auto Select를 체크한다.
   - 이제 exo-pleats seam을 다중 봉제처럼 생성한다. (단 두 번의 클릭으로 exo-pleats seam을 생성할 수 있다.)

6 Dynamic Play;

7 원하는 쉐이더와 텍스타일을 적용해 본다.

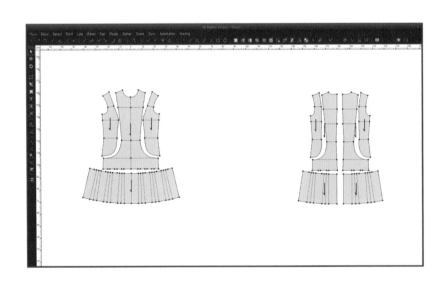

그림 11-12 플리츠 스커트 구성하기

⌐ LAB 4   Accordion Pleats로 원피스 구성하기

1   DC-EDU/chapter11/accordion/accordion.dcf를 연다.

2   〈그림 11-13(a)〉와 (b)에서 보여주는 것처럼 스커트 패널에 accordion pleats를 생성한다.
- Pleat 〉 Creat Pleats;
- Sides 1 & 2 = A & B; Type = Accordion; Slash Lines 의 개수 = 20;
- Sides 1 & 2 = C & D; Type = Accordion; Slash Lines 의 개수 = 10;
- Sides 1 & 2 = E & F; Type = Accordion; Slash Lines 의 개수= 10;

3   누락된 솔기를 생성한다(top과 bottom 사이에).
- 3D window 》 Seam 〉 Create Merging Multi Seam;
- 위쪽 패널의 아래선을 클릭한 다음 Enter를 누른다(multi-seam 모드에 있기 때문에). 스커트 패널의 위쪽 선을 클릭한 다음 Enter를 누른다.

4   Dynamic Play;

■ 〈그림 11-13(c)〉에서 보여주는 결과를 얻는다. 위의 과정을 스커트 패널의 폭을 확장한 후에 수행하면 더 극적인 accordian pleats를 얻을 수 있다.

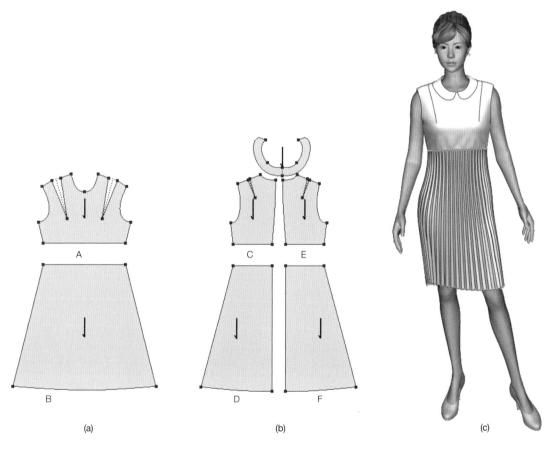

그림 11-13 Accordion pleats 생성하기

LAB 5   Individual Pleat 생성하기

1 DC-EDU/chapter11/pleatsExercise/pleatsExercise.dcf를 연다.

2 Slash line으로 사용하기 위해 직선으로 된 내부선을 생성한다.

3 Pleats 〉 Create Pleat;

4 Slash line를 선택한다.

5 Stationary side을 결정한다.

6 Contextual input에서 다음의 변수를 입력한다.
  • Pleat type = Forward Knife
  • Depth: Side 1에서는 2.0, Side 2에서는 3.0
  • Seam 옵션을 입력한다.

7 Enter를 누르면 전개된 플리츠를 볼 수 있다.

LAB 6   DXF로 플리츠 생성하기^

■ CAD 프로그램에서 플리츠가 전개되어 있는 패널을 가져오면 original panel은 〈그림 11-2(a)〉처럼 보이지 않고 〈그림 11-2(b)〉처럼 보인다. 이 경우, DCS는 Lines to Pleat 메뉴가 있는데 이는 선택한 두 개의 내부선을 플리츠로 인식한다.

1 DC-EDU/chapter11/dxfToPleats/dxfToPleats.dcf를 연다.

2 Pleats 〉 Lines to Pleat;

3 플리츠를 생성할 두 개의 내부선을 선택한다.

4 모든 플리츠가 생성될 때까지 Step 2~3을 반복한다.

SECTION 3
개더의 생성

1 개더 생성의 개괄

개더의 생성 과정은 (1) 접힘주름이 생성될 필요가 없고, (2) 플리츠 생성 후 합동 규칙을 고려하지 않아도 된다는 점을 제외하고는 플리츠 생성 과정과 유사하다. 〈그림 11-14〉는 개더 생성 과정의 개괄을 보여준다.

　Array Gathering: Array gather를 생성하는 DCS 메뉴는 Create Gathers이며, 이것은 개더 영역에 자동으로 복수의 slash line을 생성한 후 slash line에서 벌려준다. Array gathering을 위해 다음의 변수들을 입력한다.

- **Stationary side**: 개더를 전개하는 동안 고정할 쪽
- **Gathering direction**: 개더 전개 방향
- **Side line**: 개더 영역의 Side 1과 Side 2
- **Number of slash line**: 이 수에 n을 입력하면 DCS 는 개더 영역에 n개의 slash line을 자동으로 생성한다.
- **Gather spread**: Side 1과 Side 2에 각각 벌림폭(spread)이 있다. 개더를 생성하기 위해 slash line은 각각 이 양 만큼 벌려진다.

　Individual Gathering: Individual gather를 생성하는 DCS 메뉴는 Create Gather이다. Array gathering과 달리 slash line을(내부선으로)준비해야 한다. Individual gathering을 위한 변수는 side line 과 slash line의 수를 지정할 필요가 없는 것을 제외하고는 array gathering과 유사하다.

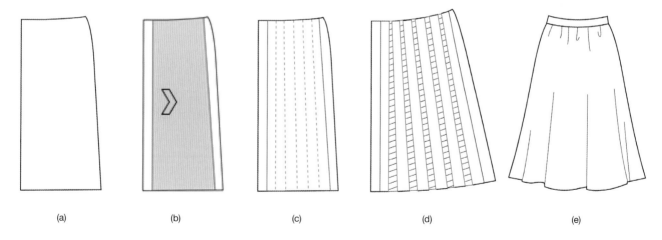

(a)　　　　　　　(b)　　　　　　　(c)　　　　　　　(d)　　　　　　　(e)

그림 11-14 개더 생성을 위한 과정

LAB 7   Array Gather 생성하기

1 DC-EDU/chapter11/gatherExercise/gatherExercise.dcf를 연다.

2 Gather 〉 Create Gathers;

3 Side 1과 Side 2를 선택한다.

4 Stationary side를 선택한다.

5 Contextual input; 다음과 같이 입력한다.
  • Slash Lines의 수 = 3
  • Spread: Side 1에는 2.0, Side 2에는 3.0.

6 개더를 위해 패널이 전개된 것을 볼 수 있다(그림 11-15).

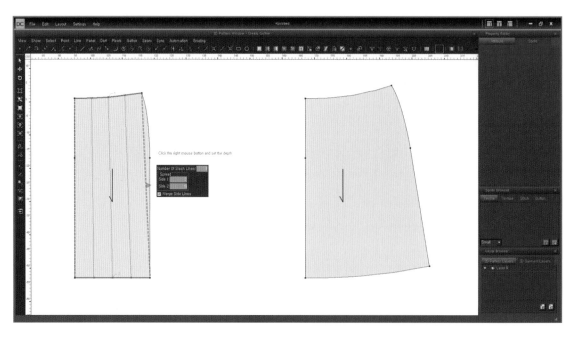

그림 11-15 Array gather 생성하기

LAB 8   개더 원피스 구성하기

1   DC-EDU/chapter11/gatherOp/gatherOp.dcf를 연다.

2   이전 LAB에서처럼 front/back 프릴 패널에 개더를 전개한다.

3   누락된 솔기를 생성한다.

4   시뮬레이션을 수행한다.

5   원하는 텍스타일을 적용해 본다.

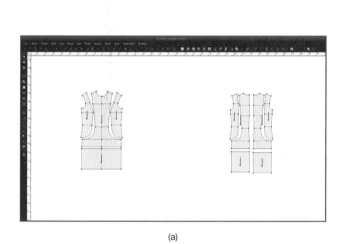

(a)

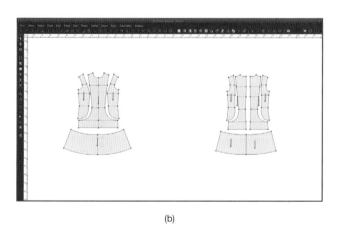

(b)

(c)

그림 11-16 개더 원피스의 구성

LAB 9   Individual Gather 생성하기

1   DC-EDU/chapter11/gatherExercise/gatherExercise.dcf를 연다.

2   Slash line으로 사용될 직선의 내부선을 생성한다.

3   Gather 〉 Create Gather;

4   Slash line을 선택한다.

5   Stationary side를 결정한다.

6   Contextual input; spread를 설정한다.
   • Side 1에는 2.0, Side 2에는 3.0.

7   개더가 전개된 것을 볼 수 있다.

SECTION 4
대칭 패널의 플리츠/개더 생성^

현재 대칭 패널에 대해서는 플리츠와 개더 생성 기능을 사용할 수 없다. 그러나 원칙적으로 한쪽에서 플리츠/개더를 생성할 경우 그 의미가 명확하므로 추후에는 제공될 것이다.

CHAPTER 12

복수 의복의 시뮬레이션

아웃핏(outfit)은 아바타에 세트로 착장된 복수의 의복을 일컫는다. 아웃핏은 프로젝트로 저장된다.(프로젝트는 복수의 의복을 포함할 수 있다.) 이번 Chapter에서는 아웃핏을 어떻게 시뮬레이션하는지를 설명한다. 아웃핏을 시뮬레이션하기 위해서는 아웃핏에 포함된 각 의복의 구성은 이미 완성되어 있어야 한다.

아웃핏의 시뮬레이션을 시작하려면 다음 두 가지 준비 과정을 수행해야 한다. (1) 의복의 레이어링과 (2) inter-layer collision handling 방법의 지정이다. 아웃핏의 시뮬레이션은 복수의 레이어를 사용해 수행되기 때문에 레이어드 시뮬레이션(layered simulation)이라고도 한다.

각 레이어[1]는 단일 의복을 포함하기 때문에 본 Chapter에서는 "레이어(layer)"와 "의복(garment)"을 같은 의미로 사용한다.

의복의 레이어링

- 〈그림 12-1〉에서 보여주는 것처럼 3D 레이어 브라우저(즉, 레이어 브라우저의 3D Garment Layer 탭)는 3D 레이어들을 나열한다. 위에서 아래 순서로 레이어들을 Layer 1, Layer 2 등으로 칭할 것이다. 각 레이어는 하나의 의복을 담는다. 레이어의 내용을 쉽게 알아볼 수 있도록 하기 위해 각 레이어에(레이어의 현재 이름을 더블 클릭하여) "Skirt", "Blouse"와 같은 이름을 부여할 수 있다. 예를 들어, 〈그림 12-1〉에서 Layer 1과 2는 각각 스커트와 블라우스를 담고 있다.

- DCS는 3D 레이어 브라우저에서 볼 때 위에서 아래로(top-to-bottom) 레이어가 나타나는 순서를, 안에서 바깥으로 (in-to-out)의 착장 순서를 나타내는 데 사용한다. 레이어가 N개 있다면 Layer 1은 맨위의 레이어를 말하며, Layer N은 맨 아래의 레이어를 나타낸다. 보디는 Layer 0이다. 설명을 간략하고 체계적으로 하기 위해 의복 레이어를 지칭할 때 (레이어 이름 없이) 레이어 숫자만 사용할 것이다.

그림 12-1 3D layer browser

- 안쪽에서 바깥쪽으로 DCS의 레이어 넘버링은 의도한 순서(intended order)이다. Layer 1에 스커트, Layer 2에 블라우스를 두는 것은 스커트 위에 블라우스를 입히려는 의도를 DCS에게 알려 주는 것이다. 어느 순간에 레이어의 현재 순서(current order)는 의도한 순서와 다를 수 있다. 〈그림 12-2〉는 스커트의 Cylinder Offset(그림 12-2(a))이 블라우스(그림 12-2(b))보다 큰 상황을 보여준다. 따라서, home position(그림 12-2(c))에서 스커트는 블라우스보다 더 밖에 있다. 물론(예를 들어 〈그림 12-1〉의 의도한 순서와 〈그림 12-2(c)〉의 현재 순서 사이의)이러한 불일치를 권장하지 않는다. 시뮬레이션이 진행됨에 따라, home position에서 현재 순서가 무엇이었든지에 상관 없이 DCS는(일부 극단적인 경우를 제외하고) 의도한 순서를 결국 얻어낸다. 이 책에서 별도의 언급이 없으면, 레이어[레이어링]은 의도한 순서를 의미한다.

- 현재 프로젝트에 이미 존재하는 의복(native garment)의 경우, 그 의복을 담는 레이어는 contextual 메뉴에서 Transfer To 메뉴를 사용해 다른 레이어로 바꿀 수 있다.

---

1 본 Chapter에서 '레이어'는 (2D 레이어가 아닌) 3D 레이어를 의미한다.

- 현재 프로젝트에 없는 의복(external garment)을(File 〉 Import 〉 Layer에 의해) 가져올 때는 가장 바깥쪽 레이어로 들어온다.(물론 이것을 담는 레이어는 나중에 바뀔 수 있다.)
- 레이어는 contextual 메뉴에서 Transfer To 메뉴를 사용해 다른 레이어와 병합할 수 있다.

Inter-Layer Collision Handling 방법의 지정

- 의복 시뮬레이터가 실제 물리 세계처럼 작동한다면, 위의 레이어링은 아웃핏의 시뮬레이션을 시작하기에 충분한 정보가 될 것이다.
- 의복 시뮬레이터는 불행히도 그렇게 작동하지 않는다. 이것이 우리가 이 프로그램을 "시뮬레이터"라고 부르는 이유이다. 시뮬레이터를 잘 활용하기 위해서 여러분은 collision handling에 대한 팁을 줘야 한다. 더 구체적으로 이야기하자면, 여러분은 레이어 간 충돌이 어디에서 발생하고 레이어 간 충돌을 어떻게 처리할지를 시뮬레이터에게 알려주어야 한다. 이 정보 중 일부는 필수이고, 일부는 선택사항이다.

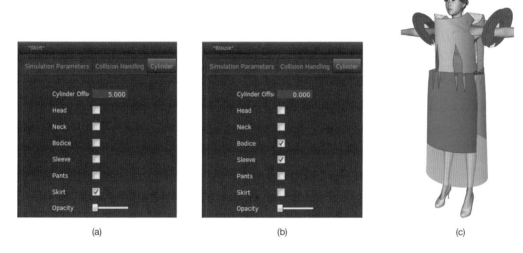

그림 12-2 3D layer setting dialog에서 cylinder offset의 설정

의복의 레이어링

1 3D 레이어 브라우저 개괄

〈그림 12-3〉은 3D 레이어 브라우저를 보여준다. 3D 레이어 브라우저에서는 레이어들의 제어를 위해 다음 메뉴/아이콘을 사용한다.

List Panels ➕ ➖(토글)

- 〈그림 12-4(b)〉에서 보여주는 것처럼 이 아이콘을 클릭하면 그 의복을 구성하는 모든 패널을 텍스트 형식으로 리스트 해 준다. 이 리스트에 있는 아이템을 클릭하는 것은 2D나 3D 윈도에 있는 패널을 클릭하는 것과 같은 효과를 갖는다. 이 기능은 2D나 3D 윈도에서 패널의 선택이 어려울 때(예를 들어, 패널이 너무 작거나 다른 패널에 덮여 있을 때) 편리하다.

Visualize 👁(토글)

- 이 아이콘을 클릭하면 그 레이어의 시각화를 켜고 끌 수 있다.

Simulate ▶(토글)

- 레이어의 시뮬레이션을 켜고 끌 수 있다. Static/Dynamic/Cache Play를 수행할 때 시뮬레이션이 켜진 레이어들만 시뮬레이션된다.
- 시뮬레이션이 꺼진 레이어를 dormant layer라 한다. 이 레이어는 레이어드 시뮬레이션에서 무시된다. 이 기능은 아웃핏의 한 의복을 잠시 제외하고 싶을 때 유용하다.

Myself a Collider? 🔗(토글)

- 이 아이콘을 클릭하면 현재 레이어를(다른 레이어의 시뮬레이션에서) collider로 활성화/비활성화시킬 수 있다.

Delete Layer 🗑

- 선택한 레이어를 삭제한다.

Add Layer ➕

- 새로운 레이어를 추가한다.

Edit Layer 🖉

- 이 아이콘을 클릭하면 시뮬레이션 변수, 충돌처리 지정, 레이어 실린더 설정을 수정할 수 있는 layer setting dialog(그림 12-2)가 나타난다.

Set Simulation Dependency ⠿

- 이 아이콘을 클릭하면 simulation dependency를 설정할 수 있는 dialog가 나타난다.

Send Inner/Outer ▲ ▼

- 이 아이콘을 클릭하면 선택된 레이어를 한 단계씩 위/아래로 이동한다.

Send Inmost/Outmost ⬆ ⬇

- 이 아이콘을 클릭하면 선택된 레이어를 맨 위/맨 아래 레이어로 이동한다.

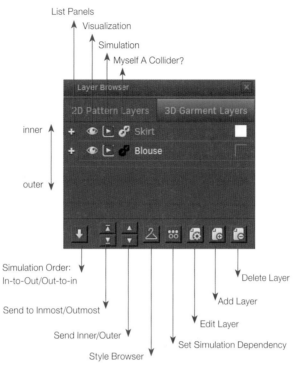

그림 12-3 3D 레이어 브라우저

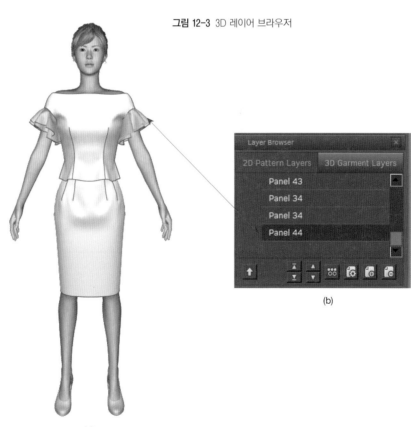

그림 12-4 텍스트 형태의 패널 리스트

Chapter 12   복수 의복의 시뮬레이션   323

Simulate In-to-Out/Out-to-In ⬇ ⬆ (토글)

- 이 아이콘을 클릭하면 시뮬레이션의 순서가 in-to-out 또는 out-to-in으로 설정된다. Into-out ⬇ [out-to-in ⬆]일 때는 맨 위 [맨 아래] 레이어가 먼저 시뮬레이션된 다음 아래[위] 레이어가 in-to-out[out-to-in] 순서로 시뮬레이션 된다.

Style Browser 🔲

- 이 아이콘을 클릭하면 활성화된 레이어의 스타일 브라우저를 연다.

2 가져오기와 내보내기 메뉴

DCS는 다음과 같은 import/export 메뉴가 있으며, 이 중 일부는 아웃핏을 레이어링하는 데 사용할 수 있다.

내보내기 메뉴

File 〉 Export 〉 Selected Layer

- 선택된 레이어를 *.LYR 파일로 내보낸다. 이 메뉴를 사용하기 위해서는 3D 레이어 브라우저에서 해당 레이어를 먼저 선택해야 한다. 반드시 클릭하여 레이어를 선택해야 한다. 이 메뉴는 활성화된(3D 레이어에서 노란색 폰트로 보여줌) 레이어를 내보내는 것이 아니라 선택된 레이어를 내보내는 것임을 유의하기 바란다.
- DCS는 레이어를 포괄적(comprehensive)으로 내보낸다. 내보내기는 2D 레이어, 스프라이트, 시뮬레이션 변수 등을 포함하여 추후 *.LYR 파일의 가져올 때 원래 의복을 완벽하게 복원할 수 있도록 해 준다.

File 〉 Export 〉 Selected Panel

- 선택한 패널을 *.PNL 파일로 내보낸다. 이 메뉴를 사용하기 위해서는 해당 패널을 먼저 선택해야 한다.

File 〉 Export 〉 Selected 2D Layer

- 선택한 2D 레이어를 *.DXF 파일로 내보낸다. 이 메뉴를 사용하기 위해서는 2D 레이어 브라우저에서 해당 레이어를 먼저 선택해야 한다. 이는 반드시 클릭하여 레이어를 선택해야 한다. 이 메뉴는 활성화된(3D 레이어에서 노란색 폰트로 보여줌) 레이어를 내보내는 것이 아니라, 선택된 레이어를 내보내는 것임을 유의하기 바란다.

File 〉 Export 〉 Selected 3D Panel As OBJ

- 선택한 3D 패널을 *.OBJ 파일로 내보낸다. 이 메뉴를 사용하기 위해서는 해당 패널을 먼저 선택해야 한다.

File 〉 Export 〉 Selected 3D Layer As OBJ

- 선택한 3D 레이어(즉, 의복)를 *.OBJ 파일로 내보낸다. 이 메뉴를 사용하기 위해서는 3D 레이어 브라우저에서 해당 레이어를 먼저 선택해야 한다. 반드시 클릭하여 레이어를 선택해야 한다.

가져오기 메뉴

File 〉 Import 〉 Layer

- LYR 파일을 불러와 그 내용을(새롭게 생성된) 맨 아래 레이어로 가져온다.

File 〉 Import 〉 Panel

- PNL 파일을 불러와 그 내용을 활성화된 3D 레이어로 가져온다.

File 〉Import 〉DXF

- DXF 파일을 불러와 그 내용을(새롭게 생성된) 2D 레이어로 가져온다.

File 〉Import 〉OBJ

- OBJ 파일을 3D 윈도로 가져온다.

File 〉Import 〉DCS 3.0 File

- DC Suite 3.0 프로젝트 파일을 가져온다.

3D window 〉〉Transfer To(contextual 메뉴에만)

- 3D 윈도에서 패널을 선택한 후 contextual 메뉴를 시작한다. 메뉴 목록 중 Transfer To를 선택하면 현재 선택된 패널들을 지정한 레이어로 이동한다.

Merging Layers^

3D window 〉〉Transfer To(contextual 메뉴에만)

- Contextual 메뉴의 Transfer To로 레이어를 다른 레이어에 병합시킬 수 있다.

⌐⌐ LAB 1   의복의 레이어링하기

1   DC-EDU/chapter12/layeringGarments/layeringGarments.dcp를 연다(〈그림 12-5(a)〉).

2   3D 레이어 브라우저에서 List Panel과 Visualize 아이콘을 실습해 본다.

3   〈그림 12-5(b)〉에서 보여주는 것처럼 외부의 레이어 DC-EDU/chapter12/importLayer/importLayer.lyr를 가져오기
    위해 File 〉 Import 〉 Layer를 수행한다.

4   가져온 레이어를 맨 위로 보낸다(의도한 순서).
    • 3D 레이어 브라우저에서 가져온 레이어를 선택하고 Send Inmost 아이콘 ▣을 클릭한다.

5   두 개의 3D 레이어를(한 번에 한 레이어씩) LYR 파일로 내보낸다.
    • 각 레이어를 내보낼 때 먼저 각 레이어를 클릭-선택한 다음, File 〉 Export 〉 Selected Layer를 수행해야 한다.

6   DC-EDU/chapter12/blouseSkirt/blouseSkirt.dcp를 연다.

7   Step 5에서 생성한 LYR 파일을 가져온다.
    • 해당 레이어는 단일 레이어로 맨 아래 레이어로 가져온다.

8   Select 〉 Select All Panels를 수행한다. 이것은 Step 7에서 가져온 레이어의 모든 패널을 선택한다.
    • 비활성화된 레이어의 패널은 선택되지 않는다.

9   Contextual 메뉴; Transfer To 〉 Blouse;
    • 블라우스의 Visualize 아이콘을 클릭하면(결과적으로 꺼짐), 가져온 레이어가 블라우스 레이어로 이동된 것을 볼
      수 있다.
    • Visualize 아이콘을 클릭하여 이동이 성공적인지 확인한다.

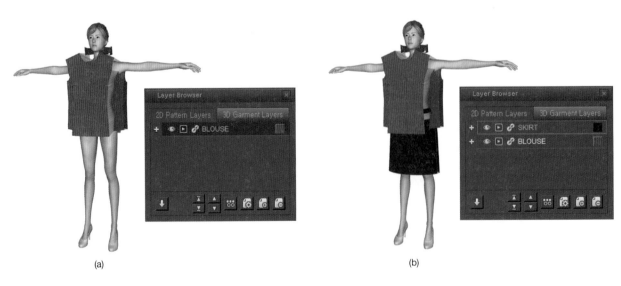

(a)   (b)

그림 12-5 의복의 레이어링

SECTION 3
레이어드 시뮬레이션의 제어

Layer 1,...,N으로 구성된 아웃핏을 가정해 보자. 이 책에서는 Layer i의 시뮬레이션을 간단히 Simulation i로 표기한다. 본 SECTION에서는 Simulation i(1 ≤ i ≤ N)를 수행할 때 취할 수 있는 옵션들에 대해 설명한다.

1   Collision Handling의 기초

DCS는 의복을 시뮬레이션을 할 때 두 가지 collision handling을 진행한다. self collision handling과 one-way collision handling이다.

Self Collision Handling
Self collision은 레이어 내에서 일어나는 충돌이다. 본 Chapter에서는 레이어 간 충돌을 다루기 때문에 self collision은 직접적인 관련이 없다. Self collision handling에 대해서는 Chapter 7에서 다루었다.

One-way Collision Handling
〈그림 12-6〉에서 보여주는 것처럼 천이 천의 다른 부분에 드레이프될 경우 서로 평형위치(equilibrium configuration)에 올 때까지 서로 영향을 주고 받는다. 이러한 형태의 collision handling을 mutual collision handling이라 한다.

원칙적으로 mutual collision handling으로 처리되어야 하는 레이어 간 충돌은 사실 DCS를 포함한 대부분 디지털 클로딩 프로그램에서 oneway collision handling으로 처리한다. Mutual collision handling에는 비현실적으로 많은 양의 계산이 들 수 있기 때문이다.

그림 12-6 한 천을 다른 천 위에 드레이프 하는 상황

One-way collision handling은 다음과 같은 방식으로 작동한다. 예를 들어, in-to-out 모드에서는 안쪽 layer A를 먼저 시뮬레이션을 한 후에 그 결과를 딱딱하게 고정된 것으로 여기고(따라서 이 결과는 이후에 이루어지는 layer B의 시뮬레이션 결과로부터 영향을 받지 않는다. 즉, 이 인과관계는 한 방향(one-way)이다. 이것이 바로 이러한 collision handling을 one-way라 부르는 이유다.), 그 A의 결과에 대하여 B를 드레이프함으로써 바깥쪽 layer B를 시뮬레이션한다. 이 경우 Simulation B가 Simulation A에 대해 수행되었다고 말한다. 마찬가지로 Simulation B가 Simulation A에 의존(depend)한다라고 말하기도 한다.

One-way collision handling은 실제 세상에서의 결과와 다를 수 있다.(Mutual collision handling이 실제와 더 가까운 결과를 만들어낼 것이다.) 그럼에도 불구하고, 레이어 시뮬레이션의 제 옵션들(다음 SECTION에서 설명함)을 제어함으로써 대부분의 경우 만족스러운 결과를 만들어낼 수 있다.

2 Collision Handling 지정

3D 레이어 브라우저〈그림 12-7〉는 아웃핏을 이루는 레이어들의 충돌이 어떻게 처리되어야 하는지를 요약해 준다. 이 브라우저에서 Set Simulation Dependency 아이콘(〈그림 12-7〉에서 빨간색 원으로 표시)을 클릭하면, 〈그림 12-8〉에서 보여주는 simulation dependency setting dialog가 나타난다. 각 체크란을 체크[해지]함으로써 두 개의 관련된 레이어(그림에서 보여주는 예에서는 스커트와 블라우스) 사이에 dependency가 있다[없다]는 것을 DCS에게 알려주게 된다. 여러분은 또한 체크란 바로 옆에 숫자를 입력할 수 있는데, 이것을 extra collision offset이라 부른다. 0이 아닌 값을 입력하면(양수뿐만 아니라 음수도 가능하다.), (layer-CHS에서 입력한) original collision offset에 이 값이 더해져 effective collision offset(collision handling에서의 실제 간격)을 이루게 된다. Effective collsion offset은 이 dependency에 결부된 subject-collider 쌍에만 사용된다. Subject의 다른 collider들에는 original collision offset 이 사용된다.

　3D 레이어 브라우저에서 Edit Layer 아이콘 🔳을 클릭하면 3D layer setting dialog가 나타난다. 이 dialog에서 〈그림 12-9〉의 두 번째 탭을 layer-CHS[2]라 하는데, 해당 레이어의 충돌과 관련된 사항을 입력하기 위한 곳이다.

　요약하면, 아웃핏의 collision handling은 3D 레이어 브라우저와 이 브라우저에 종속된 두 개의 dialog(layer-CHS 와 simulation dependency setting dialog)에서 제어할 수 있다. 3D 레이어 브라우저와 두 개의 종속된 dialog에서의 입력내용을 outfit simulation specification(outfit-SS)이라 한다.

　본 SECTION에서는 블라우스와 스커트(DC-EDU/chapter12/blouseSkirt/blouseSkirt.dcp)로 수행한 실험을 통해 outfit-SS 가 레이어드 시뮬레이션의 결과에 어떻게 영향을 미치는지를 설명한다. 이 실험의 기본 설정을 〈그림 12-10〉에서 보여주고 있다.

2　"CHS"는 collision handling specification 의 이니셜이다.

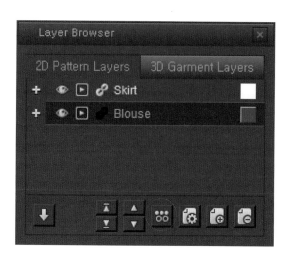

그림 12-7 3D 레이어 브라우저

그림 12-8 Simulation dependency

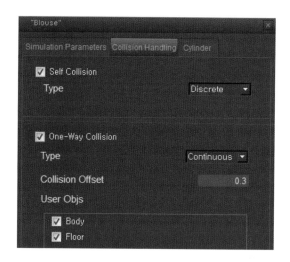

그림 12-9 Layer-CHS

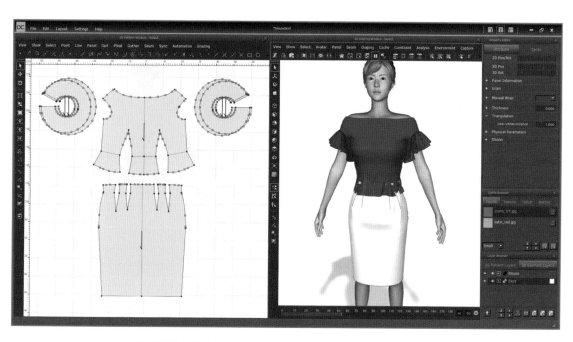

그림 12-10 실험의 기본 설정. 이 기본 설정에서 simulation dependency를 해지한 상태로 시뮬레이션함.
3D 윈도우에서 보는 것처럼, 두 의복 사이의 충돌이 해결되지 않음.

3 실험 1: Layer 1 = 스커트, Layer 2 = 블라우스, In-to-Out 시뮬레이션

- **설정**: 스커트와 블라우스는 각각 Layer 1과 2에 있으며 시뮬레이션 순서는 〈그림 12-11(a)〉의 3D 레이어 브라우저에서 보여주는 것처럼 in-to-out이다. 〈그림 12-10〉과 반대로 스커트와 블라우스 간 simulation dependency를 켠다 (그림 12-11(d)). 〈그림 12-11(b)〉와 (c)에서 보여주는 것처럼 스커트와 블라우스의 layer-CHS를 입력한다. 그 다음 (Reset; Clear Cache; Dynamic Play)을 수행한다.
- **결과**: 스커트가 먼저 시뮬레이션 된 다음, 스커트의 드레이프를 solid로 간주하고(one-way collision) 블라우스가 스커트 위에 시뮬레이션된다. 따라서 〈그림 12-11(e)〉에서 보여주는 것처럼 블라우스는 스커트 밖으로 입혀진다. 블라우스는 스커트에 대해 시뮬레이션되기 때문에 블라우스의 Myself Collider를 켜거나 끄는 것은 이 경우에서는 아무런 차이를 만들어내지 않는다.
- **추가 설명**: 〈그림 12-11(d)〉는 스커트와 블라우스 사이에 simulation dependency가 존재함을 말해 준다. 이 dependency의 추가적인 사항은 〈그림 12-11(a)〉에 설정되어 있다. 시뮬레이션이 in-to-out으로 실행하도록 설정되어 있기 때문에 바깥 레이어(블라우스)는 안쪽 레이어(스커트)에 의존한다.

그림 12-11 실험 1: Layer 1 = 스커트, Layer 2 = 블라우스, in-to-out 시뮬레이션

4 실험 2: Layer 1 = 스커트, Layer 2 = 블라우스, Out-to-In 시뮬레이션

- **설정**: 이번 실험을 위한 outfit-SS는 〈그림 12-12(a)〉의 3D 레이어 브라우저가 보여주는 것처럼 시뮬레이션 순서가 out-to-in이라는 것만 제외하면 실험 1과 같다. 그 다음 (Reset; Clear Cache; Dynamic Play)를 수행한다.
- **결과**: 시뮬레이션 순서가 out-to-in이기 때문에 블라우스가 먼저 시뮬레이션 된 다음 스커트는 블라우스 아래, 보디 위에 시뮬레이션된다. 따라서 블라우스는 〈그림 12-12(b)〉와 같이 밖으로 입혀진다. 정확히 똑같지는 않지만 실험 1과 2의 결과는 유사하다.

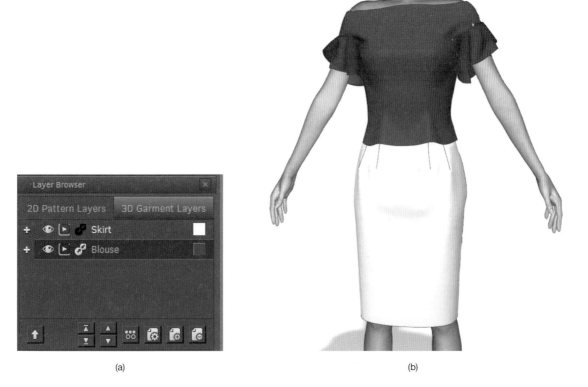

(a)　　　　　　　　　　　　　　　(b)

그림 12-12 실험 2: Layer 1 = 스커트, Layer 2 = 블라우스, out-to-in 시뮬레이션

5 실험 3: Layer 1 = 블라우스, Layer 2 = 스커트, Out-to-In 시뮬레이션

- **설정**: 이전의 두 LAB에 비해 의복의 레이어링이 반대다. 즉, 블라우스와 스커트가 각각 layer 1과 2에 있고 시뮬레이션 순서는 〈그림 12-13(a)〉의 3D 브라우저에서 보여주는 것처럼 outto-in이다. 그 다음 (Reset; Clear Cache; Dynamic Play)를 수행한다.
- **결과**: 시뮬레이션 순서가 out-to-in이기 때문에 스커트가 먼저 시뮬레이션되고 블라우스는 스커트 아래, 보디 위에 시뮬레이션된다. 시뮬레이터는 제한된 공간에 블라우스를 수용하기 어려워 〈그림 12-13(b)〉에서 보여주는 것과 같은 결과를 만들어낼 수 있다. 스커트의 collision offset을(0.3에서) 1로 높여줌으로써 이 문제를 완화할 수 있지만, 〈그림 12-13(c)〉에서 보여주는 것처럼 이 문제가 완전히 사라지지 않을 수 있다. 이 문제가 쉽게 사라지지 않는 이유는 〈그림 12-13(d)〉에서 보여주는 것처럼 블라우스의 하단부에 돌출부가 형성되어 있기 때문이다. 돌출부의 메시 꼭지점을 Traslate 툴을 써서(수작업으로) 이동한 다음 Static Play를 수행하면 돌출부가 평평해질 수 있는데, 이러한 방법을 통해 결과를 향상시킬 수 있다.

그림 12-13 실험 3: Layer 1 = 블라우스, Layer 2 = 스커트, out-to-in 시뮬레이션

6 실험 4: Layer 1 = 블라우스, Layer 2 = 스커트, In-to-Out 시뮬레이션

- **설정**: 이 실험을 위한 outfit-SS는 〈그림 12-14(a)〉의 3D 브라우저가 보여주는 것처럼 시뮬레이션 순서를 in-to-out으로 바꾼 것을 제외하고는 실험 3과 동일하다. 스커트의 collision offset은 기본 값 0.3으로 설정한다. 그 다음 (Reset; Clear Cache; Dynamic Play)를 수행한다.

- **결과**: 블라우스가 먼저 시뮬레이션된 다음 스커트가 블라우스에 대해 시뮬레이션된다. 블라우스의 드레이프가 딱딱하게 고정된 것으로 여겨지기 때문에(따라서 스커트의 드레이프는 블라우스에 전혀 영향을 주지 않는다.) 〈그림 12-14(b)〉에서 보여주는 것처럼 스커트 아래에 눈에 띄는 공간이 생겨 부자연스럽다.

- **추가 설명**: 약 40번째 프레임에서 〈그림 12-14(b)〉의 스냅샷을 촬영한 후 시뮬레이션 순서를 out-to-in으로 전환하면 〈그림 12-15〉에서 보여주는 결과를 얻을 수 있다. 흥미롭게도 실험 3과 4에서 발생했던 문제가 사라졌다. 실험 3과 4 는 (1) collision handling 프로그램에 부족한 점이 있을 수 있으며, (2) 어떤 문제는 임기응변적인 방법을 통해 해결될 수 있음을 보여주는 좋은 예이다.

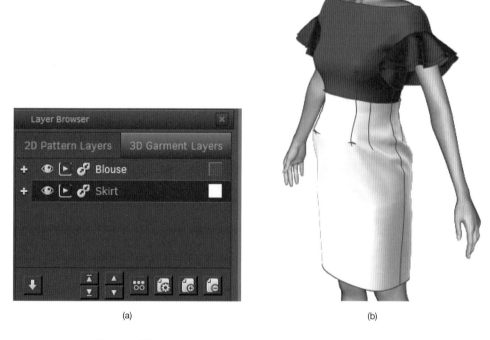

(a)   (b)

그림 12-14 실험 4: Layer 1 = 블라우스, Layer 2 = 스커트, in-to-out 시뮬레이션

그림 12-15 실험 4-1: Layer 1 = 블라우스, Layer 2 = 스커트, 40번째 프레임에서 out-to-in 시뮬레이션의 전환

LAB 2   In-to-Out vs. Out-to-In 시뮬레이션하기

1 DC-EDU/chapter12/layerControl/layerControl.dcp를 연다.
  • 이 프로젝트는 두 개의 의복으로 구성된 아웃핏을 담고 있다.

2 〈그림 12-16(a)〉에서 보여주는 것처럼 블라우스가 밖으로 입혀진 경우를 실험해 본다. Into-out과 out-to-in으로 각각 해 본다.

3 아래 두 과정에서는 〈그림 12-18(b)〉에서 보여주는 것처럼 블라우스가 안으로 입혀진 경우를 실험해 본다.

4 In-to-out 시뮬레이션을 수행할 수 있도록 3D 레이어 브라우저를 설정한다.
  • 그 다음, Enable Cache Play; Dynamic Play를 수행한다.

5 Out-to-in 시뮬레이션을 수행할 수 있도록 3D 레이어 브라우저를 설정한다.
  • Clear Cache; Dynamic Play;

■ **비교**: Step 4와 5의 시뮬레이션(즉, in-to-out과 out-to-in)은 서로 다른 결과를 만들어낸다. 어떤 경우에는 in-to-out이 더 적합하지만, 일부 경우에는 out-to-in이 더 낫다.

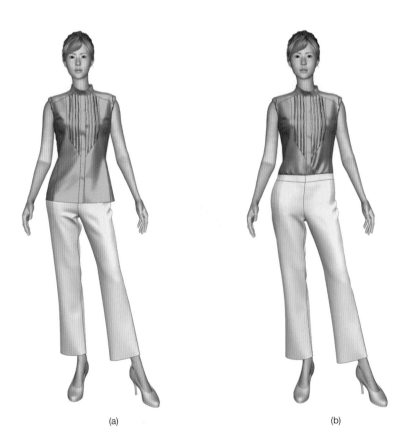

(a)   (b)

그림 12-16 레이어드 시뮬레이션의 제어

7 Simulation Dependency의 지정

아웃핏의 simulation dependency는 빠짐없이 지정해 주어야 한다.[2] Layer i의 simulation dependency list $D(i)=(i_1, \cdots, i_M)$를 Simulation i가 의존하는 레이어의 리스트라 하자. 직접 $D(i)$를 입력하지는 않는다. 대신 DCS에서는 simulation dependency setting dialog와 시뮬레이션 순서를 제어하는 메커니즘을 통해 간접적으로 $D(i)$를 설정한다.

- 만약 $D(i)=(j, k)$이면, Simulation i는 Simulation j와 k에 의존함을 의미한다. 따라서, (1)Simulation j와 k는 Simulation i보다 앞서 수행되어야 하며, (2)Simulation i는 Simulation j와 k의 결과를 collider로 여기며 수행되어야 한다.

예를 들어, 〈그림 12-17〉에서 빨간색/파란색/녹색 의복은 각각 Layer 1/2/3에 있다. 보디의 레이어 번호는 0이다. 이 경우에 시뮬레이션을 in-to-out 순서로 수행한다면 DCS는 여러분이 simulation dependency list를 다음과 같이 지정해줄 것을 기대한다.

- $D(1)=(0)$, 이것은 Layer 1이 Layer 0, 즉, 보디에만 의존하는 레이어임을 의미한다.[3]
- $D(2)=(1, 0)$, Layer 2가 보디와 충돌할 수 있기 때문에 Layer 0을 추가한다. 만약 0을 추가하지 않으면 여러분은 Layer 2와 0 사이의 충돌이 잘못 처리되어 원치 않는 결과를 얻을 수 있다. 이런 경우를 miss alarm 오류라 한다.
- $D(3)=(2, 0)$, Layer 1은 Layer 3과 충돌할 수 없기 때문에 Layer 1은 리스트에 추가하지 않는다. 만약 Layer 1을 추가해도 옳은 결과를 얻겠지만, 일부 불필요한 collision handling 계산이 있을 수 있다. 이런 경우를 false alarm이라 한다.

제대로 된 레이어 간 시뮬레이션을 위해서는 outfit-SS에 miss alarm이 없어야 함은 매우 중요하다. 속도를 향상하는 것이 중요하다면, outfit-SS를 체크해 false alarm이 없도록 해야 할 것이다.

Simulation dependency list는 이론적 개념이며, simulation dependency의 표현에 있어서는 가장 완전하다. DCS는 명시적으로 simulation dependency list를 가지고 있지 않다. 대신 DCS에서는 (1)Simulation Dependency Setting dialog를 통해 simulation dependency를 설정할 수 있도록 해주며, (2) 시뮬레이션 순서를 정할 수 있도록 해 준다. Simulation dependency의 설정과 시뮬레이션 순서의 설정을 결합한 표현력은 simulation dependency list에 못미칠 수 있다. 그러나 outfit-SS와 관련된 다른 메커니즘들을 같이 사용함에 의해 DCS의 위 두 가지 기능은 dependency의 대부분을 표현할 수 있다.

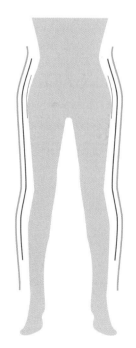

그림 12-17 세 개의 레이어가 있는 예

---

2 Dependency를 지정하지 않고 시뮬레이션을 수행할 수 있지만 충돌이 처리되지 않을 결과를 얻게 된다. 이런 이상한 결과가 특수 효과의 제작에 의도적으로 사용될 수 있다. Transforming Dress(Part 1 Chapter 3)의 제작이 한 예이다.

3 DCS에서는 Layer 0과의 simulation dependency는 지정할 필요가 없는데, 이는 모든 의복에서 당연한 것으로 여기기 때문이다. 여기서는 이론적 명확성을 위해 Layer 0을 언급한 것이다.

SECTION 4
순차적 레이어 시뮬레이션

Simulation A와 B가 수행되는데, Simulation B가 Simulation A에 대해 수행되어야 한다고 가정하자. Simulation A와 B를 (1) 순차적으로(serially) 또는 (2) 동시적으로(concurrently) 수행할 수 있다.

Simulation A가 완료될 때까지 Simulation B가 시작되지 않으면 두 개의 시뮬레이션은 순차적으로 수행된다고 말한다. Simulation A를 실행하는 동안 Simulation B가 같이 실행되면(그러나 각 i프레임에 대해 Simulation A가 먼저 계산된 다음 Simulation B가 Simulation A에 대해 계산된다.), 두 개의 시뮬레이션을 동시적으로 수행한다고 말한다.

본 Chapter에서 이제까지 보여준 예들은 모두 동시적 시뮬레이션이었다. 본 SECTION에서는 정적 시뮬레이션에서 어떻게 시뮬레이션을 순차적으로 수행할 수 있는지를 보여준다.

1 실험 5: 순차적 정적 시뮬레이션

- **1단계 설정**: 이 실험을 위한 설정(〈그림 12-18(a)〉와 〈그림 12-19(a)〉)은 (1) Myself Collider를(스커트와 블라우스에 대해서) 모두 켜고 (2) 블라우스의 시뮬레이션을 끄는(■) 것을 제외하고는 실험 1과 같다.
- **결과**: 〈그림 12-19(b)〉에서 보여주는 것처럼, 정적 시뮬레이션을 시작하면 스커트만 시뮬레이션된다.
- **2단계 설정**: 이제 스커트의 시뮬레이션을 끄고 〈그림 12-18(c)〉에서 보여주는 것처럼 블라우스의 시뮬레이션을 켠다.
- **결과**: 〈그림 12-19(c)〉에서 보여주는 것처럼, 이 단계에서는 스커트에 대해 블라우스를 시뮬레이션 한다. 스커트는 1단계 이후 변하지 않는다. 스커트의 시뮬레이션이 꺼져 있지만 Myself Collider는 켜져 있으므로 블라우스를 시뮬레이션할 때 스커트의 존재가 고려된다.
- **추가 설명**: 참고로 시뮬레이션이 모두 켜져 있으면, 결과는 〈그림 12-19(c)〉와 거의 동일하지만 더 많은 계산이 든다.

2 최종 코멘트

동적 시뮬레이션의 경우에는 순차적 시뮬레이션을 수행할 수 없다. 먼저 정적 시뮬레이션으로 순차적으로 아웃핏을 입힌 다음 동시적으로 동적 시뮬레이션을 시작하는 것을 추천한다.

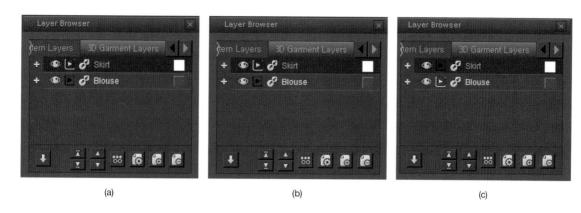

그림 12-18 순차적 정적 시뮬레이션의 설정

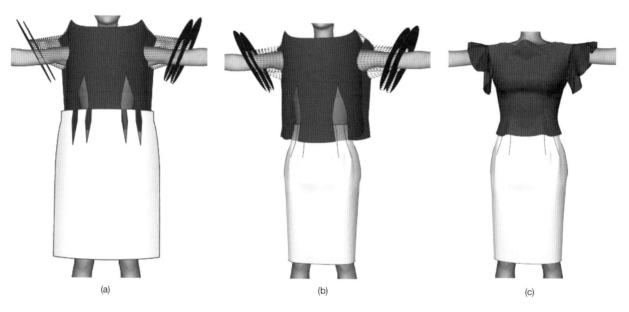

그림 12-19 순차적 정적 시뮬레이션의 결과

LAB 3 세 개의 의복으로 이루어진 아웃핏 편집하기

1 DC-EDU/chapter12/coat/coat.dcp를 연다.
- 이 프로젝트는 코트를 담고 있는데 이것은 한 3D 레이어를 차지하고 있다.

2 Step 1의 3D 레이어를 선택한 다음 File 〉 Export 〉 Selected Layer를 수행한다.
- 이번 과정을 수행하기 전에 3D 레이어 브라우저에서 해당 레이어를 클릭-선택해야 한다.

3 DC-EDU/chapter12/shPt/shPt.dcp를 연다.

4 File 〉 Import 〉 Layer 를 수행한 다음 Step 2에서 내보낸 레이어를 가져온다.

5 Show 〉 Panel Mode 〉 3D Layer Color;

6 〈그림 12-20(a)〉에서 보여주는 것처럼 레이어 간 simulation dependency를 입력한다.
   • 세 개 레이어는 서로 simulation dependency를 가진다.

7 블라우스와 코트의 시뮬레이션을 끄고 팬츠의 시뮬레이션만 켠다.
   • 코트의 시각화를 끌 수 있다.

8 Static Play;

9 블라우스의 시뮬레이션을 켜는데 이는 〈그림 12-20(b)〉에서 보여주는 결과를 만들어 낸다.

10 Pause; 그 다음, 코트의 시뮬레이션과 시각화를 모두 켠다.

11 Dynamic Play; 이것은 〈그림 12-20(c)〉에서 보여주는 결과를 만들어 낸다.

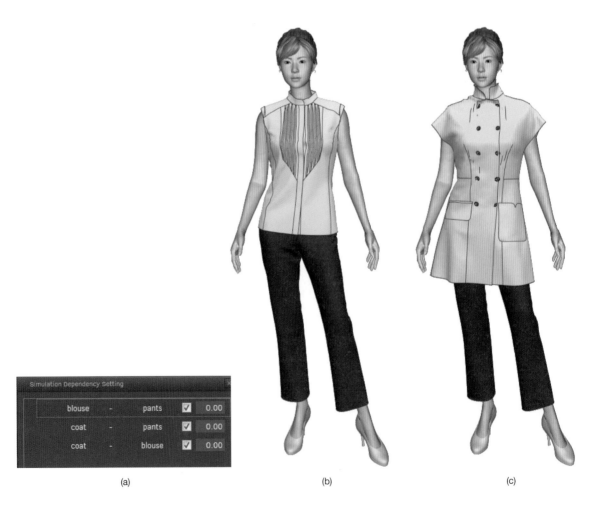

(a)   (b)   (c)

그림 12-20 세 개의 의복으로 이루어진 아웃핏 편집하기

CHAPTER 13

SUPPLEMENTARY COMPONENT의 추가

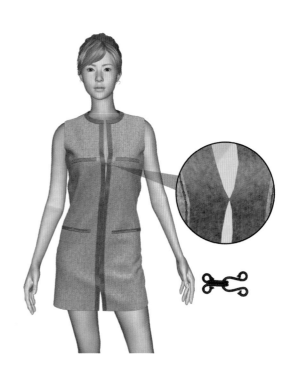

SECTION 1
개괄

지금까지 이 책은 의복의 주요 부분에 집중하느라 버튼, 포켓, 스티치(〈그림 13-1〉 참조) 등과 같은 supplementary component(부가적 구성 요소)는 다루지 못했다. 본 Chapter에서는 이러한 supplementary component를 어떻게 생성하는지 설명한다.

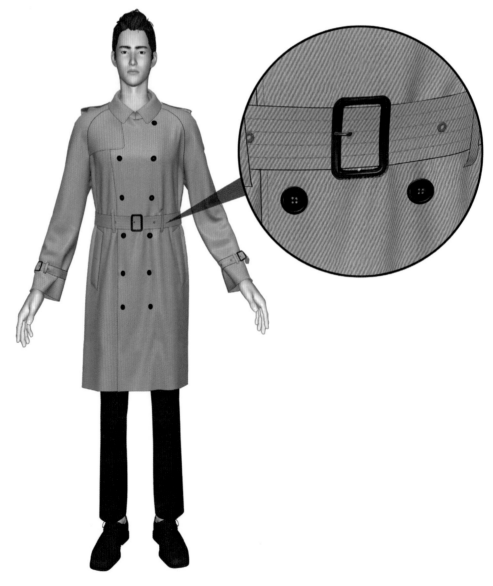

그림 13-1 Supplementary component의 예

Principal Panel과 Supplementary Component

1 Principal Panel과 Supplementary Component

이 책은 의복이 principal panel과 supplementary component로 구성된 것으로 본다. Principal panel이란 의복의 가장 기본적인 부분을 구성하는 패널이다. 〈그림 13-2〉의 셔츠에서 앞뒤 패널과 두 개의 슬리브가 바로 principal panel이다. 나머지는 모두 supplementary component로 분류한다. 예를 들어, 셔츠에서 포켓에 사용된 패널은 supplementary component이다. 네크라인과 슬리브 밑단에 있는 스티치도 supplementary component이다.

Principal panel과 supplementary component의 구별은 본 Chapter를 이해하는 데 중요하다. 〈그림 13-3〉에서 각 구성 요소가 principal인지 supplementary인지 확실히 이해하고 넘어가도록 한다.

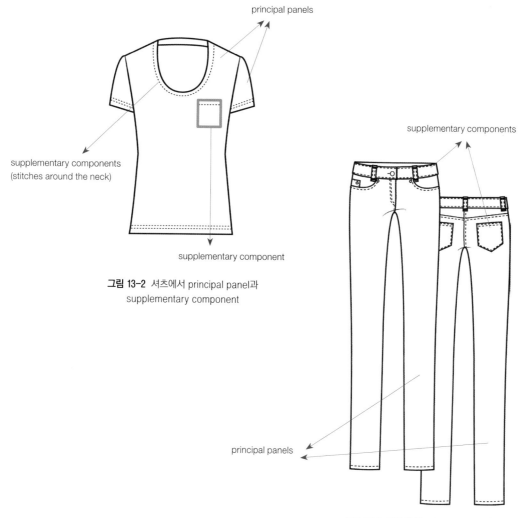

그림 13-2 셔츠에서 principal panel과
supplementary component

그림 13-3 팬츠에서 principal panel과
supplementary component

디지털 클로딩에 대한 두 가지 철학

디지털 클로딩에 대한 두 개의 서로 다른 철학 즉, 원리주의(principlism)와 실용주의(pragmatism)가 있다.

원리주의란 디지털 클로딩이 실제 의류 생산과 같은 방식으로 작동해야 한다는 사고 방식이다. 원리주의가 바람직하지만 현재 디지털 클로딩 기술은 이 철학을 100% 실현할 수 없다.

실용주의란 디지털 클로딩이 실제 의류 생산과 같은 방식으로 작동하지 않을 수도 있다는 사고 방식이다. 실용주의에서 드레이핑 시뮬레이션에 사용된 패널은 실제 제조에 사용된 것과 같지 않을 수 있다. 예를 들어, 팬츠를 시뮬레이션할 경우(DCS를 포함함) 실용주의에 기초한 소프트웨어는 커프(cuff)[1]를 위한 여유분을 포함하지 않는 패널을 사용한다. 그 여유분은 의복 제조 시 추가하면 된다. 디지털 클로딩 기술의 한계를 감안하는 실용주의는 현재 사용할 수 있는 것을 최대한 활용하려 하는 접근법이다.

"원리주의 vs 실용주의"는 디지털 클로딩의 많은 측면에서 이슈이다. 이 책과 DCS는 둘 다 실용주의를 기반으로 한다. 그것을 전제한다면, 실용주의의 자유로움을 오히려 적극적으로 활용해 볼 수 있다. 이 아이디어가 중요한 영향을 미칠 수 있는 한 측면이 바로 supplementary component이다.

1 실용주의에서 Principal Panel의 두 버전

실용주의 하에서는 principal panel이 두 가지 버전으로 존재할 수 있다.

- 시뮬레이션 버전
- 생산 버전

시뮬레이션 버전은 시뮬레이션에서 사용되는 가장 간단한 버전이다. 예를 들어, 팬츠의 경우, 커프를 위한 여유분은 시뮬레이션 버전에서 제외된다. 의복을(supplementary component는 생략하고) primary panel만 시뮬레이션된 버전으로 보여줄 때 이를 pure garment(순수 의복)라 한다.

Pure garment에 supplementary component가 추가된 것을 supplemented garment(부가된 의복)라 한다.

Pure 또는 supplemented garment를 검토한 후 그 디자인을 제조하기로 결정했다면, 이제 패턴 전문가가 시뮬레이션 버전의 패널을 생산 버전으로 변환해야 한다.[2] 팬츠의 예에서 생산 버전은 여유분(그리고 필요하다면 다른 추가 조각)을 가져야 원하는 커프를 만들 수 있다.

여기에 실용주의와 생산이 조화를 이룰 수 있음을 주지하자. 실용주의는 드레이핑 시뮬레이션에서 다루기 힘든 요소들을 단순화하여 의복 생산에서 디자인 결정 과정을 신속하게 해 준다. 디자인이 확정되면 제조를 위한 패턴 메이킹을 시작할 수 있다.

---

1 커프는(이것은 약간의 여유분을 접은 후 봉제함에 의해 생성되는데) 다른 부분과 물리적 특성이 다를 수 있다. 여유분 없이도 이런 차이를 모사하는 것이 가능하다. 커프 부분에 큰 density와 높은 bending stiffness를 줌으로써 비슷한 효과를 낼 수 있다. 이런 경우에 실용주의가 취할 수 있는 세 가지 옵션이 있다. (1) 커프의 물리적 특성이 다름을 전체적으로 무시하거나, (2) mass density와 bend stiffness를 조절함으로써 위의 차이를 반영하거나, (3) 여유분을 실제로 두고 접어 봉제할 수 있다. 저자는 실용주의가 원칙주의에 비해 항상 덜 정확하다고 보기보다는 더 많은 옵션을 가진 접근법이라고 말하고 싶다.

2 DCS는 그레이딩, 시접 생성 등 생산 버전을 생성하기 위한 CAD 기능을 갖추고 있다.

2 실용주의에서의 시각화

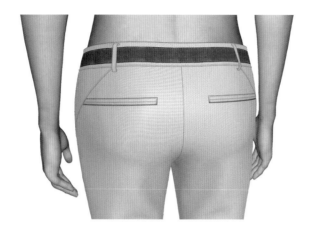

그림 13-4 스프라이트를 사용한 립 포켓의 생성

Principal panel은 항상 시각화해 주어야 한다. 그러나 supplementary component는 경우에 따라시 각화를 해줄 수도 있고 안해줄 수도 있다. 예를 들어, 셔츠에서는 패치 포켓(patch pocket)을 시각화하는 것이 좋다. 그러나 바지에서 콘티넨털 포켓(continental pocket)의 내부 내용물들은 대개의 경우 시각화할 필요가 없다.

Principal panel 또는 supplementary component를 시각화할 경우에도 실제 내용물 없이 더 간단한 형태로 보여주는 것이 더 효과적일 때가 있다. 예를 들어, 〈그림 13-4〉에서 보여주는 립 포켓(lip pocket)은 principal panel을 잘라내지 않고 대신 얇은 직사각형으로 스프라이트3을 맵핑하여 시각화할 수 있다.

본 Chapter의 주제인 pure garment에 supplementary component를 추가하는 작업은 많은 경우 스프라이트[3]를 기발하게 사용함으로써 이루어진다. 본 Chapter에서는 의류 디자인에서 자주 등장하는 다음의 부가적 요소들을 커버한다. ornamental stitch, ornamental attachment, zipper, elastic band, string, belt, shoulder pad, petticoat, patch 등이다. 각 요소에 대해 DCS로 어떻게 이 요소를 생성할 수 있는지 다음 두 가지를 보여주며 설명할 것이다.

- **구성 및 시뮬레이션**: Supplementary component를 생성하기 위해 어떻게 패턴 메이킹, 의복구성, 시뮬레이션을 수행해야 하는지를 설명한다.
- **시각화**: Supplementary component의 효과를 만들어내기 위해 시각화가 어떻게 이루어져야 하는지 설명한다.

---

3 스프라이트는 3D object의 인상을 주기 위해 표면에 맵핑되는 이미지이다. 자세한 내용은 Chapter 9를 참조한다.

SECTION 4
Ornamental Stitch의 생성

1 Ornamental Stitch 개괄

의복은 〈그림 13-5〉에서 보여주는 것처럼 스티치나 트림(trim)을 포함할 수 있다. DCS는 〈그림 13-6〉에서 보여주는 것처럼 이런 요소를 시각적으로 생성할 수 있다. 이 책에서는 이런 요소를 ornamental stitch라 한다. Ornamental stitch의 생성을 위해 의복 구성이나 시뮬레이션 과정에서 따로 해 둬야 할 것은 없다.

Ornamental stitch는 패널의 선을 따라 생성된다. 이 선을 기초선(base line)이라 한다. DCS는 기초선을 따라 스티치 스프라이트(stitch sprite)를 반복함으로써 ornamental stitch를 생성한다.

〈그림 13-7〉에서 스티치 스프라이트의 한 예를 보여준다. 원하는 스티치 스프라이트가 DCS에(더 구체적으로 스티치 브라우저에) 없다면 이를 외부의 소프트웨어(예: Adobe Photoshop)에서 생성해 스티치 브라우저로 가져올 수 있다. 이 경우, 〈그림 13-7(b)〉에서 보여주는 것처럼 스티치 스프라이트를 반복할 경우에도 반복에 따른 흔적이 보이지 않도록 스티치 스프라이트를 생성해야 한다.

그림 13-5 실제 옷에서의 스티치 및 트림

그림 13-6 DCS에서 생성된 ornamental stitch

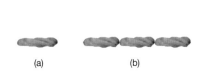

(a)   (b)

그림 13-7 Ornamental stitch 제어하기

그림 13-8 Ornamental stitch 제어하기

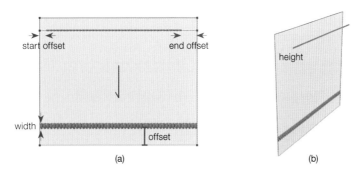

start offset　　　　　end offset

width

offset

height

(a)　　　　　　　　　(b)

그림 13-9 Ornamental stitch의 생성과 관련된 변수들

〈그림 13-8〉의 스프라이트 편집창(Property Editor 〕 Sprite)에서는 ornamental stitch를 원하는 형태로 시각화할 수 있도록 다음의 변수를 제어한다.(스티치가 적용된 기초선을 선택하면 스프라이트 편집창은 그 ornamental stitch 적용의 편집기로 작동한다.) 〈그림 13-9〉를 참고하며 다음을 정의한다.

- **Width**: 스티치의 폭(centimeter)이다.
- **Offset**: 기초선에서 직물 표면을 따라 안쪽/바깥쪽으로의 offset(centimeter). 예를 들어, 〈그림 13-9(a)〉의 아래 스티치를 위한 기초선은 맨아래 외곽선이고 offset 은 5였다. 참고로 바깥쪽으로의 offset은 음수이다.
- **Start Offset과 End Offset**: 기초선을 따라 스티치의 시작과 끝에서의 변위(centimeter)이다. 〈그림 13-9(a)〉의 위 스티치의 경우 start와 end offset은 각각 2와 5였다.
- **Height**: 직물 표면에서 표면 normal 방향으로의 스티치의 변위(centimeter). Height는 〈그림 13-9〉의 위 스티치 경우 5이다. 양수와 음수 값 모두 height에 사용될 수 있다. 음수의 height는 스티치가 직물 표면 아래로 파고든 경우 사용된다. Height가 음수일 때 스프라이트는 패널의 안쪽 방향으로 맵핑된다.
- **Vertex Distance**: 스티치선을 따른 샘플링(sampling)거리(centimeter)이다. 스티치를 시각화할 때 스티치선은 내부적으로 다수의 짧은 직선 조각들로 구현된다. 이때 각 직선 조각을 stitch line delta segment 또는 간단히 delta segment라 한다. Vertex Distance(VD)는 delta segment의 길이를 정해주는데 처음에는 1로 입력되어 있다. 〈그림 13-10(a)〉는 VD = 1일 때를 보여준다. VD의 효과를 이해시키기 위해 〈그림 13-10(b)〉과 (c)는 VD = 10으로 생성된(다소 과장된) 결과를 보여준다. 이 경우 기초선이 원형이지만 큰 VD를 사용할 경우 스티치선은 다각형의 모양을 띤다. 상황을 확연히 보여주기 위해 그림 〈13-10(b)〉와 (c)에서는 Width = 2를 사용하였다. 일반적으로는 VD = 1을 사용하는 것이 좋다. 그러나 시뮬레이션 된 결과에 잔주름이 많이 들어 있을 때 VD = 1의 샘플링 해상도는 부자연스러운 결과를 줄 경우가 있다(스치티가 파고든 것처럼 보이거나 직물 표면 위에 떠나니는 것처럼 보일 수 있다.) 이 경우, 1 보다 작은 VD를 사용하면 문제가 해결된다. 이런 문제가 발생하지 않는 경우에는 작은 VD를 사용하는 것을 권장하지는 않는데 이는 메모리의 사용과 계산시간이 불필요하게 증가할 수 있기 때문이다.
- **Elongation**: 스티치의 신장률(1과 10 사이의 정수)이다. Elongation이 n일 때 단위 스티치 스프라이트는 n delta segment까지 늘어난다. 〈그림 13-10(b)〉와 (c)에서는 Elongation이 각각 1과 2였다. 보통 VD는 상수로(VD = 1) 유지하고 Elongation을 제어하는 것이 좋다.
- **Color**: 스프라이트의 색을 제어하는 것은 SECTION 5에 설명되어 있다.

LAB 1 Ornamental Stitch 기본 실습

1 DC-EDU/chapter13/stitchBasic/stitchBasic.dcp를 연다.
  - 원형[직사각형] 패널에 있는 내부선은 3D-activate 되어 있다[되어 있지 않다].

2 직사각형 패널에 있는 내부선에 스티치를 적용한다.
  - 내부선을 선택한 다음 스티치 브라우저에서 Stitch를 선택한다.
  - 내부선이 3D-activate되지 않아도 3D에서 스티치를 시각화할 수 있다.

3 Property Editor] Sprite;
  - 변수들을 제어해 본다. width, offset, start/end offsets, elongation, height, color이다.

4 직사각형 패널의 아래 선을 선택하고 스티치를 적용한 다음, 이 스티치에 대해 Step 3을 수행한다.

5 원형 패널의 내부선을 선택하고 스티치를 적용한 다음, 이 스티치에 대해 Step 3을 수행한다.
  - VD 를 조절해 본다.
  - 〈그림 13-10〉의 결과를 재현해 본다.

6 Step 2~3에 생성된 스티치를 제거한다.
  - 기초선을 선택한 다음, 현재 텍스타일 뷰어에서 x를 클릭한다.
  - Show 〉 Sprite 〉 Stitch에서 모든 스티치의 디스플레이 켜기/끄기를 토글해 본다.

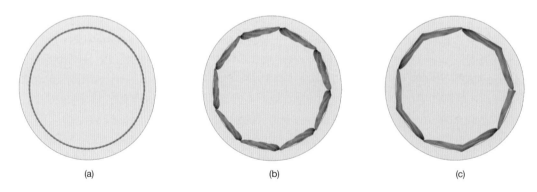

(a)　　　　　　　　(b)　　　　　　　　(c)

그림 3-10 원형 스티치에서 vertex distance와 elongation 제어하기

2 새로운 스티치 스프라이트의 생성

스티치 스프라이트의 생성은 다음의 과정으로 Adobe Photoshop에서 수행한다.
1. 실제 스티치의 사진을 찍거나 스티치 이미지를 스캔한다.
2. One-repeat 패턴을 추출하고 PNG 이미지 파일을 생성한다.
3. 스티치 브라우저의 아래-오른쪽 코너에서 Add(+) 아이콘을 클릭하여 PNG로 만든 이미지를 스티치 브라우저로 가져올 수 있다.

스프라이트 색의 제어

1 스프라이트 색 제어 개괄

본 SECTION에서는 스프라이트의 색 제어를 설명한다. 세 개의 요소(R, G, B)로 표현되는 단일 픽셀의 색은 임의로 각 R, G, B 값을 바꿔서 제어할 수 있다. 여러분이 스프라이트의 색을 바꾸고자 할 경우 단일 픽셀에 대한 수정이 아니라 전체 스프라이트에 대한 수정이며, 수정과정에서 원래 문양의 형태가 보존되어야 한다. DCS는 스프라이트 색 제어를 위해 다음 세 개의 메커니즘을 사용한다.

- 직접 색상 혼합(Direct Color Blending)
- 간접 색상 혼합(Indirect Color Blending)
- HSV 색 제어(HSV Color Control)

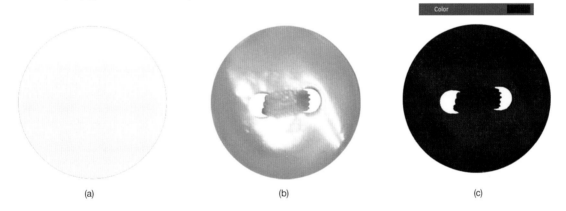

(a)   (b)   (c)

그림 13-11 색상 혼합: (a) 흰색 표면의 렌더링, (b) 스프라이트, (c) 혼합색(빨강)과 직접 색상 혼합의 결과

2 직접 색상 혼합

직접 색상 혼합(direct color blending)은 OpenGL로부터 채택된 방식이다. 직접 색상 혼합을 이해하기 위해서는 fragment color의 개념을 알 필요가 있다.

Fragment color는(각 픽셀에 대해) 현재의 조명 조건에서 흰색 표면을 쉐이딩 한 결과이다.[4] Fragment color는 픽셀 색과 유사한 개념이지만 이 둘에는 차이가 있다. 픽셀 색은 최종 결과를 의미하는 반면 fragment color는 중간 결과를 의미한다. $C_f = (R_f, G_f, B_f)$를 픽셀 P의 fragment color라 하자. 〈그림 13-11(a)〉는 원형 영역 Q의 fragment color를 보여준다. 〈그림 13-11(b)〉는 Q에 대한 스프라이트의 예를 보여준다. $C_b = (R_b, G_b, B_b)$를 스프라이트 색 제어를 위해 선택한 혼합색(blend color)이라 하자. 혼합색의 한 예(빨간색)를 〈그림 13-11(c)〉에서 보여주고 있다.

직접 색상 혼합을 사용한 P 의 최종 픽셀 색 C는 다음의 식으로 나타낼 수 있다.

---

[4] 그러므로 흰색 조명에서 fragment color는 회색이지만 표면 전체에서 불균질할 수 있다.

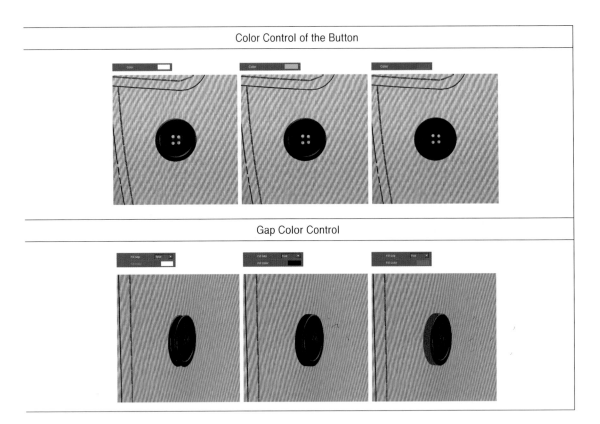

표 13-1 직접 색상 혼합 실험

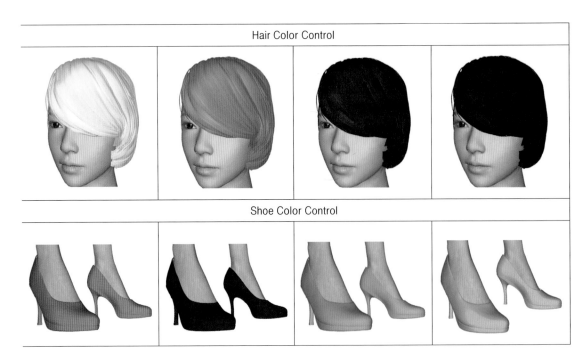

표 13-2 간접 색상 혼합 실험

$$C = C_s \otimes C_b + (1 - C_s) \otimes C_f$$

위의 식에서 각 항은 3D(color)벡터이고 ⊗는 각 요소끼리의 곱하기를 의미한다. 즉, 벡터의 각 요소를 써 본다면 다음과 같은 식이 된다.

$$C = (R, G, B) = (R_sR_b + (1-R_s)R_f, G_sG_b + (1-G_s)G_f, B_sB_b + (1-B_s)B_f).$$

〈그림 13-11(c)〉의 아래는 혼합된 색이 빨간색일 때 직접 색상 혼합된 결과를 보여준다.

〈표 13-1〉은 원래의 버튼(가장 왼쪽)이 녹색과 빨간색의 두 가지가 혼합된 색으로 직접 색상 혼합된 결과를 보여준다. 표가 보여준 것처럼 직접 색상 혼합은 스프라이트 색과 혼합색이 직접 혼합된 결과를 준다. DCS에서 버튼과 ornamental stitch의 색 제어는 직접 색상 혼합으로 이루어진다.

3 간접 색상 혼합

C_s가 회색이라면 $C_s \otimes C_b$는 Equation(13.1)에서 유일한 유채색 성분이다. 이런 경우 색의 혼합 결과는 C의 색조(hue)가 C_b와 같기 때문에 직접 색상 혼합의 경우보다 예측 가능하다. 위의 논리에 착안하여 간접 색성 혼합(indirect color blending)은 먼저 제공된 스프라이트 이미지를 그레이 스케일(grey-scale)이미지로 변환한 다음, 그레이 스케일 스프라이트로 Equation(13.1)의 혼합을 수행한다. 현재 DCS에서 헤어와 슈즈의 색은 간접 색상 혼합으로 제어된다. 〈표 13-2〉는 DCS 헤어와 슈즈에 수행된 간접 색상 혼합의 몇 가지 결과를 보여준다.

비교하자면, 간접 색상 혼합에서는 결과로 나오는 색의 예측성은 뛰어나지만 원래 텍스타일에 존재하는 색조의 변화는 잃게 된다. 다음은 직접/간접 색상 혼합 사용에 대한 지침이다.

- R, G, B가 원래 스프라이트에서 균형 잡힌(즉, 회색에 가까운) 경우, 간접 색상 혼합은 원래 색조를 잃지 않으면서 더 생생한 결과를 생성한다.
- 원래 스프라이트에서 R, G, B가 불균형한 경우, 간접 색상 혼합이 보다 예측 가능한 제어를 제공한다.
- 원래 스프라이트가 너무 어두우면 제어의 여지가 거의 없다($C_s \otimes C_b$가 제어된 부분이기 때문에 제어의 여지는 바로 C_s이다).

4 HSV 색 제어^

직접 색상 혼합과 간접 색상 혼합은 각각 한계를 가지고 있다.
- 직접 색상 혼합
  - 제어 가능한 범위가 제한된다. 특히 원래 스프라이트가 어두운 색으로 구성되어 있을 때 제어 가능한 범위가 많이 줄어들게 된다.
  - 결과로 생긴 색은 스프라이트 색과 혼합색의 혼합물이기 때문에 예측성이 떨어진다.
- 간접 색상 혼합
  - 원래 텍스타일에서의 색조의 미묘한 변화는 활용되지 않는다. 따라서 이것의 결과는 원래 텍스타일보다 덜 생생해 보이는 경향이 있다.
  - 밝기가 원래 텍스타일에 의해 제한된다. 즉, 원래 텍스타일이 어두운 색일 때 최종 결과는 그것보다 밝을 수 없다.

HSV에 기반한 색 제어는 색 혼합 문제를 위한 더 일반적인 방법이다. HSV에 기반한 색 제어는 제공된 스프라이트 이미지로부터 세 개의 맵 즉, H-map, S-map, V-map을 만들어 내는데 이는 ΔH, ΔS, ΔV 로 H, S, V를 조정하기 위해서이다. 예를 들어, 0 이 아닌 ΔH 를 주면 스프라이트의 모든 픽셀에 대해 색조를 ΔH 만큼 증가시켜 줄 수 있다.[5] S 와 V의 조정은 회전하는 대신 [0, 1] 값을 넘어갈 때는 넘지 않도록 잘라주는 것을 제외하고 H 와 유사하다.

직접 색상 혼합과 간접 색상 혼합은 HSV 색상 혼합의 특별한 경우다. 직접 색상 혼합은 HSV 색 제어에서 H 를 조정하고 S 와 V 는 동일하게 유지함으로써 얻을 수 있다. 간접 색상 혼합은 S = 0으로 입력한 다음, H 를 조정하고 V 는 동일하게 유지하여 얻을 수 있다. 직접/간접 색상 혼합이 HSV 색 제어의 특별한 경우에 불과하지만 직접/간접 색상 혼합이 HSV 색 제어를 사용하는 가장 대표적인 두 방법임을 밝혀둔다.

5　사실은 색상환을 따라 ΔH 만큼 회전하는 것이다.

LAB 2 Ornamental Stitch 생성하기

1 DC-EDU/chapter13/stitch/stitch.dcp를 연다.

2 〈그림 13-13〉에서 보여주는 것처럼 네크라인에 스티치를 적용한다.
 • 블라우스의 네크라인을 선택한다.(2D에서 수행하는 것이 더 쉽다. 3D에서 수행하면 원치 않은 선을 선택할 수 있다.)
 • 스티치 브라우저의 선택 목록(몇 가지 스티치 스프라이트 샘플을 〈그림 13-12〉에서 보여줌) 중 stitch__01_g.png
  를 선택한다.

3 Property Editor] Sprite에서 스티치의 세부 사항들을 조절한다.
 • 예를 들어, height = 0.01, width = 0.2, vertex distance = 0.5, elongation = 1, offset = 0.2, start & end offset = 0.

4 〈그림 13-13〉에서 보여주는 것처럼 슬리브 밑단에 대해 Step 2~3을 반복한다.
 • Stitch_04.png를 선택한다.
 • Height = 0.1, width = 0.4, vertex distance = 0.5, elongation = 1, offset = −0.05, start& end offset = 0을 사
  용한다.

5 Cache Play;

| stitch_01 | stitch_01_g | stitch_02 | stitch_03 | stitch_04 |

그림 13-12 스티치 브라우저의 내용

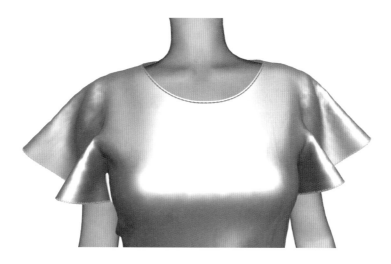

그림 13-13 네크라인과 슬리브 밑단에 스티치 적용하기

SECTION 6
버튼의 생성

1 버튼의 생성

의복은 버튼을 포함할 수 있다. DCS에서 버튼을 추가하는 것은 매우 간단하다. 내부점을 선택한 다음[6](스프라이트 브라우저 안의) 버튼 브라우저에서 버튼 스프라이트를 하나 선택해 주면 된다.

원하는 버튼 스프라이트가 버튼 브라우저에 없다면 먼저 버튼 스프라이트를 버튼 브라우저로 가져온 후 이 과정을 수행해야 한다.

버튼이 생성되었다면(button point를 선택한 후) Property Editor Sprite에서 버튼의 세부 사항을 제어할 수 있다.

- **Style**: 현재 버튼의 형태(round, square, diamond)를 선택한다.
  - Smoothness: Round 형태의 버튼에 대해 매끄러운 정도를 제어한다.
  - Roundness: Square와 diamond 형태의 버튼에 대해 모서리의 원형률을 제어한다.
- **Thickness**: 버튼의 두께를 입력할 수 있다. 0이 아닌 두께를 입력하면 버튼의 복사본이 원본에서부터 입력된 두께만큼 떨어진 위치에 생성된다. 두 복사본 사이의 간격은 다음을 제어함으로써 채워질 수 있다.
  - Fill Gap: 두 개의 버튼 복사본 사이의 간격을 채울지를 결정한다.
  - Fill Color: 채울 색을 입력한다.
- **Radius**: 버튼의 반지름을 제어한다.
- **Color**: 버튼의 색은 직접 색상 혼합(SECTION 5)의 혼합색으로 사용된다.
- **Height**: 직물 표면으로부터의(normal 방향을 따라) 버튼의 변위를 제어한다.
- **Horizontal/Vertical Offset**: Button point로부터의(직물의 표면을 따라) 버튼의 위치를 변경해 줄 수 있다.
- **Rotate**: 버튼을 회전시켜 준다.

그림 13-14 버튼 제어하기(스프라이트 편집창)

---

6 버튼을 생성하기 위해 선택된 내부점을 button point라고 한다.

LAB 3 버튼/버튼홀 생성하기

■ 구성 및 시뮬레이션

1 DC-EDU/chapter13/buttons/buttons.dcp를 연다.

2 〈그림 13-15〉에서 보여준 것처럼 프로젝트에는 미리 button point, buttonhole point/line들이 준비되어 있으며, 이는 다음 과정으로 수행되었다.
   • 앞-오른쪽 패스닝 패널(fastening panel)에서 맨 위와 맨 아래의 버튼을 위한 두 개의 점을 생성한 다음, 나머지 버튼들을 동일한 간격으로 생성하기 위해 2D window 》 Point 〉 Create N Division Point를 사용한다.(이 점들을 button point 라 한다.) Button point를 내부점으로 변환한다.
   • 앞-왼쪽 패스닝 패널에서 버튼과 상응하는 위치에 buttonhole line을 그린다. 여기에 추가해, 〈그림 13-15〉에서 보여주는 것처럼 나중에 버튼과 버튼홀을 잠그기 위해 사용될 buttonhole point를 그린다. 위의 buttonhole point/line을 내부점/선으로 변환한다.
     – 보통 buttonhole line의 길이는 버튼의 지름에 버튼의 두께를 더한 것으로 잡고, buttonhole point는 buttonhole line의 맨 위[가장 바깥쪽] 위치에서 버튼 두께만큼 아래로 [안쪽으로] 옮겨진 위치에 잡는다.

3 Button point와 buttonhole point를 모두 3D-activate(Chapter 7)한다.
   – Buttonhole line은 3D-activate할 필요 없다.

4 버튼을 잠글 경우, 해당하는 button point와 buttonhole point 사이에 point-to-point 봉제를 수행한다.
   • Point-to-point 봉제는 다음의 과정으로 생성할 수 있다. Seam 〉 Create Merging Seam; Contextual input; Select Point To Point; 봉제하기 위한 두 개의 점을 클릭한다; Enter.
   • 〈그림 13-16(c)〉와 (d)는 각각 두 개의 잠긴 버튼과 한 개의 열린 버튼을 보여준다.

5 드레이핑 시뮬레이션을 수행한다.

■ 시각화

6 위의 구성에서 button point에 버튼 스프라이트(예: 〈그림 13-16(a)〉)를 적용하고, buttonhole line에 스티치 스프라이트(예: 〈그림 13-16(b)〉)를 적용하면 버튼/버튼홀이 있는 것처럼 시각화된다.

7 버튼과 버튼홀의 시각화를 조정한다.
   • Show 〉 Sprite 〉 Button에서 모든 버튼의 시각화 켜기/끄기를 토글할 수 있다.

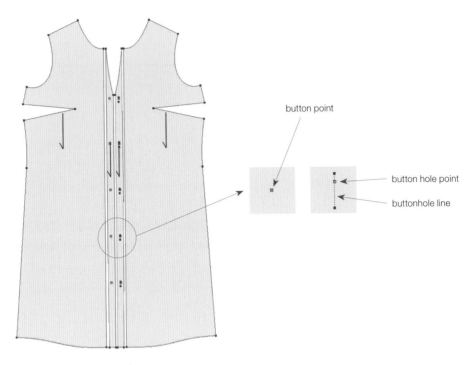

그림 13-15 Button points, buttonhole lines, buttonhole points의 생성

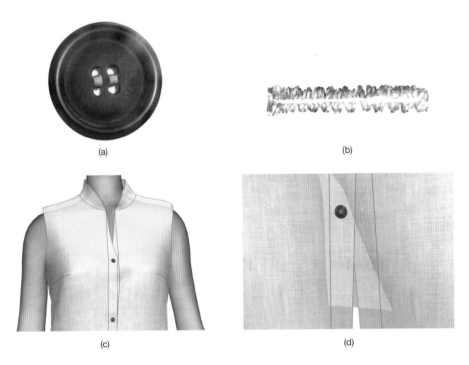

그림 13-16 버튼과 버튼홀의 생성

2 버튼 형태의 다른 부자재 생성

〈그림 13-17〉과 〈그림 13-18〉에서 보여주는 것처럼 위/아래 스냅, 훅 & 아이는 버튼을 생성하는 것과 같은 방식으로 생성할 수 있다. 설명은 생략한다. 여러분의 참고를 위해, snapANS와 hookAndEyeANS 프로젝트가 DC-EDU/Chapter13에 있다. (1) 위/아래 스냅과 훅 & 아이의 선택은 버튼 브라우저에서 수행해야 하며, (2) 높이가 음수일 때 스프라이트는 패널의 안쪽에 맵핑되므로, (3) 높이는 훅 & 아이와 위쪽 스냅의 경우 음수여야 한다.

그림 13-17 스냅의 생성

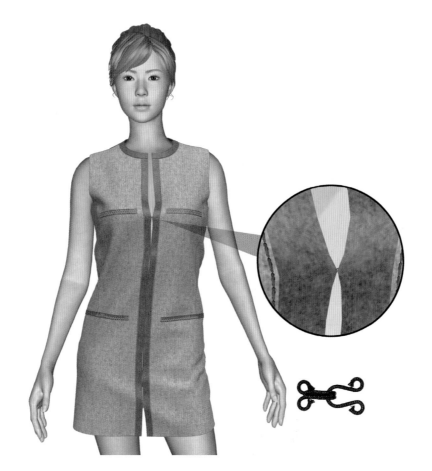

그림 13-18 훅 & 아이의 생성

SECTION 7
Ornamental Attachment의 생성

의복는 부착물을 포함할 수 있다. 〈그림 13-19〉에서 보여주는 것처럼 DCS는 이런 요소를 추가할 수 있도록 해 준다. 이런 요소를 ornamental attachment라 하는데, 이들의 생성을 위해서 의복 구성이나 시뮬레이션 중에 특별한 준비가 필요하지는 않다.

Ornamental attachment는 패널상의 점에 생성되며, 이 점을 ornamental attachment point라 부른다. DCS에서는 버튼 브라우저에 있는 ornamental attachment sprite를 위치시킴으로써 ornamental attachment를 생성한다. 원하는 ornamental attachment sprite가 버튼 브라우저에 없다면 여러분 스스로 외부 소프트웨어(예: Adobe Photoshop)에서 생성한 다음 DCS로 가져와야 한다.

Ornamental attachment의 시각화는 버튼을 제어하는 방법과 동일하다.(Ornamental attachment는 버튼과 같은 스프라이트 브라우저와 편집창을 공유한다.)

ornamental buttons

eyelet

rivet

그림 13-19 Ornamental attachment의 예

LAB 4 Ornamental Attachment 생성하기

1 DC-EDU/chapter13/jeans/jeans.dcp를 연다. 28개의 내부점이 〈그림 13-20(a)〉와 (b)에서 보여주는 것처럼 이미 ornamental attachment point로(4개는 앞 패널에, 4개는 뒤 패널에) 생성되어 있다.
   - Attachment point는 반드시 내부점이여야 한다.

2 Front의 attachment point에 oa.png를 적용한다.
   - Front의 모든 attachment point들을 선택한다.
   - 버튼 브라우저의 선택 항목 중 oa.png를 선택한다.
   - Property Editor] Sprite에서 리벳(rivet)시각화의 세부 사항을 조절한다.

3 비슷한 방법으로 oa_1.png를 back의 attachment point에 적용한다.

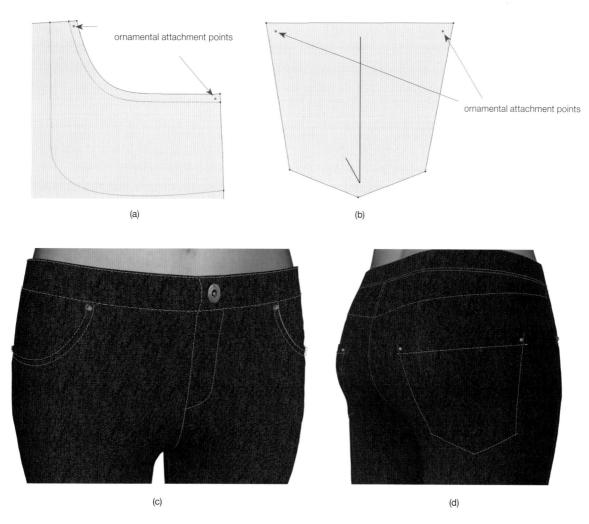

(a) (b)

(c) (d)

그림 13-20 진에 리벳 추가하기

SECTION 8
지퍼의 생성

LAB 5 지퍼 생성하기

■ 구성 및 시뮬레이션

1 DC-EDU/chapter13/zipperANS/zipperANS.dcp를 연다.
   - (이 프로젝트를 포함해)ANS로 이름이 끝나는 프로젝트는 여러분의 참조를 위해 아래 과정들이 이미 적용되어 있는 정답 프로젝트이다.

2 〈그림 13-21(a)〉에서 보여주는 것처럼 지퍼 tape 및 element를 표현하기 위해 두 개의 얇은 띠 모양의 패널과(이를 지퍼 패널이라 한다) slider를 표현하기 위한 작은 직사각형 패널을 생성한다.
   - 〈그림 13-21(b)〉에 지퍼와 관련된 몇 개의 용어들을 요약해 두었다.

3 열린 부분은 봉제하지 않은 상태로 남겨둔 채 두 개의 지퍼 패널을 봉제한다.

4 열린 부분의 끝에 slider 패널을 point-to-point 봉제한다.

■ 시각화

5 위의 패널들에 element와 slider의 스프라이트(〈그림 13-21(c)〉)를 적용한다. Element의 다른 쪽은 스프라이트 편집 창에서 Flip Horizontally 옵션을 사용하면 된다. 최종 결과를 〈그림 13-21(d)〉에서 보여준다.

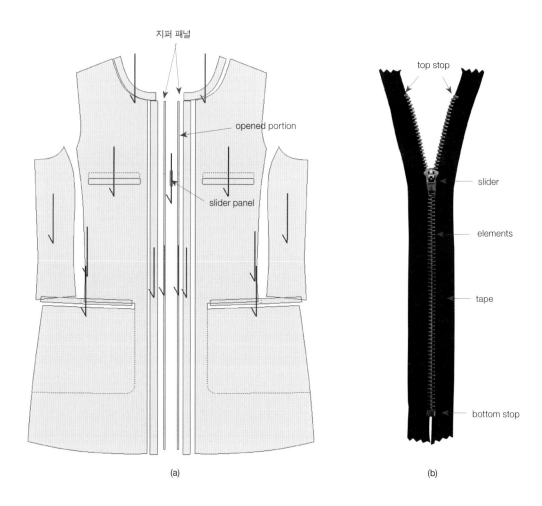

지퍼 패널

opened portion

slider panel

(a)

top stop

slider

elements

tape

bottom stop

(b)

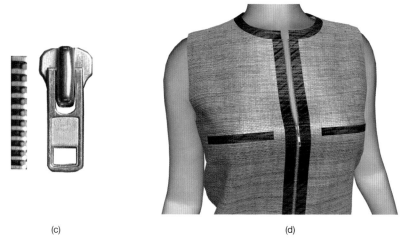

(c)

(d)

그림 13-21 지퍼 생성하기

SECTION 9
고무밴드와 끈의 생성

LAB 6   원피스 드레스에서 Elastic Band 생성하기

■ 구성 및 시뮬레이션

1 DC-EDU/chapter13/elasticBandsANS/elasticBandsANS.dcp를 연다.
   • (이 프로젝트를 포함해) ANS로 이름이 끝나는 프로젝트는 여러분의 참조를 위해 아래 과정들이 이미 적용되어 있는 정답 프로젝트이다.

2 원피스 드레스 패널에서 elastic band line을 생성한다.
   • 〈그림 13-22(a)〉에서 보여주는 것처럼 고무밴드(elastic band)를 배치할 위치에 두 개의 곡선을(Create Curved Line을 사용해) 그린다.
   • 이 선을 내부선으로 변환한다. 이 두 개의 내부선을 elastic band line이라 한다.
   • Elastic band line을 3D-activate 한다.

3 〈그림 13-22(a)〉에서 보여주는 것처럼 고무밴드 패널을 생성한다.
   • 이 패널의 길이는 elastic band line보다 짧아야 한다.

4 고무밴드 효과가 더 확실하게 보이도록 하기 위해 다음과 같은 방법으로 물성을 입력하여 직물의 드레이퍼리를 증가한다.
   • 물리적 속성을 silk satin preset으로 입력한다.
   • 삼각화의 꼭지점 간 거리(Inter-Vertex Distance)를 (1에서) 0.7로 줄인다.

5 〈그림 13-22(b)〉에서 보여주는 것처럼 원피스의 안쪽에 밴드 패널을 놓고 밴드 패널과 elastic band line을 봉제한다. 길이 차이 때문에 주름이 elastic band line을 따라 생성된다.

■ 시각화

6 극적인 효과를 내기 위해 〈그림 13-22(c)〉에서 보여주는 것처럼 elastic band line을 따라 ornamental stitch를 적용한다.

■ 고무 밴드 효과는 Attribute] Simulation Parameters에서 고무밴드 패널의 rubber-u 에 1보다 작은 값을 입력해서도 생성할 수 있다.
■ 고무사(rubber thread), 〈그림 13-22(d)〉는 두 개의 elastic band line 간격을 더 좁게 하는 것을 제외하고, 본질적으로 위와 동일한 방법으로 생성할 수 있다.

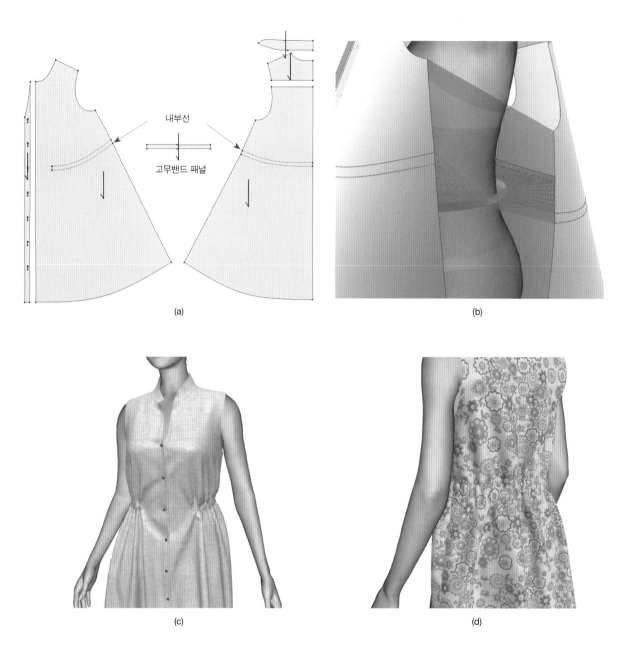

(a)

(b)

(c)

(d)

그림 13-22 고무밴드와 고무사 생성하기: (a)~(c) 고무밴드, (d) 고무사

■ 구성 및 시뮬레이션

1   DC-EDU/chapter13/stringANS/stringANS.dcp를 연다.

2   〈그림 13-23(a)〉에서 보여주는 것처럼 끈(string)패널을 생성한다.

3   Dynamic Play; 그 다음 원하는 포즈에서 Pause를 누른다.

4   DC-EDU/chapter13/stringANS/user에서 stopper OBJ를 가져온다.

5   Select 〉 OBJ Select Mode, 그 다음 〈그림 13-23(b)〉에서 보여주는 것처럼 스토퍼(stopper)가 끈에 부착된 것처럼
    보이도록 원하는 위치에 스토퍼를 배치한다.
    • 반대쪽에 대해 step 4와 5를 반복한다.

■ 시각화

6   〈그림 13-23(c)〉와 (d)에서 보여주는 것처럼 패널에 텍스타일과 쉐이더를 적용한다.
    • 스토퍼는 오직 정적 포즈에서만 유효하다.

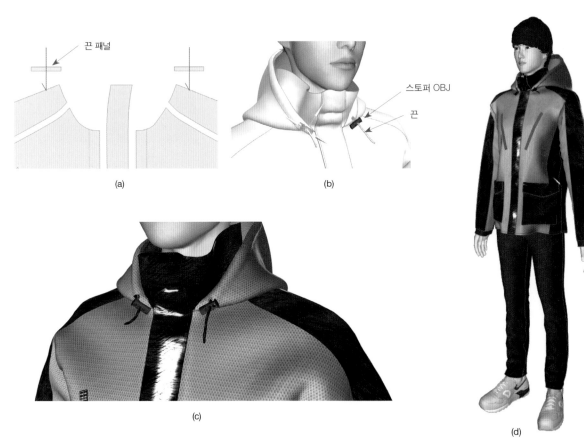

(a)

(b)

(c)

(d)

그림 13-23 끈 생성하기

포켓의 생성

DCS에서 다양한 포켓을 생성할 수 있다. 본 SECTION에서는 패치 포켓, 심 포켓(seam pocket), 립 포켓, 콘티넨털 포켓을 생성하는 것을 네 개의 LAB을 통해 실습한다.

LAB 8   패치 포켓 생성하기

■ 구성 및 시뮬레이션

1   DC-EDU/chapter13/patchPocketANS/patchPocketANS.dcp를 연다.

2   〈그림 13-24(a)〉에서 보여주는 것처럼 팬츠의 back 패널에서 패치 포켓을 생성할 위치에 포켓 솔기를 생성하기 위한 선을 그린다.

3   이 선을 내부선으로 바꾼 다음 3D-activate한다.

4   〈그림 13-24(b)〉에서 보여주는 것처럼 패치 포켓 패널을 팬츠 패널과 봉제한다.

■ 위의 Step 2~4 전체를 Create Pocket Seam 메뉴 하나로 수행할 수 있는데 사실 이것을 더 권장한다(자세한 사항은 Chapter 6을 참고한다).
■ 시각화

5   〈그림 13-20〉에서 보여주는 것처럼 텍스타일을 적용하고, 좀 더 극적인 효과를 위해 ornamental stitch와 attachment를 넣는다.

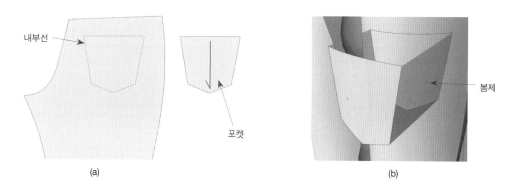

(a)   (b)

그림 13-24 패치 포켓 생성하기

LAB 9 심 포켓 생성하기

■ 구성 및 시뮬레이션

1 DC-EDU/chapter13/seamPocketANS/seamPocketANS.dcp를 연다.

2 〈그림 13-25(a)〉에서 보여주는 것처럼 포켓의 입구에(더 정확히 말하면 입구에서 안쪽으로 약 3cm 정도 들어간 곳
   에)팬츠와 포켓 패널의 봉제를 위해 선을 그린다.

3 Step 2의 두 선을 내부선으로 바꾼 다음 3D-activate를 수행한다.

4 심 포켓 패널을 배치한 후 〈그림 13-25(b)〉에서 보여주는 것처럼 팬츠와 포켓 패널 간에 솔기를 생성한다.

■ 시각화

5 〈그림 13-25(c)〉에서 보여주는 것처럼 심 포켓 선을 따라 ornamental stitch를 넣어준다.

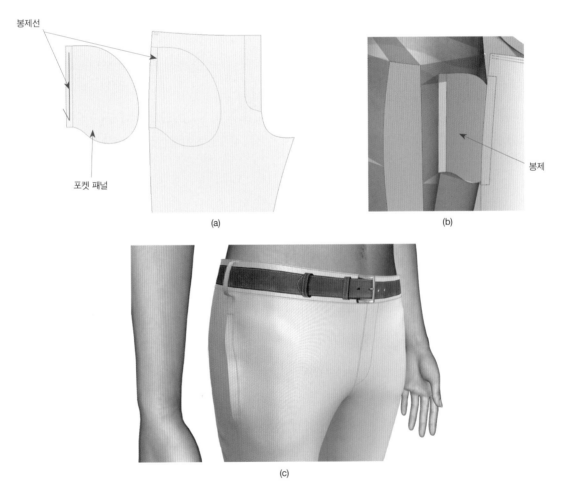

그림 13-25 심 포켓 생성하기

⌐¤ LAB 10   립 포켓 생성하기

■ 구성 및 시뮬레이션

1   DC-EDU/chapter13/lipPocketANS/lipPocketANS.dcp를 연다.

2   〈그림 13-26(a)〉에서 보여주는 것처럼 back 패널에 직사각형(본 LAB에서는 사다리꼴) 구멍을 생성한다.

3   〈그림 13-26(a)〉에서 보여주는 것처럼(립) 포켓 패널을 생성한다. 이 패널은 한 조각임을 유의한다. 가운데를 따라 있
   는 선은 ornamental stitch를 생성하기 위함이다.

■ 시각화

4   〈그림 13-26(c)〉에서 보여주는 것처럼 ornamental stitch를 넣는다.

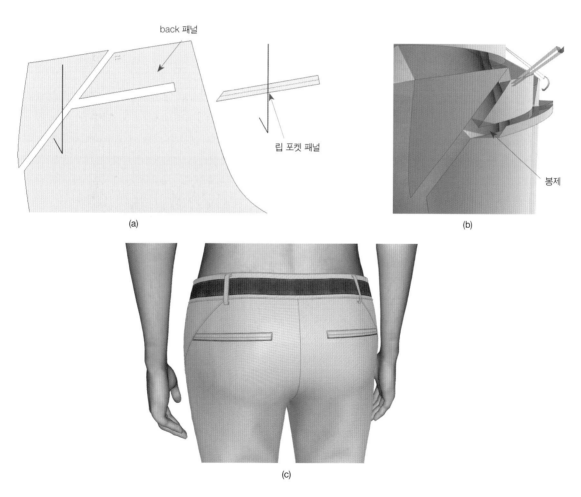

그림 13-26 립 포켓 생성하기

LAB 11 콘티넨털 포켓 생성하기

■ 구성 및 시뮬레이션

1 DC-EDU/chapter13/continentalPocketANS/continentalPocketANS.dcp를 연다.

2 다음과 같이 front 패널을 준비한다.
- 시뮬레이션 동안 front와 포켓 패널 사이 입구가 벌려지는 것을 막기 위해 front 패널에 선을 그려, 포켓 패널이 선을 따라 봉제될 수 있도록 한다.(이번 프로젝트에서는 그 선을 또 하나의 목적으로도 사용한다: ornamental stitch의 생성)
- 위의 선을 내부선으로 바꾸고 3D-activate한다.

3 〈그림 13-27(a)〉에서 보여주는 것처럼 포켓 패널을 생성한다.
- 선을 그린다(front 패널에 그려진 것과 같은 모양).
- 이 선을 내부선으로 바꾸고 3D-activate한다.

4 〈그림 13-27(b)〉에서 보여주는 것처럼 front 패널과 포켓 패널을 봉제한다.

■ 시각화

5 〈그림 13-20(c)〉에서 보여주는 것처럼 ornamental stitch를 넣는다.

6 극적인 시각 효과를 위해 ornamental attachment도 추가할 수 있다.

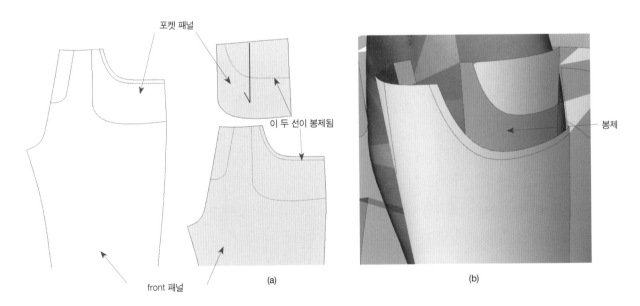

포켓 패널

이 두 선이 봉제됨

봉제

front 패널

(a)

(b)

그림 13-27 콘티넨털 포켓 생성하기

SECTION 11
벨트의 생성

LAB 12 벨트 생성하기

■ 구성 및 시뮬레이션

1 DC-EDU/chapter13/beltANS/beltANS.dcp를 연다.

2 다음과 같이 벨트 루프(belt loop)를 생성한다.
   • 벨트 루프를 생성할 위치를 결정한다.
   • 〈그림 13-28(a)〉에서 보여주는 것처럼 루프 위치에 솔기로 사용할 선을 그린다.
   • 위의 선을 내부선으로 바꾸고 3D-activate한다.
   • 벨트 루프 패널을 생성하고 봉제한다.

3 〈그림 13-28(b)〉에서 보여주는 것처럼 팬츠를(아직 벨트는 없음) 시뮬레이션 한다.

■ 시각화

4 팬츠에 텍스타일을 적용한다. 벨트 패널에 벨트 스프라이트를 적용한다. 이는 〈그림 13-28(c)〉에서 보여주는 것처럼
   이미 맵핑된 팬츠 텍스타일 위에 벨트 스프라이트를 중첩하는 결과가 된다.

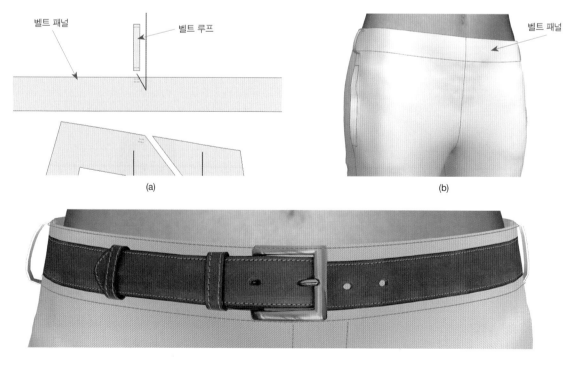

(a)

(b)

그림 13-28 벨트 생성하기

SECTION 12
어깨 패드의 생성

LAB 13   어깨 패드 생성하기

■ 구성 및 시뮬레이션

1   DC-EDU/chapter13/shoulderPads/shoulderPads.dcp를 연다.
   • Avatar 〉 Avatar Editor] Motion] MP_03;
   • Dynamic Play;(MP_03에서 보디는 고정되어 있고 팔만 움직인다.)

2   DC-EDU/chapter13/shoulderPads/user/DCMM_Pad_1cm_L.obj에서 Shoulder pad OBJ를 가져오기 위해 File
   〉 Import 〉 OBJ를 수행한다.
   • Select 〉 OBJ Selection Mode; Shoulder pad OBJ를 선택한 다음, 〈그림 13-29(a)〉에서 보여주는 것처럼 왼쪽
   어깨 위에 패드를 배치한다.
   • 같은 방법으로 반대편에 DCMM_Pad_1cm_R.obj를 배치한다.
   • Select 〉 Primitive Selection Mode;

3   3D 레이어 브라우저에서 (visualization, simulation, myself a collider)를 모두 켠다.

4   Reset; Dynamic Play;

■ 시각화

5   패널에 텍스타일과 쉐이더를 적용한다〈그림 13-29(b)〉.

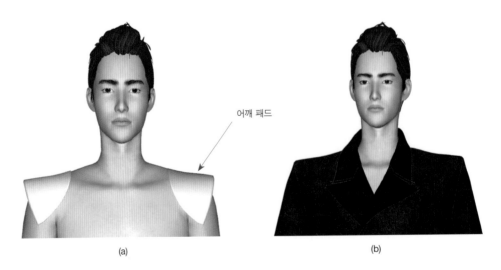

어깨 패드

(a)   (b)

그림 13-29 어깨 패드 생성하기

SECTION 13
페티코트의 생성

LAB 14　페티코트 생성하기

■ 구성 및 시뮬레이션

1　DC-EDU/chapter13/petticoat/petticoat.dcp를 연다.
 * Avatar 〉 Avatar Editor] Motion] MP_09;
 * Dynamic Play(Female 아바타에서 MP_09는 팔을 제외하고는 모션이 없다.)

2　DC-EDU/chapter13/petticoat/user/Panier_1.ob에서 Petticoat OBJ를 가져오기 위해 File 〉 Import 〉 OBJ를 수행한다.
 * Select 〉 OBJ Selection Mode; 그 다음 〈그림 13-30(a)〉에서 보여주는 것처럼 원하는 위치에 petticoat OBJ를 배치한다.
 * Select 〉 Primitive Selection Mode;

3　3D 레이어 브라우저에서 (visualization, simulation, myself a collider)를 모두 켠다.
 * Reset; Dynamic Play;
 * 〈그림 13-30(b)〉에서 보여주는 결과를 얻을 수 있다.

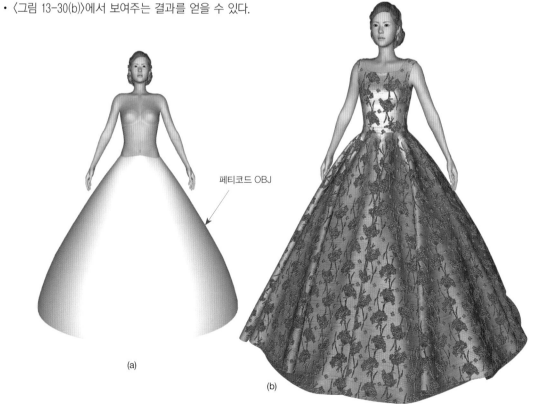

페티코드 OBJ

(a)

(b)

그림 13-30　페티코트를 사용하여 의복 구성하기

SECTION 14
기타 Supplementary Component의 생성

LAB 15 패치 생성하기

■ 구성 및 시뮬레이션

1 DC-EDU/chapter13/patchANS/patchANS.dcp를 연다.

2 패치 패널을 생성한다.
   • 그 다음, 〈그림 13-31(a)〉에서 보여주는 것처럼 0이 아닌 값으로 패치의 두께를 입력한다.

3 패치 패널을 봉제한다.
   • 슬리브 패널에서 패치를 생성할 위치를 정한다.
   • 이 위치에 〈그림 13-31(b)〉에서 보여주는 것처럼 솔기로 사용할 선을 그린다.
   • 위의 선을 내부선으로 바꾸고 3D-activate한다.
   • 패치와 슬리브 패널을 봉제한다.
   • 위의 모든 솔기 생성 과정 전체를 Create Patch Seam 메뉴 하나로 대체할 수 있으며, 사실 이것을 더 권장한다.(자세한 내용은 Chapter 6을 참고한다.)

■ 시각화

4 패널에 텍스타일과 쉐이더를 적용한다. 〈그림 13-31(c)〉는 한 예를 보여준다.

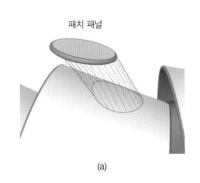
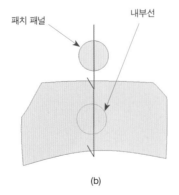

(a)   (b)   (c)

그림 13-31 패치 생성하기

LAB 16 패스닝 생성하기

■ 구성 및 시뮬레이션

1 DC-EDU/chapter13/fasteningANS/fasteningANS.dcp를 연다.

2 Ornamental stitch를 위한 내부선을 생성한다.
   • 패스닝(fastening, 여밈단)의 폭을 결정한다.
   • 패스닝의 위치에 ornamental stitch line으로 사용할 선을 그린다.
   • 위의 선을 내부선으로 바꾸고 3D-activate한다.

■ 시각화

3 〈그림 13-32〉에서 보여주는 것처럼 패스닝 선을 따라 ornamental stitch를 넣는다.

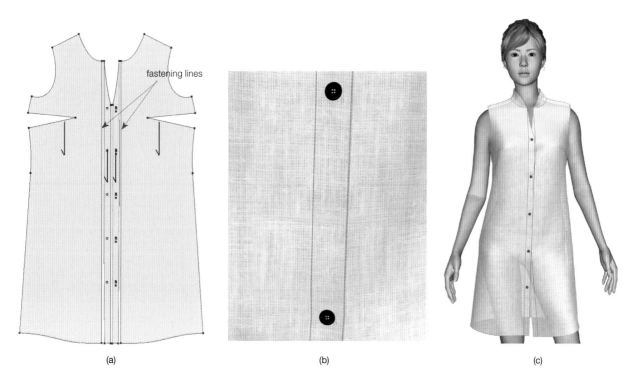

| (a) | (b) | (c) |

그림 13-32 패스닝 생성하기

■ 구성 및 시뮬레이션

1   DC-EDU/chapter13/cuffANS/cuffANS.dcp를 연다.

2   팬츠를 구성하고 시뮬레이션한다.

■ 시각화

3   〈그림 13-33(c)〉에서 보여주는 것처럼 (1) 밑단에 커프가 있고, (2) 팬츠 패널에 직접 적용할 수 있는 텍스타일을 준비한다.

4   〈그림 13-33(d)〉에서 보여주는 것처럼 팬츠 패널에 이 텍스타일을 적용한다.

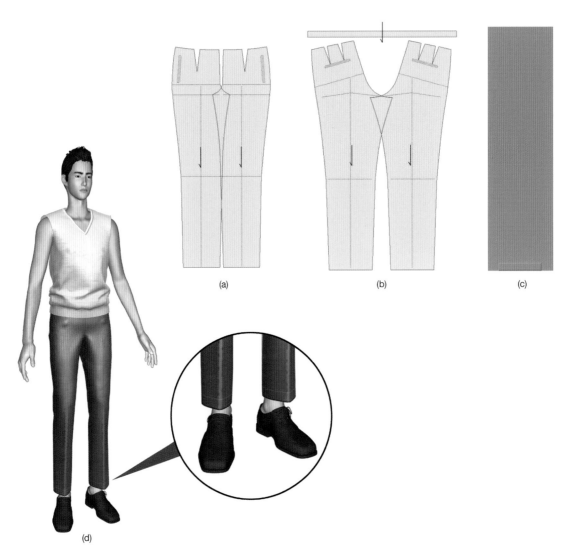

(a)   (b)   (c)

(d)

그림 13-33 커프 생성하기

SECTION 15
아웃핏 스타일의 제어

Chapter 9(SECTION 7)에서 소개된 의복 스타일 브라우저(garment style browser)는 supplementary component 와 관련해 아주 유용하게 사용할 수 있다. 의복 스타일이 텍스타일/텍스처/쉐이더/물리적 정보와 더불어 스티치와 버튼 정보도 포함할 수 있기 때문이다.

LAB 18 아웃핏 스타일 제어하기

1 DC–EDU/chapter13/outfitStyles/outfitStyles.dcp를 연다.

2 3D 레이어 브라우저에서 3D 레이어를 선택한다.

3 Style Browser 아이콘을 클릭한다.
  • 스타일 브라우저의 항목을 클릭하며 3D 윈도에 보이는 스타일을 살펴본다.

4 유사한 방법으로 다른 레이어의 스타일을 실험해 본다.

■ 아웃핏을 이루는 모든 의복의 스타일을 입력했을 때 그 결과를 아웃핏의 스타일(style of the outfit)이라 한다. 〈그림 13-34〉는 각 의복 스타일을 제어해 생성된 두 개의 아웃핏 스타일을 보여준다.

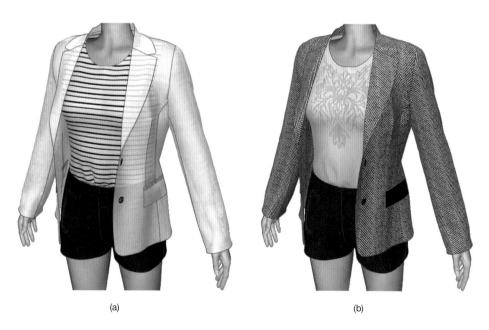

(a)   (b)

그림 13-34 의복 스타일을 제어해 생성된 두 개의 아웃핏 스타일

CHAPTER 14

생산 관련 기능의 사용

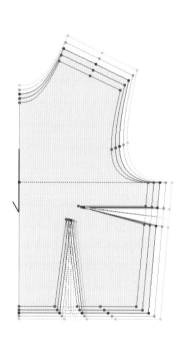

SECTION 1
개괄

1 그레이딩이란?

의복은 보통 표준이 되는 사이즈로 (이를 기본 사이즈(base size)라 부름) 디자인되며, 생산을 위한 다른 사이즈의 의복은 기본 사이즈 패널을 수정해 만들어진다. 기본 사이즈로부터의 다른 사이즈로의 패널 수정을 그레이딩(grading)이라 한다. 적절한 그레이딩을 해주지 않으면 디자인의 결과를 다른 사이즈의 바디에 공유할 수 없다. 그러므로 그레이딩은 의류 분야에서 실질적으로 매우 중요하다.

 여러분 모두가 그레이딩 전문가가 될 필요는 없다. 그러나 의류 분야에 종사하려면 그레이딩이 무엇인지는 이해할 필요가 있다. 본 Chapter에서는 그레이딩에 대한 개괄적인 소개와 함께 몇 가지의 실습을 포함하고 있다.

 두 가지 그레이딩 방법 즉, cut-and-spread 방법과 pattern shifting 방법이 현재 의류 산업에서 사용되고 있다. 이 두 방법은 결국 패널이 주어졌을 때 정해진 방향을 따라 point grade rule에서 주어진 양만큼 패널 꼭지점들을 이동시켜 그레이딩된 패널을 얻는다. SECTION 4에서 DCS의 그레이딩 기능을 소개할 것이다.

2 Grade Specification

〈표 14-1〉에서 보여주는 것처럼, 그레이딩 작업을 시작하기 전에 표 형태의 grade specification(grade spec)을 준비하는 것이 일반적이다. Grade spec은 보통 각 사이즈에 대한 기본 신체 사이즈 항목을 명시해 주는 표이다. Grade spec은 컴퓨터 파일로 존재할 필요는 없이 필기로 준비한다. Grade spec은 그레이딩을 수행할 때 참고하기 위한 일종의 초안이다.

 Grade spec의 준비는 이 책에서 다루지 않는다. 그레이딩 작업이 grade spec을 기초로 이루어지기 때문에 이 책에서는 grade spec을 소개하는 것이다.(DCS에는 grade spec의 준비를 위한 메뉴가 특별히 마련되어 있지는 않다.)

Size	44	55	66	Difference
Bust girth	82	86	90	4
Waist girth	62	66	70	4
Hip girth	88	92	96	4
Center back length	38	39	40	1

표 14-1 Grade spec의 예

그레이딩의 활성화

1 Size Scheme의 입력

대부분의 사용자는 그레이딩을 사용하지 않는다. 그러나 그레이딩이 일단 사용되면 각 패널은 여러 사이즈로 존재해야 한다. 그레이딩의 드문 사용을 감안해, 프로젝트 파일을 관리할 수 있는 용량으로 유지하기 위해 그레이딩을 활성화할 때까지 DCS는 모든 그레이딩 관련 메뉴를 비활성화 하고 있다. 그러므로 그레이딩 관련 메뉴를 사용하려면 Settings 〉 프로젝트 Setting] Grading 에서 Grading을 체크하여 그레이딩을 활성화해야 한다.

의복의 그레이딩을 시작하기 전에 먼저 size scheme을 입력해야 한다. Size scheme에서는 (1) 사이즈의 개수, (2) 각 사이즈와 관련된 이름과 색, (3) 기본 사이즈를 결정한다. 〈그림 14-1〉의 왼쪽 부분은 size scheme의 예를 보여주는데 다섯개 사이즈(44, 55, 66, 77, 88)가 각 사이즈의 고유색과 함께 보여지고 있다. 그레이딩 데이터의 생성 및 해석 모두 현재 size scheme의 맥락에서 이루어져야 하므로, size scheme 입력은 그레이딩 작업이 시작하기 전에 제일 먼저 수행돼야 한다. 그 레이딩 작업 도중 size scheme을 변경하면 이전에 작업한 그레이딩 데이터는 잃게 된다.

현재 size scheme을 *.DSS 파일(DCS Size Scheme 파일)로 저장할 수 있으며, 전에 생성했던 size scheme 파일을 불러올 수도 있다. 프로젝트는 오직 하나의 size scheme을 가질 수 있으며, 이 scheme이 프로젝트 안의 모든 패널에 적용된다. 프로젝트에 두 개의 의복이 있고 각각에 다른 size scheme을 적용하려면 이 두 의복을 두 개의 다른 프로젝트로 저장한 후에 그레이딩해야 한다.

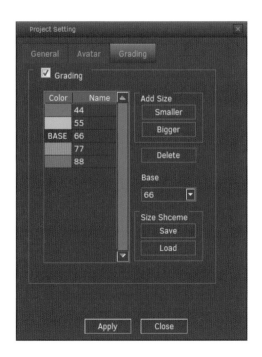

그림 14-1 Size scheme 입력하기

LAB 1 Size Scheme 설정하기

■ 본 LAB에서는 size scheme의 설정을 실습한다.

1 Main 메뉴 〉 Settings 〉 Poject Setting] Grading;
   • 〈그림 14-1〉에서 보여주는 것처럼 size scheme 브라우저가 나타난다.

2 Grading 체크란을 체크한다.

3 Size scheme 정의를 완료하기 위해 다음과 같이 입력할 수 있다.
   • Browser의 Base 코너에서 기본 사이즈를 선택한다.
   • 사이즈를 추가할 수 있다(Add Size에서 Smaller 또는 Bigger를 클릭).
   • 기존의 사이즈를 삭제할 수 있다(Delete).

4 위의 size scheme을 다른 사용자와 공유하려면 Save를 클릭해 *.DSS 파일로 저장한다.

5 Size scheme에 추가의 수정을 가할 수 있다.
   • 사이즈의 이름을 바꿀 수 있다.
   • 사이즈의 색을 바꿀 수 있다.

6 마지막으로 위 size scheme을 현 프로젝트의 size scheme으로 확정하기 위해 Apply를 클릭한다.

7 이제 기존의 size scheme의 편집을 수행해 본다.
   • Step 4에서 저장한 size scheme을 불러온다.
   • 이를 편집한 후 저장한다.

SECTION 3
S-Garment vs. M-Garment

생산에서의 의복의 개념은 (이를 m-garment라 한다) 다음의 측면에서 시뮬레이션에서 사용된 의복의 개념과 (이를 s-garment라 한다) 다를 수 있다.

• 어떤 m-garment 패널은 s-garment에서와 다를수 있다(예: 여유분에서).
• 어떤 m-garment 패널은 s-garment의 패널에 추가로 새로이 생성되야 한다.

위는 (3D 에서 의복을 검토한 후) 의복을 제조하기로 결정했다면 s-garment를 m-project(제조를 위한 프로젝트)로 변환할 필요가 있음을 의미한다.
지금부터 s-garment인지 m-garment인지가 문맥상 분명할 때에는 이를 그냥 의복(garment)이라고 표기할 것이다.

SECTION 4
개별 그레이딩

1 Point Grade Rule의 정의

Point grade rule(PGR)은 패널의 점(그레이딩에 의해 움직여지는 점을 target point라 부름)이 그레이딩을 위해 얼마 만큼 이동해야 할지를 각 사이즈에 대해 정리한 표이다.

〈그림 14-2〉에서 보여주는 그레이딩 편집창(grading editor)에서는 Size 6이 기본 사이즈이다.

그러므로 이 사이즈의 dx와 dy는 모두 0이다. 즉, 이 사이즈에 대해서는 target point를 이동하지 않는다.

다른 사이즈들의 경우, dx와 dy는 이전 사이즈 대비 얼마만큼 이동이 target point에 적용되어야 하는지 말해 준다. 두 가지 용어 즉, 이전 사이즈(previous size)와 다음 사이즈(next size)를 정의한다. 〈그림 14-2〉에서 보여주는 예에서 Size 2의 경우 Size 4가 이전 사이즈이고, 다음 사이즈는 없다. Size 8의 경우에는 Size 6이 이전 사이즈이고 Size 10이 다음 사이즈이다.

PGR의 dx[dy] 열을 point grade x-rule(PGR-X)[point grade y-rule (PGR-Y)]이라 한다.

본 SECTION에서는 개별 그레이딩 (individual grading) 모드(◉)를 다룬다. 이 모드의 그레이딩 메뉴는 인접한 점과 상관없이 개별 점의 PGR을 채우기 위해 사용된다. 비개별 그레이딩 모드(non-individual grading mode)는 SECTION 6 에서 다룬다.

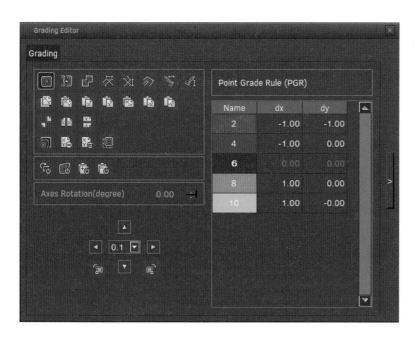

그림 14-2 그레이딩 편집창; 오른쪽은 point grade rule 표를 보여줌

LAB 2 PGR 정의하기

1 DC-EDU/Chapter14/grading/grading.dcp를 연다.

2 2D 윈도를 클릭한 다음 G를 누른다(또는 Grading 〉 Open Grading Editor).
   • Grading editor(그림 14-2)가 나타난다.

3 Grading 〉 Delete Grading ( );
   • 해당 패널의 모든 그레이딩을 삭제하기 위해 상의의 front 패널을 선택한다.

4 개별 그레이딩 모드를 다시 시작하기 위해, Grading 〉 Individual Grading( )을 클릭한다.

5 PGR 을 정의하려는 위-앞판 패널의 점을 클릭한다.

6 PGR 표의 dx와 dy 값을 입력한다(공란을 더블 클릭하고 키보드로 값을 입력함).

7 다른 패널점을 클릭한 다음 PGR을 정의한다. 이번에는 PGR 표의 헤더(header)와 관련된 기능을 실습한다.
   • Size 4에만 dx를 채운 다음, 표의 헤더(해당 열의 맨 위 셀)에 RMB를 클릭하고 Duplicate를 클릭한다. 그러면 해당 값이 전체 열에 복사된다. 기본 사이즈에 대해 반대쪽은 음수 값으로 채워진다.
   • 헤더와 관련된 다른 기능을 실습해 본다. Flip은 열을 반전하고, Clear는 전체 열을 0으로 입력해 준다.

8 다른 패널 점을 클릭한 다음, PGR을 정의한다. 이번에는 스텝 그레이딩(step grading) 기능을 실습해 본다(그림 14-3).
   • , , , 를 클릭하면 target point는 각각 −x, +x, −y, +y 방향을 따라 클릭 한 번에 0.1씩 이동된다.
   • Set Step Grading Stride(스텝 그레이딩 인터페이스의 중앙에 있는 선택 메뉴)로 stepping stride를 0.1, 0.2, 0.5, 또는 1.0으로 입력할 수 있다.

그림 14-3 스텝 그레이딩

2 그레이딩 축의 회전

그레이딩 축은 기본적으로 2D 원도의 x와 y축과 동일하다. 필요할 경우 그레이딩 축을 회전시킬 수 있다.

그레이딩 축 회전하기(토글) : ⑴ 지정된 각도만큼 그레이딩 축을 회전하고, ⑵ 〈그림 14-4(b)〉에서 보여주는 것처럼 현재 그레이딩 축을 보여준다. 이 메뉴를 실행한 후에는 PGR은 새로운 축에 의거 정의된다. 이 메뉴는 ⑵와 관련해서는 토글된다; 그러므로 이 메뉴를 실제 축 회전 없이 그레이딩 축만 보거나 보지 않도록 사용할 수 있다.

이 메뉴 자체는 현재 그레이딩 내용에 실제적인 변경을 가하지는 않는다. 그레이딩 축 회전은 여러분의 현 상황에 대한 이해를 돕기 위해 사용된다.

- 〈그림 14-4(a)〉와 (b)는 각각 축 회전 전과 후의 PGR 내용을 보여준다(DC-EDU/Chapte14/gradingRotate/gradingRotate.dcp).
- Target PGR의 dx와 dy 값은 〈그림 14-4(b)〉에서 보여주는 것처럼 새로운 축에 의거해 업데이트된다.(그림 14-4(a)는 회전 전 PGR을 보여준다.)
- 〈그림 14-4(a)〉와 (b)에서 보여주는 것처럼 Rotate Grading Axes는 그레이딩 자체에는 변화를 가하지 않는다. (2D 원도에서 봤을 때 점은 이동하지 않는다.)

Rotate Grading Axes 메뉴는 PGR의 내용을 해석하는 문맥을 설정한다. 그러므로 이 메뉴는 개별 그레이딩 모드 메뉴로 분류된다.

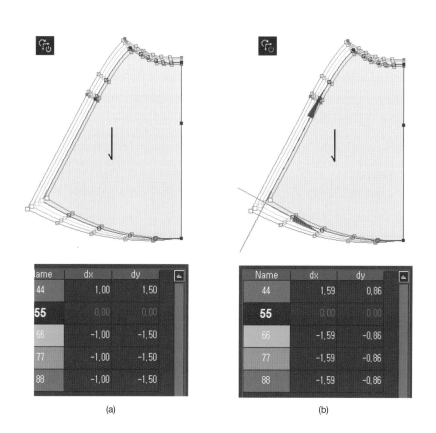

(a)   (b)

그림 14-4 축 회전 전과 후의 PGR

3 독립 그레이딩 🖳(토글)

PGR은 인접한 두 사이즈 간의 차이(더 구체적으로 dx와 dy)를 정의한다. 예를 들어, 〈그림 14-5(a)〉에서 보여주는 케이스의 경우, Size 8의 dx를 3.0으로 (원래 0.64였기 때문에 2.36만큼 늘어났음) 입력하면 다음 사이즈에도 이 증가분이 연쇄적으로 늘어난다. 즉, 이 예제에서는 이 증가분이 Size 10에도 적용된다 (그림 14-5(c)). 이 증가분이 다음 사이즈에 전달되지 않기를 원할 때는 독립 그레이딩(isolated grading)을 사용하면 된다.

독립 그레이딩 또한 PGR의 내용을 어떻게 해석할지를 정하는 메뉴여서 개별 그레이딩 모드 메뉴로 분류된다.

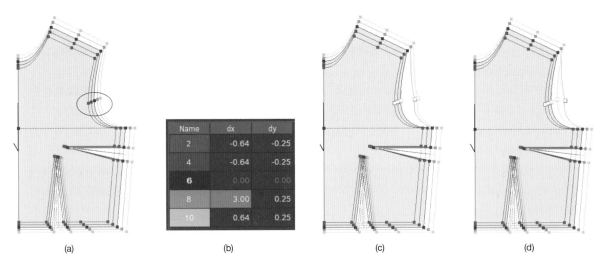

Name	dx	dy
2	-0.64	-0.25
4	-0.64	-0.25
6	0.00	0.00
8	3.00	0.25
10	0.64	0.25

(a)   (b)   (c)   (d)

그림 14-5 독립 그레이딩

⌐ LAB 3 독립 그레이딩

1 DC-EDU/Chapter14/isolatedGrading/isolatedGrading.dcp를 연다.

2 Grading 〉 Isolated Grading; (또는 해당 아이콘을 클릭한다.)

3 〈그림 14-5(a)〉에서 타원으로 둘러싸인 점을 선택한다; Size 8의 dx를 3.0으로 바꾼다.
   • 〈그림 14-5(d)〉에서 보여주는 것처럼 변화가 해당 사이즈에만 적용된 것을 볼 수 있다.

4 독립 그레이딩이 아닌 정상적인 그레이딩으로 돌아가기 위해 Isolated Grading 아이콘을 다시 클릭한다.
   • Isolated Grading은 토글 메뉴이다.

유틸리티 기능

1 PGR 편집을 위한 유틸리티 하위 메뉴

본 subsection에서는 PGR을 편집하기 위해 사용할 수 있는 유틸리티(utility) 하위 메뉴들을 설명한다. 이를 하위 메뉴라 하는데, 다른 그레이딩 메뉴를 수행하는 중에 사용할 수 있기 때문이다. 이들은 pull down 메뉴에서 선택해 수행할수도 있지만 그레이딩 편집창(그림 14-6) 내의 아이콘을 클릭해서 수행할 수 있다. (아이콘 클릭을 더 권장한다.)

다음에서 0/1/2개의 별표는 각 메뉴가 post-select/pre-select/both인지를 나타내는 데 사용한다.

Post-select[pre-select]란 target point가 메뉴를 선택한 후에 [선택하기 전에] 선택돼야 함을 의미한다. 예를 들어, Copy Grading* 에서 별표는 메뉴 선택하기 전에 점을 선택해야 한다는 것을 의미한다.

Copying a PGR: 점의 PGR을 복사할 수 있다.
- **Copy Grading*** 📋: 나중에 사용하기 위해 선택한 점의 PGR을 (내부적으로 buffer에) 복사한다. Buffer에 복사된 PGR을 buffered PGR이라 한다.

Pasting a PGR: Buffered PGR은 다음에 열거하는 방식으로 target point에 붙여 넣을 (적용할) 수 있다.
- **Paste X Grading*** 📋: target point의 PGR에 buffered PGR의 x 값을 붙여 넣는다.
- **Paste Y Grading*** 📋: target point의 PGR에 buffered PGR의 y 값을 붙여 넣는다.
- **Paste X/Y Grading*** 📋: target point의 PGR에 buffered PGR의 x와 y 값을 붙여 넣는다.
- **Paste −X Grading*** 📋: target point의 PGR에 buffered PGR의 x 값의 음수값을 붙여 넣는다.
- **Paste −Y Grading*** 📋: target point의 PGR에 buffered PGR의 y 값의 음수값을 붙여 넣는다.
- **Paste −X/−Y Grading*** 📋: target point의 PGR에 buffered PGR의 x와 y 값 모두 음수값을 붙여 넣는다.

그림 14-6 그레이딩 메뉴 아이콘

Flipping a PGR: target point의 PGR을 반전 (반대로) 할 수 있다.

- **Flip X Grading*** ▦: target point의 PGR의 x 값을 반전한다; 즉, 이 메뉴는 target point PGR의 x 값을 기본 사이즈에 대해 반전한다.
- **Flip Y Grading*** ▦: target point의 PGR의 y 값을 반전한다.
- **Flip Grading*** ▦: target point의 PGR의 x와 y 값 모두를 반전한다.

PGR Pasting Modes: 붙여넣기 메뉴는 다음 세 가지 모드 중 하나로 실행할 수 있다.(아래의 세 메뉴는 붙여넣기 메뉴에만 영향을 미친다.)

- **Accumulative Paste*** ▦: 이 모드가 켜져 있을 경우에는 target point에 붙여넣기가 누적되어 적용된다. 예를 들어, Paste X Grading을 accumulative mode에서 적용하면 buffered dx는 기존의 target point의 dx에 더해진다.
- **Subtractive Paste*** ▦: 이 모드가 켜져있을 경우에는 target point에 붙여넣기가 차감적으로 적용된다. 예를 들어, Paste X Grading을 subtractive mode에서 적용하면 buffered dx는 기존의 target point의 dx에서 빠진다.
- **Default Paste***: Accumulative와 subtractive 모드가 모두 꺼져 있을 경우에는 target point에 붙여넣기 메뉴의 적용은 accumulative도 아니고, subtractive도 아니다. 예를 들어, Paste X Grading을 Default Paste 모드에서 적용하면 buffered dx는 target point의 dx가 된다.

  이 모드는 accumulative와 subtractive 모드를 모두 toggle off함에 의해 선택된다.

2 다음 Target Point로의 이동을 위한 유틸리티 기능

다음 메뉴들은 다음 target point로 넘어갈 때 사용될 수 있다.

Proceed CCW* ▦: target point가 패널 외곽선을 따라 반시계 방향의 다음 점으로 전환된다.
Proceed CW* ▦: target point가 패널 외곽선을 따라 시계 방향의 다음 점으로 전환된다.

3 PGR 삭제하기

점이나 패널에 정의된 PGR은 Delete Grading** ▦으로 삭제할 수 있다. 현재 프로젝트에서 정의된 모든 PGR의 삭제는 Delete All Grading ▦에 의해 이루어질 수 있다.

4 그레이딩 결과 정렬하기

Align Grading** ▦: 그레이딩 한 결과가 어느 한 점에 대해 정렬된다. 〈그림 14-7〉은 〈그림 14-4(a)〉의 결과가 아래-오른쪽 코너에 대해 정렬된 것을 보여준다.

LAB 4 그레이딩 결과 정렬하기

1 DC-EDU/Chapter14/alignGrading/alignGrading.dcp를 연 다음, G를 누른다;

2 Align Grading 아이콘 █을 클릭한다. 그 다음, 기준점을 선택한다.
  - 다른 점에도 위 내용을 수행해 본다.

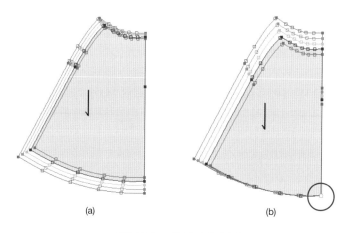

(a)   (b)

그림 14-7 그레이딩 결과 정렬하기

5 PGR 라이브러리 관리하기

그레이딩 편집창의 오른쪽 가장자리의 〉을 클릭하면, 〈그림 14-8〉에서 보여주는 것처럼 PGR 라이브러리 편집창(PGR library editor)이 확장된다. PGR 라이브러리 편집창의 위-왼쪽 코너에 있는 아이콘들을 클릭하여 아래의 메뉴들을 수행할 수 있다.

- **To Library*** ▦: 현재의 PGR을 PGR 라이브러리에 저장한다.
- **From Library*** ▦: 라이브러리에서 선택한 PGR을 target point에 적용한다.
- **Delete PGR*** ▦: 라이브러리에서 선택한 PGR을 삭제한다.
- **Save Library*** ▦: 현재 PGR 라이브러리를 CSV 파일로 저장한다.
- **Open Library*** ▦: CSV 파일을 PGR 라이브러리에 연다.
- **New Library*** ▦: (모든 PGR을 삭제하여) PGR 라이브러리를 비운다.

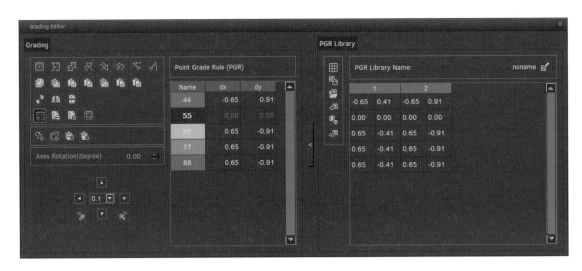

그림 14-8 PGR 라이브러리 편집창

LAB 5 개별 그레이딩과 유틸리티 메뉴 실습하기

1 DC-EDU/Chapte14/grading/grading.dcp를 연다.

2 Grading 〉 Open Grading Editor; (단축키 = G)

3 Top 패널의 그레이딩을 삭제한 다음, 아래의 실습에 사용한다.

4 개별 그레이딩 모드에서 다음의 유틸리티 메뉴를 실습해 본다.
- Copy Grading*
- Paste X Grading*
- Paste Y Grading*
- Paste X/Y Grading*
- Paste -X Grading*
- Paste -Y Grading*
- Paste -X/-Y Grading*
- Flip X Grading*
- Flip Y Grading*
- Flip Grading*
- Accumulative Paste* (Toggle)
- Subtractive Paste* (Toggle)
- Proceed Clockwise*
- Proceed Counter-Clockwise*
- Align Grading**
- Delete Grading**
- Delete All Grading

5 개별 그레이딩 모드에서 다음 메뉴들을 실습해 본다.
- Isolated Grading
- Rotate Grading Axes

6 다음 PGR 라이브러리 메뉴들을 실습해 본다.
- To Library*
- From Library*
- Delete PGR*
- Save Library*
- Open Library*
- New Library*

비-개별 그레이딩

이전 SECTION에서 설명한 메뉴들은 하나의 패널 점에 작용하기 때문에 개별(individual)로 분류하였다.

본 SECTION에서는 비개별 그레이딩(non-individual grading)을 설명한다. 본 SECTION에서 소개하는 메뉴는 복수의 점에 걸쳐 작용하기 때문에 비개별이라 불린다. 본 SECTION에서는 DCS의 비-개별 그레이딩 메뉴 즉, 비례 그레이딩(proportional grading), 결합 그레이딩(combine grading), 평행 그레이딩(parallel grading), 길이 맞춤 그레이딩(match length grading)을 설명한다.

LAB 6 비례 그레이딩

■ 비례 그레이딩(proportional grading)은 이미 그레이딩 된 두 점에서의 상대 거리에 따라 제3의 점을 그레이딩 하는 것이다. 예를 들어, 〈그림 14-9〉의 예에서, B는 〈그림 14-9(a)〉에서 보여주는 것처럼 아직 그레이딩되지 않았다고 가정하자. 만약 B가 A와 C에 대해 비례 그레이딩 된다면, B에 적용해야 하는 변위(dx_3, dy_3)는 $dx_3 =$(AE * dx_2 + DE * dx_1) / (AE + DE)와 $dy_3=$(AE * dy_2 + DE * dy_1) / (AE + DE)로 주어지며 그 결과를 〈그림 14-9(b)〉에 보여주었다. (dx_3, dy_3)의 계산에 사용된 위의 공식을 선형 보간법(linear interpolation)이라 한다. 비례 그레이딩은 A 와 C가 바로 이웃한 점인지 아닌지와는 상관없이 적용될 수 있다. 예를 들어, 필요하다면 E도 A와 C에 대해 비례 그레이딩할 수 있다.

1 DC-EDU/Chapter14/proportionalGrading/proportionalGrading.dcp를 연 다음, G를 누른다.

2 Grading 〉 Proportional Grading; A, C, B를 차례로 선택한 다음, Enter를 누른다.

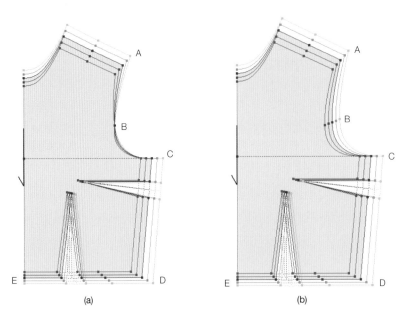

(a)   (b)

그림 14-9 비례 그레이딩

LAB 7 결합 그레이딩

- 결합 그레이딩(combine grading)은 〈그림 14-10(a)〉에서 보여주는 경우에 적용할 수 있다.

  - 〈그림 14-10(a)〉에서 (1) 두 패널이 B 에서 결합하고, (2) 인접한 점 A와 C는 이미 그레이딩 되어 있으며, (3) B의 그레이딩이 지금 수행되야 한다.
  - 이 경우 결합 그레이딩은 바로 인접한 A와 C에 대해 B에 적용할 수 있다. 결합 그레이딩은 (dx, dy)를 선형 보간법으로 계산한다. "Combine"이란 이름은 B의 (dx, dy)가 바로 이웃한 것의 그레이딩을 "combining (결합)" 함으로써 얻어진다는 사실에서 왔다.
  - B 에서 결합 그레이딩을 수행한 결과를 〈그림 14-10(b)〉에서 보여주며, 이것을 확대한 것을 〈그림 14-10(c)〉에서 보여준다.

- 결합 그레이딩은 비례 그레이딩과 유사하지만 다음과 같은 차이가 있다. 결합[비례] 그레이딩은 (1) inter [intra] 패널 메뉴이고, (2) 바로 인접한 점에만 [모든 점에] 적용될 수 있다.

1 DC-EDU/Chapter14/combineGrading/combineGrading.dcp를 열고, G를 누른다.

2 Grading 〉 Combine Grading;

3 외곽선 AB와 CB를 선택한다.

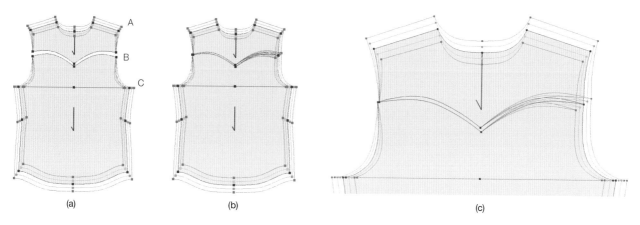

(a)　　　　　　　　(b)　　　　　　　　(c)

그림 14-10 결합 그레이딩

1 평행 그레이딩

가끔 그레이딩은 한 패널의 선이 사이즈 간에 평행한 상태를 유지하며 수행될 필요가 있다. 이러한 그레이딩을 평행 그레이딩(parallel grading)이라 한다.

〈그림 14-11(a)〉은 target point를 빨간색 원으로 보여주고 있다. 〈그림 14-11(b)〉는 어깨선이 사이즈 간에 평행해야 한다는 제약 조건으로 평행 Y 그레이딩(Parallel Y Grading)을 수행한 결과를 보여준다.

DCS에는 세 가지 평행 그레이딩 메뉴가 있다.

- Parallel X Grading
- Parallel Y Grading
- Parallel Extension Grading

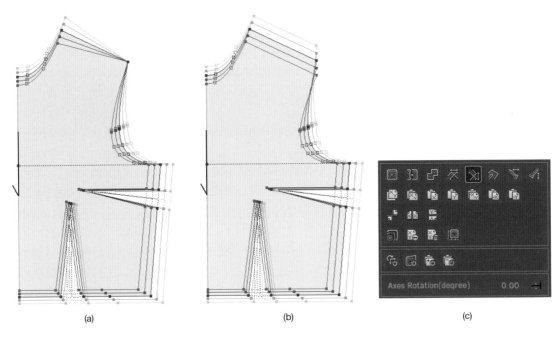

(a)　　　　　　(b)　　　　　　(c)

그림 14-11 평행 Y 그레이딩

⌐ LAB 8　평행 Y 그레이딩

1　DC-EDU/Chapter14/parallelYGrading/parallelYGrading.dcp를 열고, G를 누른다.

2　Grading 〉 Parallel Y Grading;

3　그레이딩을 위해 target point를 선택한다.

4　평행으로 유지할 선을 선택하고 Enter를 누른다.

- DCS는 target point의 PGR 에서 dx를 동일하게 유지하지만, target line이 다른 사이즈에 평행이 되도록 dy를 조정한다. 평행 X 그레이딩은 dy를 바꾸지 않고 dx를 조정하는 것을 제외하고는 평행 Y 그레이딩과 유사하게 작동한다.

LAB 9   평행 확장 그레이딩

1 DC-EDU/Chapter14/parallelYGrading에서 프로젝트를 열고, G를 누른다. 〈그림 14-12(a)〉에 보여주는 그레이딩된 결과가 열릴 것이다.(parallelYGrading.dcp를 여는 것이 맞다.)

2 Grading 〉 Parallel Extension Grading; 〈그림 14-12(c)〉에서 보여주는 표가 나타난다.
   • 평행 확장 그레이딩은 점이나 선에 적용할 수 있다. 점을 클릭한다.

3 그레이딩을 위해 target point를 선택한다.
   • 본 LAB에서는 위-오른쪽 코너를 선택한다.

4 평행으로 유지할 선을 선택한다.
   • 본 LAB에서는 어깨선을 선택한다.

5 〈그림 14-12(c)〉에서 보여주는 표의 Gap(inter-size gap)을 채운다. 여기서 inter-size gap은 Step 4에서 선택한 선의 인접한 사이즈 간 길이 차이다. 〈그림 14-12(c)〉에서처럼 모든 차이를 3으로 채운다.
   • 첫 번째 행만 (3으로) 채운 다음, 표의 헤더를 RMB 클릭하여 Duplicate한다.

6 OK 를 클릭하면 DCS는 〈그림 14-12(b)〉에서 보여주는 것처럼 평행 조건을 준수하면서 inter-size gap을 완료하기 위해 점 그레이딩(point grading)을 수행한다.

7 DC-EDU/Chapter14/parallelExtensionGrading에서 프로젝트를 연다. 〈그림 14-12(d)〉에서 보여주는 그레이딩 결과가 열린다.

8 이번에는 선에 평행 확장 그레이딩을 적용하고 있기 때문에 〈그림 14-12(f)〉에서 보여주는 것처럼 Line을 클릭한다.

9 평행 확장 그레이딩을 적용할 선을 선택한다. 이번 실험에서는 어깨선을 선택한다.

10 〈그림 14-12(f)〉에서 보여주는 것처럼 Parallel Extension 표를 채운다. 여기에 Offset은 선 간 거리를 의미한다. 1.0으로 채운다. 〈 과 〉의 값은 각각 왼쪽과 오른쪽으로의 변위를 의미한다. 〈 부분은 1.0, 〈 부분은 0.0으로 채운다. 그러면 〈그림 14-12(e)〉에서 보여주는 결과가 생성된다.
   • 〈 과 〉 부분을 작성함에 있어서 다음의 규칙이 사용된다. 사용자는 선이 실제로 위쪽에 있든지 아니든지에 상관없이 평행 확장 그레이딩이 적용된 선을 패널의 위쪽 선으로 보고 이 값을 해석한다.

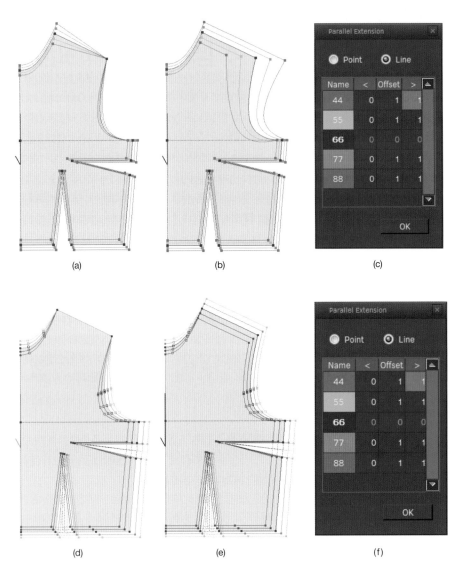

그림 14-12 평행 확장 그레이딩

2 길이 맞춤 그레이딩

길이 맞춤 그레이딩(match length grading)은 두 개의 다른 패널에 속한 두 외곽선에서 행해진다. 두 번째 패널의 외곽선이 첫 번째 패널의 외곽선과 같은 길이(isometric)가 되도록 두 번째 패널을 그레이딩한다. 첫 번째 패널은 그대로 유지된다.

Match Length X Grading [Match Length Y Grading] 은 같은 길이를 만들기 위해 곡선점들을 보완하면서 x [y] 축을 따라 target point를 그레이딩 한다. 예를 들어, 〈그림 14-13〉에서 보여주는 경우에서, AB와 CD가 target point인 D로 길이 맞춤 X 그레이딩되면 CD가 AB와 같은 길이가 되도록 D를 x축을 따라 이동시켜 준다.

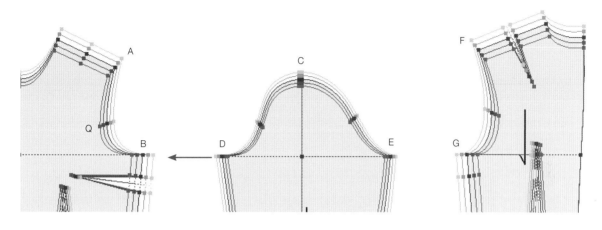

그림 14-13 길이 맞춤 X 그레이딩

⌐⌐ LAB 10 길이 맞춤 X 그레이딩

1 DC-EDU/Chapter14/matchLengthXGrading/matchLengthXGrading.dcp를 연다.

2 Grading 〉 Match Length X Grading;

3 첫 번째 패널에서 기준선을 선택(외곽선을 따라 순서대로 선택함)한 다음 Enter를 누른다.
  • 〈그림 14-13〉의 경우: AQ, QB를 선택한 다음 Enter를 누른다.

4 변경하려는 선을 두 번째 패널에서 선택하고 grading target point를 클릭한 다음, Enter를 누른다.
  • 〈그림 14-13〉의 경우: CD, D를 선택한 다음 Enter를 누른다.
  • AB와는 달리 CD는 하나의 선이어야 함을 주지하자.

5 이제 DCS가 대응하는 외곽선이 같은 길이가 되도록 x 축을 따라 target point를 그레이딩해 준다.

6 FG와 CE에 위의 과정을 반복한다.

LAB 11   길이 맞춤 Y 그레이딩

1   DC-EDU/Chapter14/matchLengthYGrading/matchLengthYGrading.dcp를 연다.

2   Grading 〉 Match Length Y Grading;

3   첫 번째 패널에서 기준선을 선택(외곽선을 따라 순서대로 선택함)한 다음 Enter를 누른다.

4   변경하려는 선을 두 번째 패널에서 선택하고 grading target point를 클릭한 다음, Enter를 누른다.

5   이제 DCS가 대응하는 외곽선이 같은 길이가 되도록 y 축을 따라 target point를 그레이딩해 준다.

6   다른 쪽에서도 위의 과정을 반복한다.

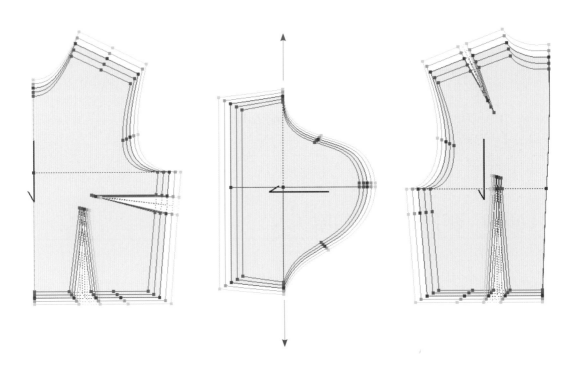

그림 14-14 길이 맞춤 Y 그레이딩

SECTION 7
그레이딩 Try-On

DCS는 한 번의 클릭으로 그레이딩 결과를 아바타에 입혀볼 수 있는 기능이 있다.

LAB 12   그레이딩 Try-On 실험하기

1   DC-EDU/Chapter14/gradingTryOn/gradingTryOn.dcp를 열고, G를 누른다.
   • 그레이딩은 이 프로젝트에 이미 완료되어 있다.

2   3D window 》 Select 〉 Select All Panels;

3   Static Play;

4   Attribute] Panel Information] Grading Size에서 Size 2를 선택한다.
   • 3D 윈도는 아바타에 Size 2가 입혀진 것을 보여준다(그림 14-15).
   • Size 4~10에서도 해보면서 피트의 차이를 살펴본다.

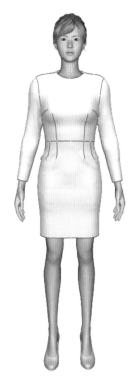

그림 14-15 Size 2 가 Try-On 된 경우

SECTION 8
측정 메뉴

1 그레이딩의 다양한 측정

그레이딩을 수행하는 동안 측정할 수 있는 네 가지 기본 항목들이 있다.

1. Line Length
- 선이 곡선이든 직선이든 상관 없이 선을 따라 길이를 측정할 수 있다.

2. Inter-Point Perimeter
- 외곽선을 따라 시계방향으로 두 점 사이의 길이를 측정한다. 예를 들어, 〈그림 14-16〉에서 A와 C 사이의 inter-point perimeter(둘레)는 직선 길이 AD에 곡선 길이 DC를 더한 것이다. 측정은 시계방향으로 수행되기 때문에 AB + BC 가 아님을 유의한다. C와 A의 interpoint perimeter는 BC + AB가 된다.

3. Inter-Point Distance
- 두 점 사이의 직선 거리

4. Panel Perimeter
- 패널의 전체 둘레

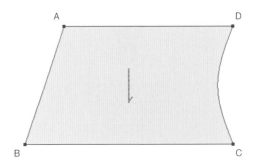

그림 14-16 다양한 측정법을 설명하기 위해 사용된 패널

2 그레이딩의 DCS 측정 메뉴

〈그림 14-17〉에서 보여주는 것처럼 Grading 〉 Grading Measure ▣를 누르면 그레이딩 측정(grading measure) 표가 나타나는데, 이 표는 두 가지 모드 즉, 2-Points 모드와 Lines 모드로 사용할 수 있다. 2-Points 모드에서는 두 점을 선택하고, Lines 모드에서는 하나 또는 복수의 선을 선택하도록 되어 있다.

2-Points 모드에서 측정하기

〈그림 14-17(a)〉는 현재 2-Points 모드가 선택된 것을 보여준다. 이 모드에서 A를 먼저 선택한 다음 C를 선택하면 2D 원도는 분홍색으로 측정되는 부분을 보여주며(그림 14-18(a)), 〈그림 14-17(a)〉에서처럼 그레이딩 측정표에 측정된 치수를 보여준다. 표에서 Distance 열은 점 사이의 거리를 보여준다. Perimeter도 체크되었기 때문에 시계방향 둘레 즉, 〈그림 14-18(a)〉의 1과 2로 표기된 두 선이 측정되고 그 합이 (즉 inter-point perimeter가) Total에 보여진다. Perimeter가 체크 해지되면 둘레 정보는 보여지지 않는다. 만약 dx, dy가 체크되면 두 점 사이의 dx와 dy가 보여진다.

Lines 모드에서 측정하기

〈그림 14-17(b)〉는 현재 Line 모드가 선택된 것을 보여준다. 이 모드에서 선 AB와 CD를 선택하면 2D 원도는 분홍색으로 측정되는 선을 보여주며 (그림 14-18(b)) 치수를 표로 보여준다.

Whole Panel Perimeter가 대신 체크되었다면, 전체 둘레 정보(panel perimeter)를 측정해 준다.

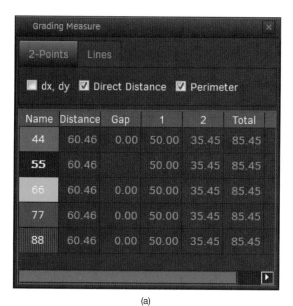

(a)

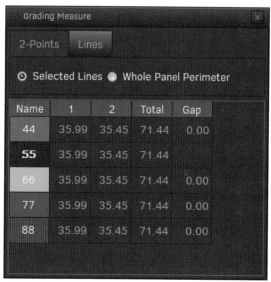

(b)

그림 14-17 그레이딩 측정표

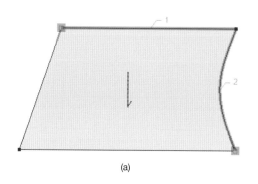

(a)

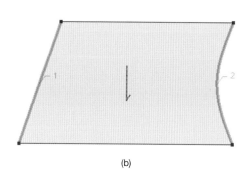

(b)

그림 14-18 2D 원도에서는 측정된 선을 분홍색으로 표기함

LAB 13 그레이딩 측정 메뉴 실습하기

1 DC-EDU/Chapter14/grading/grading.dcp 를 열고, G를 누른다.

2 Grading 〉 Grading Measure ⬚ ;

3 다양한 측정을 실험해 본다.
   • 측정의 초기화는 Esc를 눌러 수행한다.

LAB 14 두 개의 둘레 비교하기^

■ 두 개의 서로 다른 패널에 있는 두 둘레를 비교할 수 있다.

1 DC-EDU/Chapter14/Grading/Grading.dcp를 열고, G를 누른다.

2 Grading 〉 Grading Measure;

3 그레이딩 측정표에서 Compare Mode를 체크한다.

4 첫 번째 패널에서 첫 번째 둘레를 위한 일련의 선을 클릭하고 (그림 14-19), Enter를 누른다.

5 DCS 는 표 형식으로 첫 번째 둘레의 치수를 기록한다(표 14-2).

6 두 번째 패널에서 두 번째 둘레를 위한 일련의 선을 클릭한다(그림 14-20).

7 DCS는 표 형식으로 두 번째 둘레의 치수를 보여준다(표 14-3). 해당 표의 마지막 열은 첫 번째와 두 번째 둘레의 차
   이를 보여준다.(값은 첫 번째 둘레가 두번째 둘레보다 길[짧을] 경우 양수[음수]이다.)

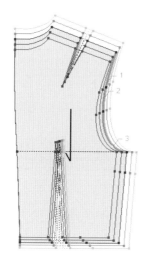
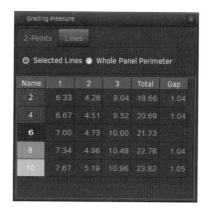

그림 14-19 첫 번째 둘레 선택하기

Chart 1

Size	L1	L2	L3	Total	Inter-Size Gap
44	3.7	5.7	7.3	16.7	−0.8
55	4	6	7.5	17.5	
66	4.3	6.3	7.7	18.3	0.8

표 14-2 첫 번째 둘레의 치수

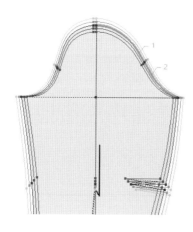
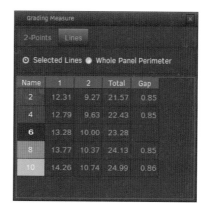

그림 14-20 두 번째 둘레 선택하기

Chart 2

Size	L1	L2	Total	Inter-Size Gap	Difference
44	8.2	9.1	17.3	−0.6	−0.6
55	8.5	9.4	17.9		−0.4
66	8.9	9.7	18.6	0.6	−0.3

표 14-3 두 번째 둘레의 치수

CHAPTER 15

3D 애니메이션 소프트웨어와 데이터 호환

SECTION 1
개괄

3D 애니메이션 소프트웨어와 데이터를 호환해야 하는 상황이 발생할 수 있다. 본 Chapter에서는 Autodesk Maya에서 생성된 아바타와 모션을 DCS로 가져오는 방법과 의복 시뮬레이션의 결과를 다시 Maya로 내보내는 방법에 대해 설명한다.

Maya와 관련하여 다음의 순서로 작업할 것을 권장한다.

1. **Maya to DCS**: 아바타 A와 모션 M을 DCS로 가져온다(SECTION 3).
2. **의복 구성과 시뮬레이션**: A의 의복을 구성하고 A에 모션 M을 적용해 시뮬레이션 한다.
3. **DCS to Maya**: 시뮬레이션한 결과를 Maya로 내보낸다(SECTION 4).

위의 데이터 호환을 수행하려면, (1) Autodesk Maya가 설치돼 있어야 하고, (2) DCS2Maya(http://www.physan.net에서 무료로 받을 수 있는 Maya plug-in) 역시 컴퓨터에 설치돼 있어야 한다.

Maya가 이미 설치되었다고 가정하고 다음 SECTION은 DC2Maya의 설치 방법에 대해 설명한다.

DCS2Maya의 설치

LAB 1   DC2Maya 설치하기

1   DCS2Maya.msi를 http://www.physan.net에서 다운로드한다.

2   폴더에서 DCS2Maya.msi를 RMB 클릭하고, Install을 선택한다(그림 15-1).

3   설치를 완료하기 위해 installation dialog에 응답한다.

4   Maya 를 시작하고 〈그림 15-2〉에서 보여주는 것처럼 DCS2Maya plug-in을 등록한다.
   • Window 〉 Settings/Preferences 〉 Plug-in Manager;
   • Plug-in Manager] DCS2Maya의 Loaded와 Auto load를 모두 체크한다.
   • Close;

5   맨 위의 메뉴 바에 새로운 메뉴인 DCS2Maya가 생겼음을 확인할 수 있다(그림 15-3).
   • 이제부터는 Step 4를 수행하지 않고도 Maya에서 이 메뉴를 볼 수 있다.

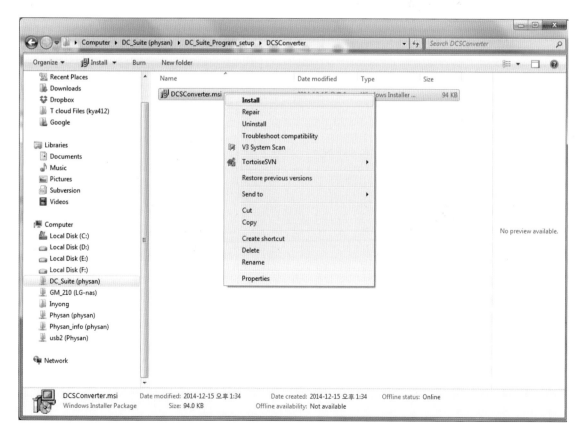

그림 15-1 DCS2 Maya 설치하기

그림 15-2 Maya에서 plug-in 설치하기

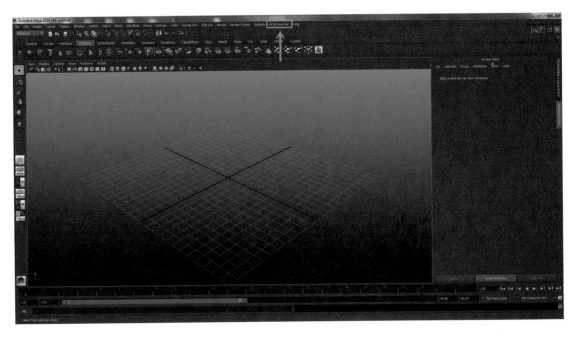

그림 15-3 새로운 메뉴의 생성

SECTION 3
Maya to DCS

본 SECTION에서는 Autodesk Maya에서 생성된 아바타를 (모션과 리깅 셋업을 포함해) DCS로 가져오는 방법에 대해 설명한다. Maya에서는 DCS로 직접 데이터를 보낼 수 없어 먼저 OBJ sequence 로 데이터를 내보내야 한다. 그 다음, 이 OBJ sequence 를 DCS 》 File 〉 Import 〉 OBJ에서 DCS로 가져올 수 있다.

LAB 2   Maya에서 DCS로 아바타 가져오기

■ Maya에서

1 모션과 리깅 셋업을 포함한 아바타를 연다.
   • File 〉 Open Scene; MB 파일을 연다. 본 LAB에서는 DC-EDU/chapter15/DCFS_05_MF/WW01.mb를 사용한다(그림 15-4(a)).
   • 맵핑 모드에서 아바타를 보기 위해 6을 누른다.

2 〈그림 15-4(b)〉에서 보여주는 아바타를 드래그해 선택한 다음, DCS2Maya 〉 Export Avatar를 수행한다;
   • Dialog에서 start와 end 프레임을 입력한 다음 Export를 누른다.
   • 내보내는 데 시간이 꽤 걸릴 수 있다.

3 아바타 데이터를 내보낼 폴더를 선택한다(그림 15-4(c)).
   • OBJ 파일의 이름을 입력한 다음, Save를 클릭한다(그림 15-4(d)).
   • 마야의 프레임들이 OBJ sequence로 저장된다.
   • 폴더로 이동하여 OBJ, MTL, SEQ, 맵 소스(그림 15-4(e))가 성공적으로 내보내졌는지 확인한다.
     – MTL은 OBJ가 맵 소스에 어떻게 링크되어 있는지를 저장한다.
     – SEQ는 OBJ sequence가 어떻게 구성되어 있는지를 저장한다.

■ DCS에서

1 File 〉 Import 〉 OBJ;
   • Step 3에서 생성된 OBJ를 제공한다.
   • 가져오는 데 시간이 꽤 걸릴 수 있다.
   • 아바타가 〈그림 15-4(f)〉에서 보여주는 것처럼 DCS에 나타난다.

2 Dynamic Play;
   • 아바타와 모션이 함께 가져온 것을 확인할 수 있다.

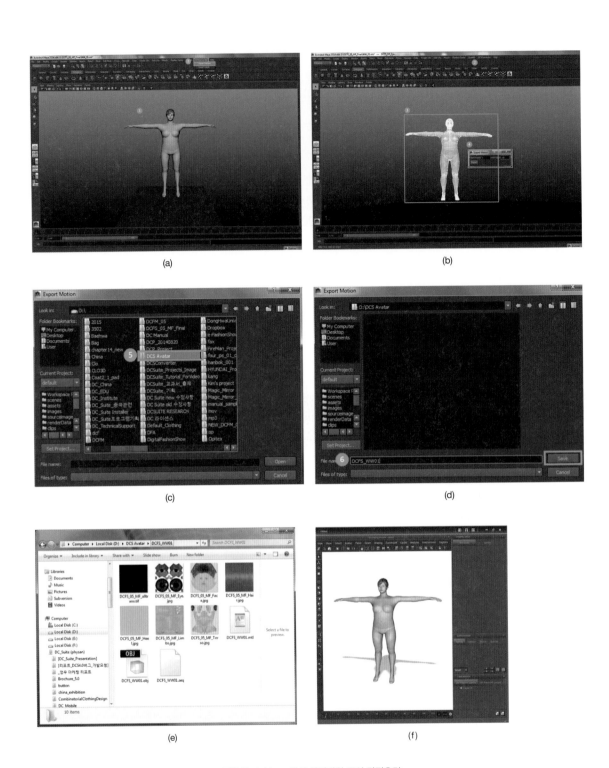

(a)

(b)

(c)

(d)

(e)

(f)

그림 15-4 Maya 에서 아바타와 모션 가져오기

DCS to Maya

본 SECTION에서는 DCS에서 생성된 의상 시뮬레이션을 Maya로 내보내는 방법에 대해 설명한다.

DCS에서 Maya로 직접 데이터를 보낼 수 없어 먼저 OBJ sequence로 데이터를 (의상만) 내보내야 한다. 그 다음, 이 OBJ sequence를 Maya 》 DCS2Maya 〉 Import Clothing에서 Maya로 가져올 수 있다.

LAB 3 Maya로 DCS의 의상 시뮬레이션 내보내기

■ DCS에서

■ LAB 2에서 가져온 아바타에 대한 의복구성이 완료되고, 이것의 동적 시뮬레이션이 완료되어 그 결과가 캐시에 저장되었다고 가정하자. 본 LAB에서는 DC-EDU/chapter15/DCStoMayaTest/DCStoMayaTest.dcp를 사용한다(그림 15-5).

1 내보내기 위한 3D 레이어를 선택한다.
   • 현재 한 레이어 씩만 내보낼 수 있다.
   • 복수 레이어의 내보내기는 향후 업데이트에서 지원될 예정이다.

2 시간축의 슬라이더 바를 0 프레임으로 이동하고, Cache 〉 Export Cache to OBJs를 수행한다.
   • Start와 end 프레임을 입력하고 Export를 클릭한다(그림 15-6).
   • 폴더와 OBJ sequence 파일 이름을 입력하고 Export를 클릭한다.
   • Maya-to-DCS에서 처럼 OBJ, MTL, SEQ, 맵 소스를 내보낸다.
   • 폴더로 이동해 데이터가 성공적으로 내보내졌는지 확인한다.

■ Maya에서

3 DCS2Maya 〉 Import Cloting;
   • Step 2의 (파일이 아닌) 폴더를 선택하고 Accept를 누른다.
   • Maya에 해당 폴더에 저장된 OBJ sequence를 가져온다(그림 15-7).

4 내보내진 데이터가 MB, FBX 등으로 존재해야 할 경우에는 File 〉 Export에서 변환된 포맷으로 출력할 수 있다.

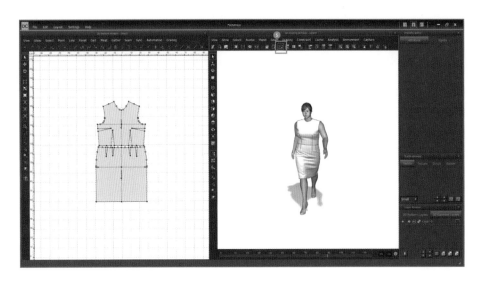

그림 15-5 DCS에서 캐시로 저장된 시뮬레이션

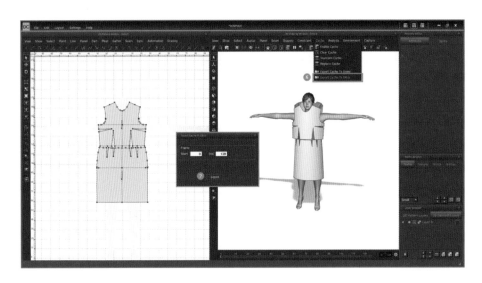

그림 15-6 OBJ sequence로 시뮬레이션 내보내기

그림 15-7 Maya로 OBJ sequence 가져오기

APPENDIX. 문제 해결

2D 윈도에서

1 점, 선, 패널, 다트, 솔기를 선택할 수 없다.

- Enable Point/Line/Panel/Dart/Seam Selection이 2D 툴 박스에서 toggle on되어 있는지 체크한다.
- Show 〉 Point가 활성화되어 있는지 체크한다.
- 해당 2D 레이어가 활성화되어 있는지 체크한다.

	2D Window				3D Window			
Point	⊡	Enabled	⊡	Disabled	⊡	Enabled	⊡	Disabled
Line	⟋		⟋		⟋		⟋	
Panel	⊙		⊙		⊙		⊙	
Dart	V		V					
Seam	⊓		⊓		⊓		⊓	

그림 1-1 Primitive의 선택을 활성화/비활성화하는 아이콘들

2 Contextual input 팝업이 열리지 않는다.

- 현재 진행 중인 작업을 완료하기 위해 Enter를 누르고 RMB를 클릭한다.

3 아바타 실루엣이 보이지 않는다.

- 아바타가 3D 윈도에 있는지 체크한다.
  - 아바타 실루엣은 3D에서 아바타가 3D에 있을 때에만 보여진다.
- 아바타가 3D에 없다면 B를 눌러 아바타를 불러온다.
- 아바타가 3D에 있다면 home position으로 가져오기 위해 Reset 아이콘을 누른다.

4 계산 기능이 예상대로 작동하지 않는다.

- 괄호를 올바르게 사용했는지 확인한다. −(86/6+3)과 −86/6+3 간의 차이를 주지한다.

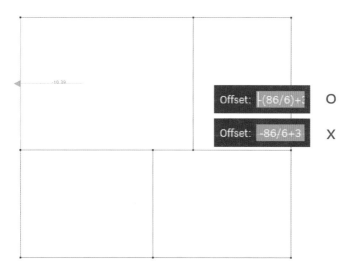

그림 1-2 계산 기능에서 괄호 사용

5 솔기가 생성되지 않는다.

- 패널이 3D 원도에 없다면 솔기는 2D 원도에서 생성될 수 없다.
- 패널을 3D 로 동기화하면 2D에서뿐만 아니라 3D 에서도 솔기를 생성할 수 있다.

3D 윈도에서

1 점, 선, 패널, 다트, 솔기를 선택할 수 없다.

- Enable Point/Line/Panel/Dart/Seam Selection이 3D 툴 박스에서 toggle on되어 있는지 체크한다.
- Show 〉 Point/Line이 활성화되어 있는지 체크한다.
- 해당 3D 레이어가 활성화되어 있는지 체크한다.

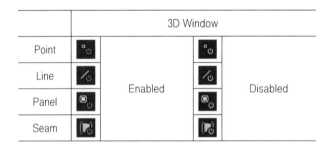

	3D Window		
Point			
Line		Enabled	Disabled
Panel			
Seam			

그림 1-1 Primitive의 선택을 활성화/비활성화하는 3D 아이콘들

2 솔기가 Enter로 생성되지 않는다.

- 다중 봉제를 수행하고 있는지 확인한다.
- 다중 봉제는 (1) 한 패널에서 일련의 솔기선을 선택, (2) Enter를 치고, (3) 다른 패널에서 일련의 솔기선을 선택, (4) Enter를 쳐야 생성된다.

3 다중 봉제가 작동하지 않는다.

- 다중 솔기를 생성할 경우, 솔기 조각들은 반드시 순서대로 선택해야 한다.

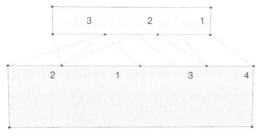
(a) 솔기선이 순서대로 선택되지 않은 경우

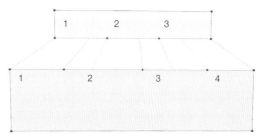
(b) 솔기선이 순서대로 선택된 경우

그림 1-2 다중 봉제 수행하기

4 키 프레임이 작동하지 않는다.

· Time Axis Settings에서 Enable Key Frame Animation을 체크한다.

5 패널이 3D 윈도에서 선택되지 않는다.

· Show 〉 Line이 toggle off된 경우, 선택되었다는 피드백(노란색 라인)을 보여주지 않는다. 그러나 패널은 선택되어 있다. 시각적 피드백만 주어지지 않는다.
· 3D 레이어가 활성화되어 있는지 체크한다. 아니라면, 3D 레이어 브라우저에서 그 레이어를 활성화시킨다.

6 텍스타일 없이 패널이 보여진다.

· Show 〉 Panel Mode 〉 Textile이 선택되었는지 체크한다.
· Show 〉 Sprite 〉 Textile이 켜져 있는지 체크한다.

7 텍스타일을 의복에 적용했을 때 이상하게 보인다.

· 텍스타일 적용이 텍스타일 브라우저에서 수행됐는지 체크한다. 텍스처 브라우저에서 수행됐을 경우, 원하는 결과와 다를 수 있다.

그림 1-3 텍스타일이
이상하게 보이는 경우

8 텍스타일 또는 텍스처의 편집이 작동하지 않거나 이상하게 수행된다.

- 스프라이트 편집창에서 편집하고자 하는 미리보기 정사각형(텍스타일 또는 텍스처)이 맞게 활성화되었는지(클릭되었는지) 체크한다.
- 활성화된 미리보기 정사각형에 따라 속성이 다르다.

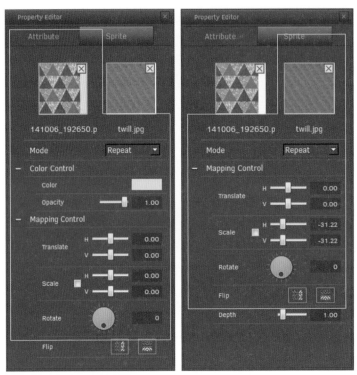

텍스타일이 활성화된 경우   텍스처가 활성화된 경우

그림 1-4 텍스타일, 텍스처 중 활성화된 것이 편집됨

9 배경 이미지가 이미지/동영상에서 보이지 않는다.

- Image/video capture settings에서 Background 옵션이 체크되었는지 확인한다.

10 의복이 계속 바디를 파고든다.

- 패턴의 치수가 현재 바디와 비교해서 너무 작지 않은지 체크한다.

Index

저자소개

고형석

서울대학교 공과대학 전기정보공학부의 교수이다.
그는 엔지니어이로서, 물리기반 시뮬레이션의 전문가이다.
1998년부터 디지털 클로딩 기술을 개발하고 있다.
2005년부터 의류 전공 학생들과 교수를 대상으로 디지털 클로딩을 교육해 오고 있으며,
이 주제에 대한 다양한 교육 프로그램 및 교육 과정을 개발해 오고 있다.
또한 DCI의 교육 프로그램 개발에 중추적인 역할을 수행하고 있다.
Digital Fashion Society(www.DigitalFashionSociety.org)를 창립하였으며
매년 DFA와 DFC를 개최하고 있다.

디지털 클로딩 개론

2015년 8월 12일 초판 인쇄 | 2015년 8월 20일 초판 발행

지은이 고형석 | **펴낸이** 류제동 | **펴낸곳 교문사**

편집부장 모은영 | **디자인** 신나리 | **제작** 김선형 | **홍보** 김미선
영업 이진석·정용섭·진경민 | **출력·인쇄** 동화인쇄 | **제본** 한진제본

주소 (10881) 경기도 파주시 문발로 116 | **전화** 031-955-6111 | **팩스** 031-955-0955
홈페이지 www.kyomunsa.co.kr | **E-mail** webmaster@kyomunsa.co.kr
등록 1960. 10. 28. 제406-2006-000035호
ISBN 978-89-363-1515-3(93590) | **값** 33,000원